微分方程和反问题模型与计算

徐定华　徐映红　葛美宝　张启峰　著

科 学 出 版 社

北 京

内 容 简 介

本书以数学模型及计算为主线，围绕微分方程与反问题，介绍了数学建模与计算的理论、方法及应用. 微分方程及反问题研究在计算科学与工程领域具有特别重要的意义，在大数据和人工智能快速发展的时代正扮演着理论创新与技术升级的核心角色且起着不可替代的作用.

本书首先介绍数学建模的理论与方法，特别是微分方程、积分方程与反问题、线性代数方程组、最优化等模型，着重建模、计算与应用三方面；然后分别给出了大数据领域、图像处理与压缩感知领域中的建模与计算案例，供读者学习、研究参考. 本书是新时代数学深度应用、新工科迅猛发展形势下的一本应用与计算数学书，具有交叉性、集成性、应用性特征，以激发读者活学数学、活用数学的思考与热情.

本书适合数学类专业和相近专业的本科生、研究生和教师，以及计算机科学与技术、数据科学与数据工程、信息与人工智能等相关领域的师生、研究人员和实际工作者使用.

图书在版编目(CIP)数据

微分方程和反问题模型与计算/徐定华等著. —北京：科学出版社，2021.2

ISBN 978-7-03-067029-8

Ⅰ. ①微… Ⅱ. ①徐… Ⅲ. ①微分方程-数学模型-研究 ②微分方程-计算-研究 ③逆问题-数学模型-研究 ④逆问题-计算-研究 Ⅳ. ①O175

中国版本图书馆 CIP 数据核字(2020) 第 234436 号

责任编辑：李 欣 范培培／责任校对：彭珍珍

责任印制：吴兆东／封面设计：无极书装

科 学 出 版 社 出版

北京东黄城根北街 16 号

邮政编码：100717

http://www.sciencep.com

北京中石油彩色印刷有限责任公司 印刷

科学出版社发行 各地新华书店经销

*

2021 年 2 月第 一 版 开本：720×1000 1/16

2022 年 3 月第二次印刷 印张：16 1/2

字数：333 000

定价：128.00 元

(如有印装质量问题，我社负责调换)

序[①]

反问题过去是数学中的小问题, 其研究成果仅限于专家. 然而, 随着计算机等技术的发展, 这些理论成果可以应用于成像、医学诊断、物理勘探、无损检测等诸多实际问题. 考虑到一个估计污染的反问题, 这使我们相信反问题的研究对公共福利是有意义的, 而且许多医疗诊断反问题提醒我们, 它对我们的健康做出了重大贡献. 无损检测技术对工业也是至关重要的.

此外, 这种应用领域的扩大激发了新的理论兴趣, 使反问题的理论研究不断发展, 我们看到反问题应用与反问题理论正以正加速的相互融合得到发展.

因此, 我们自然可以认识到, 反问题应该是广大青年人才的必修课, 特别是三、四年级的本科生还有研究生. 他们不想成为纯粹的数学家, 但渴望定量解决现实问题, 以产生经济效益、提高社会保障和福利.

当然, 我们需要一本合适的反问题教科书, 它应该综合考虑反问题理论和反问题数值计算两方面. 与我工作多年的同仁徐定华教授为了这一目的, 和他的同事们一起编撰了这本书.

该书首先解释了数学模型的基本含义, 它与数据科学中的数据驱动方法相比, 数学模型的必要性能更好地被理解接受; 其次, 对常微分方程和偏微分方程的数值方法作了简要说明之后, 最后, 作者用数值方法讨论了许多重要的反问题, 如正则化方法和成像方法.

可以理解, 这本书在反问题的理论和应用方面都做了很好的平衡处理, 我很高兴推荐他的书出版.

山本昌宏, 教授, 博士
东京大学数理科学研究院
2018 年 12 月 22 日

① 该序为作者翻译版, 原版序附在其后.

Foreword

Inverse problems used to be minor problems in mathematics and the achievements were limited to specialists. However, by recent development of computers etc., the theoretical achievements can be applied to various practical problems such as the imaging, medical diagnoses, physical prospecting, non-destructing tests. Keeping in mind one inverse problem of estimating contamination, we are convinced that researches of inverse problems are meaningful for public welfares, and many inverse problems of medical diagnosis immediately remind us of significant contribution to our health and the technology for the non-destructive test is important for the industry.

Moreover such widening of applications inspires new theoretical interesting, so that theoretical researches for inverse problems are evolving, and we witness that the application and the theory are expanding with positively accelerating interaction.

Thus we can naturally recognize that the inverse problem should be a required subject for wider ranges of young talents, in particular, 3-or 4-year undergraduate students and graduate students who do not intend to be mathematicians but also seriously intend to solve real-world problems quantitatively to yield economical merits and increase the social security and welfare.

Naturally we need a suitable textbook for the inverse problems which should account for both theoretical and numerical aspects of inverse problems. My colleague Professor Dinghua Xu, whom I have been working many years, has completed this book for such a purpose with his colleagues.

The book starts with explanations of the fundamental meaning of the mathematical model whose necessity should be correctly understood compared with the date-driven approach in data science. After compact accounts for numerical methods for ordinary and partial differential equations in Part II, the authors discuss many important inverse problems with numerical methods such as regularization methods and imaging in Part III.

One can understand that the book is well-balanced for both theories and applications of the inverse problem and it is my great pleasure to recommend his book.

Masahiro Yamamoto, Professor, Dr.
Graduate School of Mathematical Sciences
The University of Tokyo
22 December 2018

前　　言

本书是一本关于应用与计算数学方面的书籍.

编写出版此书的目的是为新时代的大学生、研究生和感兴趣的读者提供一本聚焦微分方程和反问题、围绕数学建模和数值计算的数学与交叉学科书籍.

新时代的应用数学具有交叉性、信息化、集成性、应用性特征, 编写本书, 尽可能展现这些特征, 以激发读者活学数学、活用数学的思考与热情.

1. 数学与其他学科交叉融合、深度应用成为时代新特征

当前, 我们步入了一个数学深度发展, 并与越来越多应用领域深度融合的新时代. 这个时代的科技发展呈现出数学与交叉学科深度融合, 并在大数据技术、人工智能领域有着崭新应用的特征[1].

高科技的本质是数学创新. 亚太工业数学研究会 (Asia Pacific Consortium of Mathematics for Industry) 的缩写 APCMfI 与下面的公式诠释

Applications + Practical Conceptualization + Mathematics = Fruitful Innovation 完全匹配、非常契合!

美国公布的《2016—2045 年新兴科技趋势报告》(*Emerging Science and Technology Trends*: 2016—2045) 中详细报告了 19 个影响国家力量的核心科技领域, 包括物联网、机器人与自动化系统、智能手机与云端计算、智能城市、量子计算、数据分析、网络安全、先进材料、医学等, 其中绝大多数都迫切需要数学、数据科学的深度应用以促进其发展.

我国工业和信息化部 2016 年印发的《大数据产业发展规划 (2016—2020 年)》中的“八大工程”之一——工业大数据创新发展工程, 指出: “加强工业大数据关键技术研发及应用. 加快大数据获取、存储、分析、挖掘、应用等关键技术在工业领域的应用 …… 开发新型工业大数据分析建模工具, 开展工业大数据优秀产品、服务及应用案例的征集与宣传推广.”

我国国务院 2017 年 7 月印发的《新一代人工智能发展规划》(国发〔2017〕35 号) 明确指出: “推动人工智能与神经科学、认知科学、量子科学、心理学、数学、经济学、社会学等相关基础学科的交叉融合, 加强引领人工智能算法、模型发展的数学基础理论研究.”

微信公众号《算法与数学之美》撰文“重返数学史的黄金时代”, 指出: 数学及算法驱动人工智能 (AI); 越抽象, 越接近本质, 应用越广泛, 这就是智能科学的推动力; 古典数学为计算机装载了大脑, 近代数学为计算机增加了智能, 现代数学给计算机赋予了灵魂, 这就是数学赋予计算机的智能.

在这个新时代, 深度学习、大数据智能等领域是数学创新的新的动力源. 数学与大数据、数学与人工智能诸多领域深度融合, 孕育新发现、新理论、新方法、新技术！根据应用领域未来的重要性与活跃程度, 有研究指出: 数据科学、网络科学、量子信息与信息安全、不确定现象的数学方法、反问题、统计学、计算生物学、经济中的数学问题等九大领域, 成为新时代应用数学的重点研究专题. 将数学学科作为统一的整体进行思考非常关键. 新时代数学发展昭示“核心”数学和“应用”数学之间的区别越来越模糊. 我们今天很难找到一个与应用不相关的数学领域[1].

科技发展与数学深度融合的进程中, 反问题理论成果和创新算法扮演着重要的、不可替代的角色. 在数学及相关学科, 反问题的研究快速发展, 成为应用数学与计算数学的重要领域, 也成为工程技术中识别、控制、设计问题得以完美解决的核心技术！掌握反问题的建模、分析、计算与应用, 提高活学活用数学的素养.

2. 微分方程与反问题研究的 MAP 策略

近四分之一世纪以来, 计算数学迅速发展成为多学科交叉融合的崭新领域——计算科学与工程 (computational science and engineering) 学科, 它是一个数学、计算科学、工程相交叉融合的领域, 包括自然科学、应用数学、数值分析、计算机科学和工程. 该学科领域的核心是建模与计算.

近几年, 数学家提出了可计算建模的崭新思想. 可计算建模 (computable modeling) 指基于相关领域知识建立或简化模型, 并根据所研究问题对计算精度的要求研制算法, 减少计算量, 提高计算效率, 使得模型在现有计算机条件下可计算[2].

可计算建模是科学与工程计算研究的一个重要领域, 旨在集成与融合数学、计算机科学所提供的计算能力来研究科学与工程领域中的问题, 它包括建模、分析、算法、模拟等过程. 反问题研究中, 微分方程建模及其参数识别问题的研究在科学与工程领域具有特别重要的意义, 在应用中迫切需要得到解决.

可计算微分方程与反问题模型, 应坚持 MAP (mathematical modeling + algorithms + programming and simulation) 策略, 开展建模、分析、计算与模拟研究. 数学建模与数值算法是计算机模拟或仿真的核心, 开展问题驱动的数学研究, 从而构成从应用问题到数学问题求解方法的完美映射 (mapping).

自从 20 世纪 60 年代以来, 在材料科学、遥感技术、模式识别、图像处理、无损探测、工业控制、数据科学、人工智能等众多科学技术领域中, 都提出了各种各

样的反问题 (包括识别、设计、控制问题). 80 年代开始, 冯康院士就倡导反问题的研究, 反问题研究已成为应用数学和计算数学中一个重要的研究方向, 引起各国科学家的关注. 反问题理论和各种数值算法也相继产生, 出现了正则化方法、拟解法、拟逆法、磨光算法和各种各样的改进正则化数值反演方法[3,4], 其中 M. M. Lavrent'yev 和 A. N. Tikhonov 是不适定问题数值算法理论的创始人, 为应用与计算数学发展做出了杰出贡献. 近几年来, 反问题的正则化方法研究有新的发展, 在应用上也展现了数学方法的强大功效[5–9].

3. 学会核心数学、统计学、数学建模、数值计算成为新时代的时髦要求

在大数据、人工智能时代, 数学工作者除了具备自己专业领域的知识技能外, 还具有整个数学学科的渊博知识, 能与其他学科的研究人员进行良好的沟通, 了解数学学科在理学、工学、医学、国防与商业领域中的应用, 具备一些计算经验. 数学家、数学应用学者若具备这些能力, 那我们必将看到数学学科对整个科学、工程、企业乃至国家都将发挥更大作用.

微分方程及反问题研究既可来源于确定性数学模型, 也大量来源于具有随机规律的数学模型. 统计学正突破传统的应用范围向各学科渗透, 特别是反问题研究及应用领域, 如参数识别问题.

学好微分方程建模与反问题理论与计算, 很有必要! 这个时代的数学学习必须学习核心数学、统计学、数学建模、数值计算. 这里说的核心数学是指包括代数、分析、几何等基础知识领域在内的数学体系或相关课程体系.

4. 掌握数学建模与计算, 需要坚持基于问题驱动的、系统而深入的学术训练

数学建模和计算机模拟已成为科研课题的重要组成部分, 过去它往往作为相关实验的补充, 或者作为科学理论的验证而存在. 在新时代, 建模与计算在有些情况下和越来越多的领域取代了实验, 直接用于创立理论, 成为与理论、实验并行且相互渗透的研究方法. 从应用领域提出问题到计算结果的获得需要相关领域的专业知识、数学建模、数值分析、算法研制、软件编制、程序运行、分析、验证和结果的可视化.

数学建模是一种思维、一种习惯、一种能力与素质. 数学模型无处不在, 无时不在; 数学模型后面是丰富的、有趣的世界. 引入数学建模思想, 让学生全面接受数学建模训练, 让学生活学活用数学, 这是判断数学教育是否成功的主要依据.

这里数学思维包括数的思维、形的思维、数形结合的思维, 还有归纳、演绎、类比、联想的思维; 数学能力指的是进行抽象思维和逻辑推理的理性思维能力、综合运用数学的知识和方法分析问题和解决问题的能力、创新精神和创新能力. 数学素质指的是主动探寻并善于抓住数学问题中的背景和本质的素养, 善于分析现实世界中的现象和过程建立数学模型的素养, 能用准确、简明、规范的数学语言表达数学思想的素养, 具有良好科学态度和创新精神、提出新思想新方法的素养, 各种问题能以“数学方式”进行理性思维, 从多角度探寻解决问题之道的素养.

特别强调, 数学模型需要分析与计算. 分析指的是对模型的适定性、解的性质进行分析, 而计算的核心内容应包括算法设计思想 (idea)、算法构造 (content)、算法分析 (analysis)、数值模拟与数值实现 (realization) (简缩为 iCar).

这些思维、习惯、能力、素养的培养, 需要扎实的核心数学与统计学的基础, 也需要问题驱动的其他学科知识, 更需要数学建模与计算长期深入地训练与积累.

5. 本书章节展开框架与阅读建议

本书按照 MAP 策略展开建模过程、算法设计、编程实现.

数学模型方面, 围绕微分方程与反问题模型展开. 第 1 章介绍了数学与交叉学科融通、计算科学与工程快速发展, 概括说明了微分方程模型和反问题模型, 并举例剖析. 第 2 章和第 3 章分别介绍了常微分方程和偏微分方程模型, 第 4 章介绍了积分方程模型, 第 5 章介绍了反问题模型, 第 6 章介绍了线性代数方程组模型, 第 7 章介绍了最优化模型, 第 8 章介绍了数据驱动建模, 第 9 章介绍了图像处理与压缩感知建模.

算法设计方面, 按照 iCar 思路围绕微分方程、优化问题、反问题的数值计算展开. 第 2 章和第 3 章介绍了微分方程的有限差分法, 第 4 章介绍了积分方程的迭代方法和正则化方法, 第 5 章介绍了反问题的正则化方法, 第 6 章介绍了线性代数方程组的三角分解法和迭代法, 第 7 章介绍了优化问题的非定常迭代法和随机搜索算法, 第 8 章介绍了数据模型的回归方法、分类方法、支持向量机方法、聚类算法, 第 9 章介绍了图像去噪、图像识别、压缩感知中的现代算法.

编程实现方面, 本书每章为主要模型的计算均提供了计算结果和图像, 书末附录中汇集了 MATLAB 程序代码, 供读者参考、选用.

阅读本书需要预先具有微积分、线性代数、微分方程、计算方法、实变函数与泛函分析方面的知识, 本书各章节内容相对独立, 读者可以选择感兴趣的内容阅读. 读者将建模训练与数值计算同步, 增强活学活用数学的思维和兴趣, 这是本书写作的主要目的.

6. 特别感谢

本书得以出版, 我们首先要感谢国家自然科学基金项目 (批准号: 11871435, 11471287, 91534113, 11501513, 11501514) 对我们研究工作的资助, 感谢浙江省一流学科 (A 类)–数学学科项目的支持.

其次要感谢国防科技大学黄思训教授、复旦大学程晋教授的指导与审稿, 感谢日本东京大学山本昌宏 (Masahiro Yamamoto) 教授为本书作序.

最后还要感谢科学出版社及数学同行对本书的详尽指导和高质量的编辑, 感谢领导和编辑为本书的出版付出的辛勤劳动.

在成书过程中, 第一作者在 2017 年 8 月访问东京大学数理科学研究院时确定了本书题目和内容框架, 在 2018 年 6 月访问北海道大学时进行了全面统稿与修改, 在此特别感谢东京大学山本昌宏教授和北海道大学中村玄教授.

2018 年 9 月至 2020 年上半年, 本书初稿在大学生 “数学建模”“数学物理方程”“数值分析”“AI 中的数学模型与计算” 等课程中作为参考书进行试用, 受到了师生的欢迎.

在本书撰写过程中, 徐定华 (浙江理工大学理学院) 对本书做了整体设计, 撰写了前言和第 8 章, 徐映红 (浙江理工大学理学院) 撰写了第 6、7 章和 9.2 节, 葛美宝 (杭州医学院医学影像学院) 撰写了第 1、4、5 章和 9.3 节, 张启峰 (浙江理工大学理学院) 撰写了第 2、3 章和 9.1 节. 第一作者对各章节进行了统稿、修改、补充、定稿.

本书的出版, 期望读者特别是大学生能从此书的学习中得到建模与计算的训练, 不断提升数学能力和数学素养. 由于作者水平所限, 书中难免有不妥之处, 恳请读者批评指正.

作　者

2020 年 6 月 18 日

目　　录

第 1 章 数学模型简介与举例

当今世界，随着大数据时代和人工智能时代的到来，数学的深度应用成为时髦的词汇，其特征之一是数学与物理学、力学、化学、材料学、生物学、医学、经济学、金融学等学科及工程技术、人工智能等领域交叉融合，成为各学科领域发展与创新的动力源.

“任何一门学科，如果能够用数学来描述，那么它才能说是科学的”(《恩格斯语录》). 这些学科领域迫切需要用数学建模方法来构建一个数学模型，以有效求解其中的各种复杂问题.

例如，生物医学专家根据药物在人体内随时间和空间的变化规律，建立药物代谢动力数学模型，用来有效指导医学人员临床科学用药；功能服装设计专家根据服装热湿舒适性和热安全性的功能性设计目标，建立人体-服装-环境的耦合热湿传递数学模型，用来预测功能特征，并指导服装参数决定与优化设计；人工智能专家根据目标识别问题中的各种场景数据 (如视频、图像等) 信息，建立目标动态识别的 BP (back propagation) 神经网络和径向基神经网络的数学模型，用来解决自动驾驶、机器人感知、智能设计等领域中的实时目标检测、定位问题等.

本章作为数学建模概述，主要讨论数学模型的概念、数学科学与其他交叉学科的关系、数学建模步骤和方法、数学模型分类、模型案例分析和建模训练对学生能力的培养，让读者对数学模型和数学建模有一个概括性、引导性的了解.

1.1 建立数学模型

1.1.1 数学模型

数学模型 (mathematical model) 是以确定性或随机性方式描述客观世界中数量关系、几何关系及其他相关关系的数学表达式.

根据涉及的不同学科知识领域，可以通过简化与近似、联想与归纳，提炼得到形形色色的数学模型，以越来越好地揭示科学规律、解释变化过程和诸多现象.

例如，微积分中，导数是描述物体运动速率、光滑曲线的切线斜率和曲面的法向量等问题的数学模型，积分是描述曲边梯形面积、空间立体体积、曲面通量等问题的数学模型；物理中，牛顿第二定律是描述物体在力的作用下产生的运动规律的数学模型, 牛顿冷却定律是描述温度高于周围环境的物体向周围媒质传递能量逐步冷却时所遵循规律的数学模型; 功能服装设计中, 服装织物内热湿传递的耦合微分方程是描述服装织物的结构特征与性能特征如何影响热湿变化过程的数学模型.

一般地说, 数学模型可以描述为, 对于特定实际问题, 为了特定目的, 根据实际问题的内在规律并利用相关信息, 采用适当的数学工具或发展新的数学理论, 通过必要的抽象、简化、归纳、提炼而建立起来的一个数学结构.

1.1.2 数学建模

对于现实对象, 依据客观内在规律 (如物理、化学、生物学或特定现象的内在规律) 建立数学模型的过程, 称为**数学建模** (mathematical modeling).

具体来讲, 就是针对现实的研究对象和研究目的, 经过合理的抽象简化和科学假设, 依据问题的内在规律, 建立用数学语言表示的表达式或数学结构, 这个过程称为数学建模.

按照数学建模思路获得的数学模型, 其价值在于: 通过对数学模型进行求解, 获得实际问题的规律性认识; 通过模型推导、理论证明促进数学理论与方法的发展; 让数学模型的求解结果在实际问题中得以比较、检验和应用, 为政府部门或其他相关应用领域提供分析、预测、决策或控制的科学依据, 实现科学分析与科学决策的目的.

特别强调的是, 数据驱动建模在新时代成为时髦研究领域, 也成为人工智能领域快速发展的核心要素. 这里需要内在机理建模与数据统计建模结合, 以提高把握数据后面内在规律或相关性的准确度. 具体可参考本书第 2 章到第 5 章、第 8 章到第 9 章.

1.2 数学科学与其他学科的融合

1.2.1 数学与交叉学科

数学科学已经成为生物学、医学、经济学、金融学、材料学、工业设计与开发、人工智能等越来越多研究领域中不可或缺的重要组成部分.

《2025 年的数学科学》编辑委员会[18] 的研究结论是: 在过去 20 多年里, 数学科学在各个分支领域之间的联系以及数学科学与其他学科领域之间的联系已经变得越来越紧密, 而且各种迹象表明这种紧密的联系在未来若干年会变得非常重要.

根据数学科学在国际学术前沿发展的最新趋势, 数学科学在数据科学、网络科学、量子信息安全、反问题、计算生物学、大规模科学计算等应用领域影响越来越大且在未来有更加潜在的发展趋势.

图 1.2.1 中, 小圆形 (相关学科) 与内核大圆形 (数学科学) 的重叠区域, 表示数学科学与其他学科相互交叉的地方, 往往具有数学专业背景的研究人员对其他交叉学科的研究和影响更加深刻. 随着“互联网＋”时代的快速发展, 越来越多的应用领域会用到数学知识, 许多研究的深入开展都将建立在数学科学的基础上, 而且这种趋势会逐渐扩大, 并变得越来越明显.

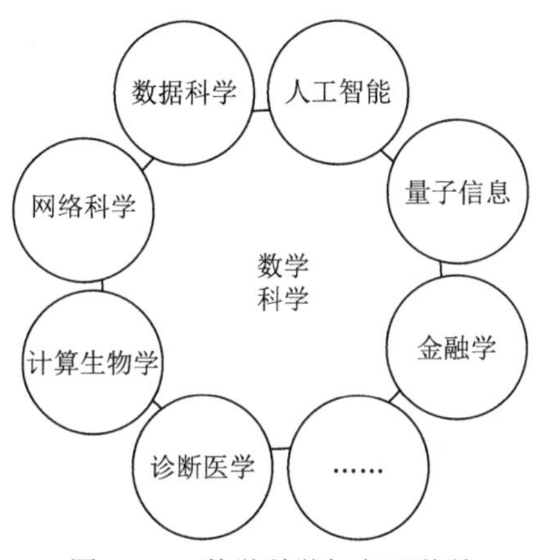

图 1.2.1 数学科学与交叉学科

1.2.2 计算科学与工程学科简介

20 世纪 50 年代以来, 计算数学发展成长为计算科学, 计算成为与理论研究、实验研究并列的第三种研究方法. 进入 21 世纪, 新时代涌现了大量的且不断增长的研究领域与数学科学密不可分, 计算科学深度渗透工程、技术、社会诸多领域中, 发展成为现代计算科学与工程 (computational science and engineering, CSE) [19–21].

计算科学与工程是一个数学学科、计算机科学和工程学科相互交叉的学科, 与自然科学、应用数学、数值分析、计算机科学和工程密切相关. 数学建模和计算机模拟已成为科研课题的重要组成部分, 它们作为相关实验的补充, 甚至在有些情况下取代了实验.

计算科学与工程学科的研究重点在于建立合理的数学模型、研制数学模型的求解方法, 以解决科学与工程领域中的实际问题[22]. 从应用领域到计算结果获得的过程中, 需要包含一定的专业背景知识、数学模型的建立、数值分析、算法设计、算法编程实现、结果分析和可视化等步骤, 这些都包含在计算科学与工程中.

1.3 数学建模的步骤和策略

1.3.1 数学建模的步骤

对于各种各样的实际问题, 采用不同的数学思想和方法可以建立各种类型的数学模型. 下面给出数学建模的一般步骤.

1. 了解背景规律

了解实际问题的具体背景, 包括物理、力学、化学、生物学、经济学、金融学等学科背景知识, 或者工程、技术、大数据、人工智能有关领域等背景信息. 了解建模必需的背景知识、内在规律和相关数据与参数等, 是建立数学模型不可缺少的前期准备.

2. 明晰科学假设

根据背景对象的内在特征, 分析关键因素和次要因素, 对影响因素作出一些必要且合理的科学假设, 以降低模型的复杂程度. 通常实际问题若不经过必要可行的简化假设, 很难建立数学模型, 即使可能, 模型也往往比较复杂且无法求解.

3. 建立数学模型

依据研究问题中的相关规律和内在特征, 判断问题及变量的确定性或随机性, 对问题中数与形的关系进行刻画, 用规范化的数学表达式表示各个因素之间的数量关系、几何关系或数学结构. 这种数学结构可以是包含常量、变量及对应关系的数学模型, 例如, 微分方程模型、线性代数方程组模型、优化模型、统计模型等.

4. 数学模型求解

根据建立的数学模型, 需要研究模型科学且有效的求解方法. 例如, 求解代数方程、微分方程、极值问题、统计推断、绘制图形等. 数学模型的求解方法包含公式解法或数值解法, 其结果为解析解或数值解. 有必要借助数学软件和计算机技术进行数值模拟和结果的可视化呈现, 来更好解释模型结果的正确性和合理性.

5. 模型适定性分析和算法性能分析

对建立好的数学模型进行适定性分析, 包括模型解的存在性、唯一性和稳定性; 对模型求解算法进行性能分析, 包括算法的稳定性、收敛性、收敛率以及计算成本分析.

6. 模型检验应用

把模型的求解结果与实际问题中的现象或实验数据进行比较, 进一步检验所建立模型的合理性和算法的有效性. 若模型检验的结果与实际不符合或者部分不符合实际, 需要对模型或算法进行修改, 例如, 修改假设、重新建立模型和检查模型求解过程等. 通过反复修改模型和算法, 不断完善模型, 直到检验结果达到可以接受的程度. 最后, 根据所建立模型的具体特点和应用价值, 把解决模型的关键技术和理论方法应用到实际问题中, 为相关应用部门和研发机构提供必要的理论依据和实验解释.

以上提出了数学建模的一般步骤, 各个步骤之间有着密切的联系, 在模型的建立过程中, 应该根据具体情况具体分析, 按照建模的流程图 (图 1.3.1) 反复应用, 灵活应用.

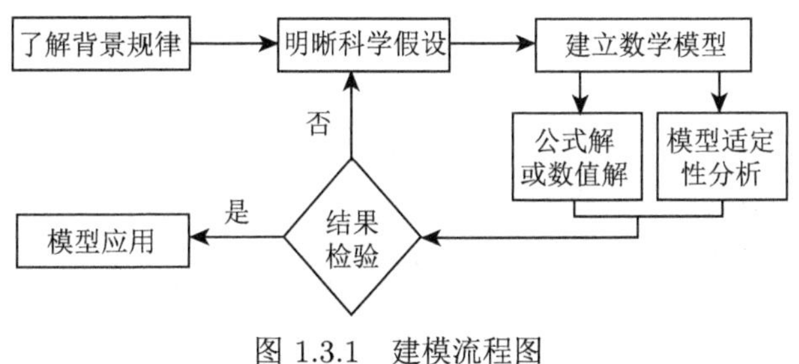

图 1.3.1 建模流程图

1.3.2 数学建模的策略

1. 依据确定性和随机性特征建模

根据涉及的不同知识领域, 依据确定性和随机性建立数学模型. 确定性模型的建模方法有微积分方法、微分方程方法、积分方程方法、反问题方法和优化方法等. 随机性模型的建模方法有统计回归方法、随机微分方程方法、时间序列方法、贝叶斯方法、蒙特卡罗方法、决策与对策方法等.

2. 依据数据类型特征建模

数据建模包括有模型数据分析 (model-based data analysis) 方法、无模型数据分析 (model-free data analysis) 方法. 前者基于数据背后的客观规律和机理进行建模, 常称为机理建模; 后者基于无模型进行数据分析, 通常的方法有经典统计方法、现代统计学习方法和深度学习方法等.

数学建模是一个融多学科知识、汇多思维特质、集综合能力于一身的研究性和专业性极强的工作. 常用到的建模思维包括类比、联想、归纳和演绎等思维方式.

按照模型中是否考虑随机因素, 把数学模型分为三类:

(1) **确定性模型**　如线性代数方程组模型、非线性方程模型、最优化模型、常微分方程模型、偏微分方程模型、积分方程模型等.

(2) **随机性模型**　如概率模型 (古典模型、几何模型、伯努利模型)、统计模型 (贝叶斯模型、马尔可夫模型、回归分析模型)、随机动力系统模型等.

(3) **其他模型**　不属于上面两类模型, 如混沌模型等.

图 1.3.2 和图 1.3.3 分别概要性或举例式地描述了微分方程模型与反问题模型及数值算法.

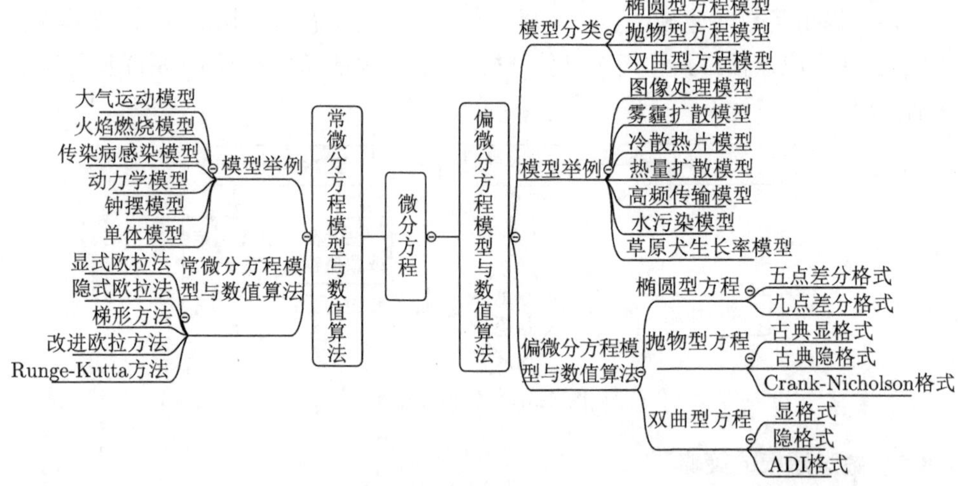

图 1.3.2　微分方程模型与数值算法

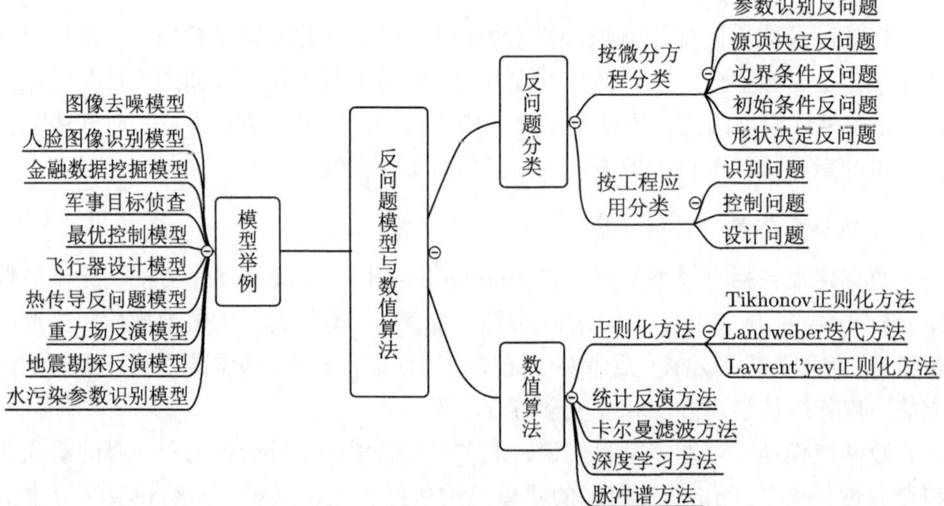

图 1.3.3　反问题模型与数值算法

1.4 建模案例

本节给出几个具体模型案例, 包括微积分模型、微分方程模型和反问题模型, 说明数学模型的建模过程、模型求解及其分析. 通过案例说明针对不同的实际问题, 可以选择不同的方法进行数学建模.

1.4.1 微积分模型

微积分学主要包括导数和积分理论与方法. 导数的基本思想是瞬时变化率, 是平均变化率的极限, 描述函数值变化的速率. 积分的基本思想是连续求和, 是离散和式的极限, 描述连续变量的求和规律. 微积分的思想与方法在数学建模中有着重要应用价值. 微积分方法建模是指用微积分的思想与方法对实际问题建立数学模型.

模型 1: 磁盘的最大存储量模型

1. 提出问题

微型计算机通常把数据存储在磁盘上, 磁盘是带有磁性介质的圆盘, 有操作系统将其格式化为磁道和扇区. 磁道是指不同半径所构成的同心轨道. 扇区是指同心角分割成的扇形区域. 磁道上的定长弧段可作为基本存储单元, 这个单元通常称为比特 (bit). 如何设计磁盘使磁盘的存储容量最大? 一张单面磁盘的有效存储半径为 2.24in (1in=25.4mm), 磁道宽度为 0.006in, 每比特长度为 0.001in, 试求出磁道的最大容量.①

2. 问题分析

磁盘的存储容量与划分的磁道和磁道上记录的比特数据有关, 根据磁盘的半径可以求得磁道数. 根据磁盘存储半径可以计算出磁道上记录的数据量.

3. 模型假设

(1) 磁道宽度不小于 d_t.

(2) 每比特所占用的磁道长度不小于 d_b.

(3) 磁盘格式化时要求磁道具有相同的比特数.

(4) 磁盘的外半径为 R, 内半径为 r, 磁盘的存储区域是介于 r 与 R 之间的环形区域.

① 模型 1 出自哈尔滨理工大学 2004 年数学建模竞赛题.

4. 建立模型

由于磁盘的存储量等于磁道数与每条磁道的比特数的乘积, 由模型假设 (4), 可知磁道的最大数量为 $\dfrac{R-r}{d_t}$. 由于每条磁道的比特数相同, 为了保证获得最大的存储量, 最内一条磁道必须装满, 即每条磁道上的比特数可以达到 $\dfrac{2\pi r}{d_b}$, 磁盘总存储量为

$$A(r)=\frac{R-r}{d_t}\frac{2\pi r}{d_b}=\frac{2\pi r(R-r)}{d_t d_b}.$$

5. 模型求解

根据函数极值的求解方法, 计算导数为 0 的驻点. 由

$$A'(r)=\frac{2\pi(R-r)}{d_t d_b}-\frac{2\pi r}{d_t d_b}=\frac{2\pi(R-2r)}{d_t d_b},$$

令 $A'(r)=0$, 得到唯一的驻点 $r=\dfrac{R}{2}$. 根据 $A''(r)=-\dfrac{4\pi}{d_t d_b}<0$, 可知这个唯一的驻点 $r=\dfrac{R}{2}$, 即为最大值点.

当磁盘内的半径为外半径的一半时, 磁盘存储量达到最大, 此时磁盘有 $r=\dfrac{R}{d_t}$ 条磁道, 每条磁道可达到 $\dfrac{\pi R}{d_b}$ 比特数, 单面最大存储量公式为 $A_{\max}=\dfrac{\pi R^2}{2d_t d_b}$, 得到

$$\begin{aligned}A_{\max}&=\frac{\pi R^2}{2d_t d_b}\\&\approx\frac{3.14159\times 2.24^2}{0.006\times 0.001}\\&\approx 2370240(\text{bit})\\&\approx 2315(\text{kbit}).\end{aligned}$$

1.4.2 微分方程模型

在实际问题中未知量不仅与已知量有关, 而且和未知量的导数有关, 此时需要用微分方程来描述这类问题. 微分方程方法建模思路是根据实际问题建立未知量满足的微分方程模型, 设计合理的算法求出方程的解析解或数值解, 最后对结果进行分析与检验.

模型 2: 降落伞速度模型

1. 提出问题

降落伞由静止开始下降, 测得下降速度随时间变化的数据如表 1.4.1, 设降落伞的质量为 $m = 12\text{kg}$, 重力加速度 $g = 9.8\text{m/s}^2$. 试建立速度满足的微分方程模型, 并计算在 2.4s 和 5.8s 时降落伞的速度.

表 1.4.1 降落伞下降速度随时间变化的数据

t/s	0	0.5	1.0	1.5	2.0	2.5	3.0	3.5	4.0	4.5	5.0
v/(m/s)	0	3.56	5.35	6.25	6.70	6.93	7.05	7.10	7.12	7.15	7.16

2. 问题分析

根据受力分析, 降落伞下降主要考虑重力和空气阻力的影响. 根据常识可知, 降落伞的下降速度越大, 空气阻力也越大, 故可把空气阻力看成速度的函数.

3. 模型假设

(1) 降落伞下降只受重力与空气阻力的作用;

(2) 空气阻力与速度成正比.

4. 建立模型

若降落伞所受合力为 F, 空气阻力 $f = kv$, v 是降落伞的下降速度, 根据物理中的受力分析, 可得

$$F = mg - f = mg - kv.$$

根据牛顿第二定律 $F = ma$, 得到加速度 $a = g - \dfrac{k}{m}v$. 结合导数的物理含义, 可知加速度是速度的导数, 从而得到速度满足的微分方程初值问题:

$$\begin{cases} \dfrac{\mathrm{d}v}{\mathrm{d}t} = g - \dfrac{k}{m}v, \\ v(0) = 0. \end{cases}$$

5. 模型求解

根据微分方程的知识, 用分离变量法求得方程的解为

$$v = \frac{mg}{k} + C\mathrm{e}^{-\frac{k}{m}t}.$$

代入初始条件 $v(0) = 0$, 得到 $C = -\dfrac{mg}{k}$, 则微分方程的解析解为

$$v = \frac{mg}{k}(1 - \mathrm{e}^{-\frac{k}{m}t}).$$

根据表 1.4.1 中降落伞关于时间-速度的数据, 求出未知参数 k, 这是数据拟合问题. 这类问题通常称为参数识别问题, 是反问题求解的重要内容之一, 见第 5 章反问题模型与方法. 根据已知数据进行非线性曲线拟合, 求得未知参数 $k \approx 13.6$, 从而得到速度为

$$v(t) = 16.4382(1 - \mathrm{e}^{-1.13t}).$$

通过 MATLAB 2016 软件编程 (相应程序代码见附录 J.1), 得到拟合曲线图形, 见图 1.4.1, 并计算 $v(2.4) = 6.8869\mathrm{m/s}$, $v(5.8) = 7.1515\mathrm{m/s}$.

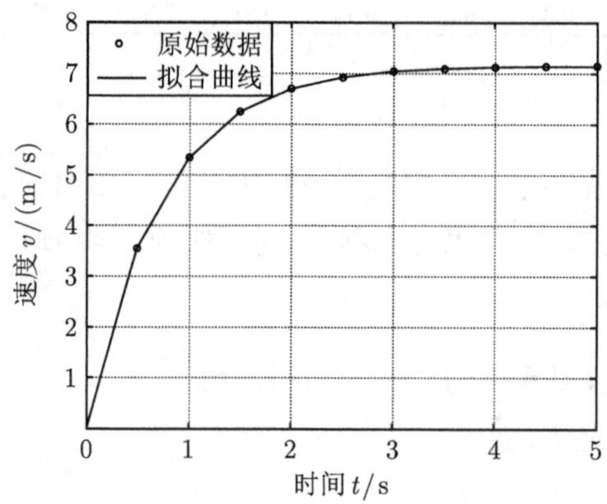

图 1.4.1　原始数据与速度的拟合曲线

1.4.3　反问题模型

数学上的反问题起源于数学理论和方法在工程、医学、金融学、人口学等学科的应用研究, 具有很强的实际背景和应用价值. 基于反问题方法的建模是从测量信息中得到无法测量或很难测量的信息, 这也是反问题研究的本质.

模型 3: 人口预报参数识别模型

1. 提出问题

控制和预测人口数量是当前人口问题的核心问题. 表 1.4.2 给出了陕西省 1955 ~ 2010 年每 5 年的人口数据, 根据这些数据建立人口预报参数识别模型, 并预测 2020 年和 2025 年陕西省的人口总数.

表 1.4.2　陕西省人口统计数据　(单位: 万人)

年份	1955	1960	1965	1970	1975	1980
人口	1711.8	1954.2	2144.3	2427	3692.1	2831.4
年份	1985	1990	1995	2000	2005	2010
人口	3001.7	3316	3514	3644	3720	3735

2. 问题分析

人口预报参数识别模型是一个典型的数学建模问题. 该问题的本质是根据已知陕西省历年人口统计数据, 通过建立数学模型来识别模型中的未知参数, 进而获得陕西省人口的变化规律, 对未来人口数量进行预测.

3. 人口增长模型

根据对人口模型问题的逐步分析与模型改进, 简要建立三类人口增长模型, 分别是几何增长模型、指数增长模型和阻滞增长模型.

模型 A: 几何增长模型

记初始时刻人口数量为 x_0, 第 k 个时间单位 (即 5 年) 的人口数量为 $x_k, k = 0,1,\cdots,N$. 假设单位时间人口增长率 r 为常数, 建立人口几何模型为

$$x_k = x_0(1+r)^k. \tag{1.4.1}$$

用最小二乘方法估计未知参数 r, 最小二乘方法见第 6 章.

对 (1.4.1) 两边同时取以 e 为底的对数, 得到

$$\ln x_k = \ln x_0 + k\ln(1+r).$$

令 $u = \ln(1+r)$, 于是得到一个关于 u 的线性方程组:

$$\begin{cases} \ln x_1 = \ln x_0 + u, \\ \ln x_2 = \ln x_0 + 2u, \\ \qquad \cdots\cdots \\ \ln x_N = \ln x_0 + Nu. \end{cases}$$

线性方程组的最小二乘解为

$$u = \frac{1}{N}\sum_{k=1}^{N}\frac{1}{k}\ln\frac{x_k}{x_0}.$$

从而计算出未知参数 $r = \mathrm{e}^u - 1$.

取 $N = 11$. 通过编程计算出未知参数 $r = 0.1037$. 从图 1.4.2 和图 1.4.3 可以看出, 在 1955 ~ 1990 年期间, 实际人口与预测人口的相对误差较小, 但是在 1990 年以后, 两者偏离较远, 因此该模型不适合预测 2015 年和 2020 年的人口数量, 需要对模型进行改进.

模型 B: 指数增长模型 (Malthus 模型)

记时刻 t 的人口数量为 $x(t)$, 初始人口数量为 $x(0) = x_0$.

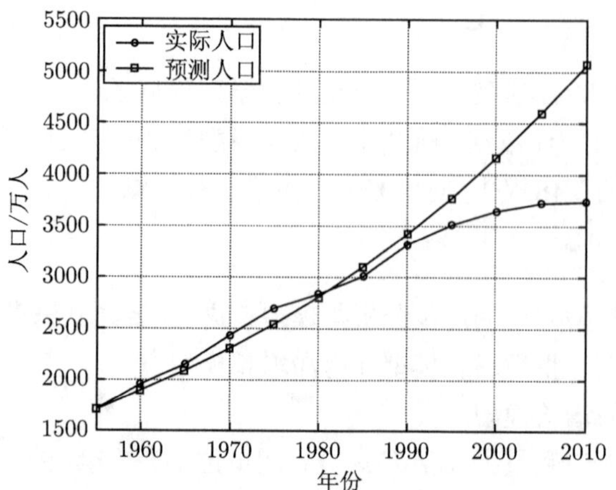

图 1.4.2 几何增长模型的实际与预测人口

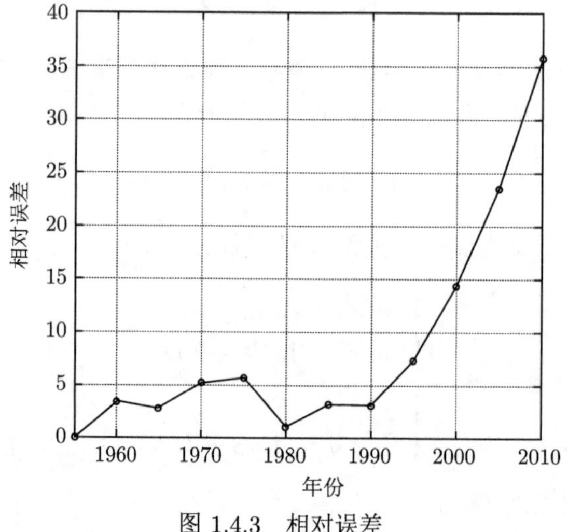

图 1.4.3 相对误差

1) 模型假设

(1) 单位时间的人口增长率 r 为常数;

(2) 将 $x(t)$ 视为 t 的连续且可微函数.

则人口数量 $x(t)$ 满足的微分方程初始条件模型:

$$\begin{cases} \dfrac{\mathrm{d}x(t)}{\mathrm{d}t} = rx(t), \\ x(0) = x_0. \end{cases} \tag{1.4.2}$$

从图 1.4.4 和图 1.4.5 看出, 在 1955 ~ 2000 年期间, 实际人口与预测人口的相对误差较小, 比几何增长模型 A 结果更好. 但是在 2000 年以后, 仍然偏离较远, 需要对模型进一步改进.

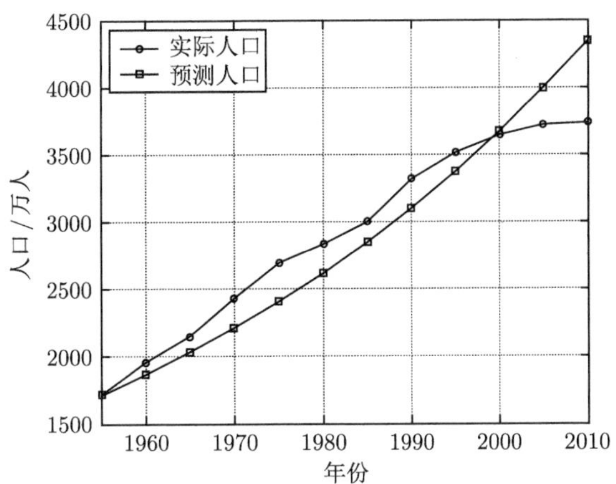

图 1.4.4 指数增长模型的实际与预测人口

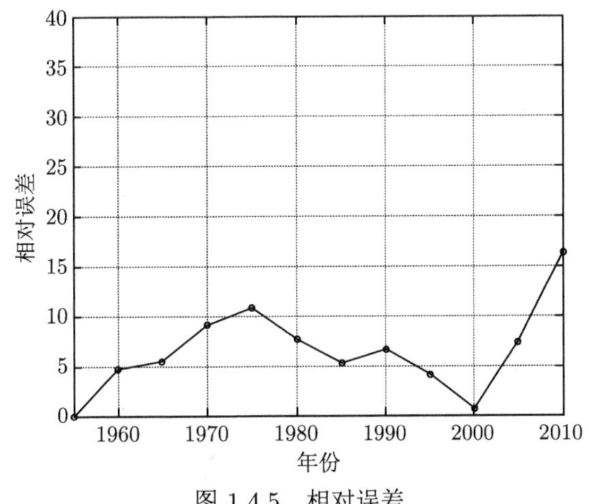

图 1.4.5 相对误差

2) 初始条件和未知参数的识别

已知微分方程的初始条件 x_0 和增长率 r, 可以看成人口预报问题的正问题. 根据随时间变化的人口统计数据, 估计模型中的两个未知参数 x_0 和 r, 就是识别人口模型的参数问题, 称为反问题. 对于模型中未知参数的求解, 采用最小二乘方法进行估计.

3) 模型求解

由分离变量法, 得到方程 (1.4.2) 的解析解为

$$x(t) = x_0 \mathrm{e}^{rt}.$$

模型 C: 修正模型——阻滞增长模型 (Logistic 模型)

人口增长率等于出生率减去死亡率, 而出生率和死亡率受很多因素的影响, 例如, 经济收入、环境污染、战争、自然灾害和医疗科技等. 从陕西省人口统计数据来看, 初期人口较少时, 增长速度较快, 当人口到达一定规模后, 相对增长速度会逐渐降低. 增长率是一个随时间下降的函数, 需要对指数增长模型进行修正.

1) 模型假设

(1) 人口增长率 r 看成人口总量 $x(t)$ 的递减函数 $r(x(t))$, 假定具有下面形式:

$$r(x(t)) = r_0 - sx(t), \quad r_0, s > 0,$$

其中 r_0 为固有增长率, s 为阻滞增长系数.

(2) 在自然和环境条件的约束下, 可容纳的年最大人口容量为 x_m.

2) 建立模型

当人口达到最大容量时, $r(x_m) = r_0 - sx_m = 0$, 有 $s = r_0/x_m$, 建立微分方程模型:

$$\begin{cases} \dfrac{\mathrm{d}x(t)}{\mathrm{d}t} = r_0\left(1 - \dfrac{x(t)}{x_m}\right), \\ x(0) = x_0. \end{cases} \tag{1.4.3}$$

3) 模型求解

采用分离变量法, 得到模型 (1.4.3) 的解析解为

$$x(t) = \frac{x_m}{1 + \left(\dfrac{x_m}{x_0} - 1\right)\mathrm{e}^{-r_0 t}}.$$

4) 参数识别

采用非线性最小二乘法, 通过 MATLAB 软件编程, 得到未知参数 x_m 和 r 的估计值.

从图 1.4.6 和图 1.4.7 可知, 预测人口与实际人口的差距比较小, 最大误差不超过 5%. 最后得到 2015 年的预测人口为 3906 万人, 2020 年的预测人口为 3980 万人.

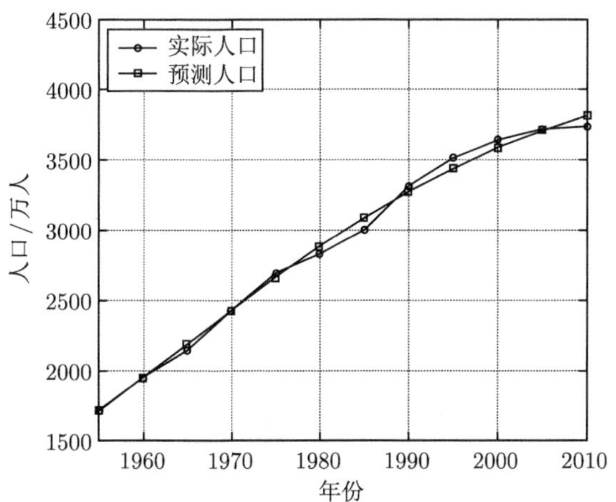

图 1.4.6 阻滞增长模型的实际与预测人口

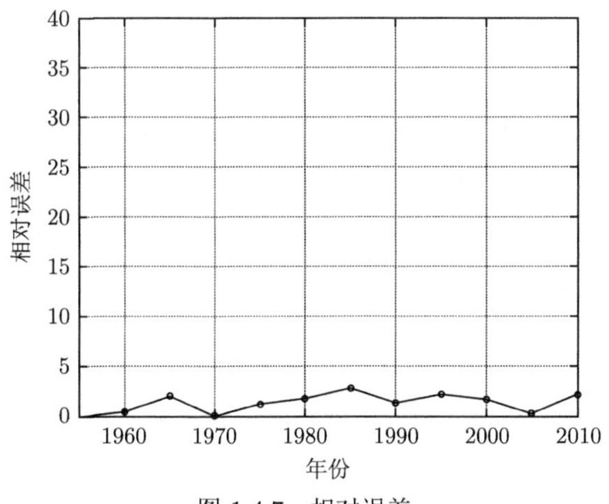

图 1.4.7 相对误差

1.5 数学建模能力培养

建立数学模型的全过程, 就是用数学语言近似表述实际问题, 用数学理论和方法分析、求解数学模型. 多年来的实践告诉我们, 把数学建模思想渗透到学生学习、训练、竞赛和研究中, 可以有效地培养学生的数学素养, 提高应用数学知识和方法解决实际问题的能力. 具体表现在以下几个方面.

(1) 培养"翻译"能力.

实际问题往往是比较复杂和多因素的, 数学建模的过程就是对实际问题进行简化、抽象, 通过"翻译", 将其转化为数学问题. 这种"翻译"能力是必不可少的, 数学建模的学习与训练有利于这种能力的培养.

(2) 培养洞察力.

数学建模要解决的问题大多需要许多学科的知识和不同的方法, 为此需要我们具备丰富的想象力. 对隐藏在实际问题背后的规律的把握与领悟需要很强的洞察力. 用数学建模方法解决实际问题, 可以培养学生的想象力和洞察力.

(3) 培养解算能力.

数学建模的全过程就是用数学方法分析实际问题、解决实际问题的过程. 数学的深度应用取决于建模和计算. 数学建模过程有利于学生提高模型分析和计算能力, 但需要长期的积累和针对性的训练才能得到培养.

(4) 培养创新能力.

数学建模的问题所给的条件和数据往往是复杂的、不是恰到好处的, 有时候需要对某个信息展开联想与类比, 需要通过归纳和演绎获得新模型、新理论、新方法. 这个过程是培养学生创新意识和能力的极佳载体.

(5) 培养计算能力.

数学建模必须熟练掌握计算机和数学软件以及编程方法, 这是因为在对实际问题进行分析和数学建模的过程中, 会遇到大量的推导运算、数值计算和模拟、结果验证与可视化表达等. 这些训练可以有效地培养学生算法设计、编程实现、软件应用等方面的能力.

(6) 培养团队合作精神.

数学建模训练和竞赛往往是以小组或者研究团队合作形式来展开的, 这需要团队合作和共享进步成果的精神. 培养出来的团队协作的能力也是未来科研工作中的必备能力.

1.6 评注与进一步阅读

随着大数据和人工智能时代的科学发展与技术升级, 数学在其他学科的深度应用和融合, 在很大程度上是通过数学建模来体现的, 建立科学合理的数学模型是应用数学解决实际问题的关键且重要的一步.

本章作为全书各类模型的基础内容, 让读者对数学模型和数学建模有一个初步的了解. 1.1 节概括性介绍了数学模型和数学建模的概念. 有关数学模型和数学建模, 不少数学工作者编写和翻译了一些优秀且经典的教材, 想要进一步了解数学建模等内容可参阅文献 [11–17]. 其中由姜启源、谢金星、叶俊共同编写的《数学模型 (第五版)》, 就是一本非常经典的参考资料. 该书充分考虑了现阶段大学生的学习方式的变化, 采用“纸质教材+数字课程”相结合的方式, 对数学模型教材的内容进行重新设计, 这样可以更好吸引学生的学习兴趣, 培养学生数学建模的思维方法和建模实践能力.

众所周知, 数学与其他学科深度融合与发展, 越来越多领域离不开数学. 特别是在计算科学与工程领域, 建立合理的数学模型, 研制科学高效的求解方法, 用来解决应用领域的实际问题, 已经得到科技工作者的广泛认同和共识. 早在 2001 年 SIAM 计算科学与工程工作组就指出, 计算科学与工程是一个与数学学科、计算机科学和工程学科紧密联系且迅速发展的多学科交叉研究领域, 重点聚焦这三个领域中思想和方法的深度融合. 其求解过程包括数学建模、数值分析、算法研制、软件编制、程序运行与分析、计算结果的可视化和结果检验等. 1.2 节简要介绍了数学学科与其他学科的关系以及计算科学与工程领域的相关内容, 对这方面感兴趣的读者可参阅文献 [18–24].

作为计算科学与工程中的重要环节, 科学计算已经发展成为继实验分析、理论推导的第三种科学研究手段. 科学计算是指用计算机通过计算方法或数值模拟来解决计算科学与工程中的关键问题. “数值分析”作为科学计算的主体, 又称为“计算方法”, 是数学建模的主要求解方法. “数值分析”的主要内容有数值微分、数值积分、插值与拟合、线性方程组的求解、常微分方程和偏微分方程的求解等. 有不少关于数值分析的教材, 感兴趣的读者可参阅文献 [25–27].

荷兰数学教育家弗赖登塔尔提出“数学来源于现实, 扎根于现实”. 学习数学建模最好的方法就是通过数学建模实践来学习, 纸上得来终觉浅, 绝知此事要躬行. 通过参与解决实际现实问题的数学建模训练, 才能发现自己在数学方法和数学知识方面储备不足, 这样更容易激起学习数学的积极性, 提高数学建模与计算的本领. 每年举办一次的全国大学生数学建模竞赛和国际大学生数学建模竞赛是学习和实践数学建模的很好机会, 有关建模竞赛的相关内容, 感兴趣的读者可参阅文献 [28–31].

1.7 训 练 题

习题 1 试就来源于材料设计、智能制造、诊断医学、经济金融等领域的数学建模, 举例说明什么是可计算数学模型? 并叙述建模过程与求解方法.

习题 2 构造一种传染病模型, 如麻疹传染病模型. 麻疹的潜伏期为 10 天, 在这段时间内被感染的孩子表面上看来是正常的, 但却会传染给别人. 患病的孩子被隔离直至病愈为止. 病愈后的孩子可获得免疫.

(1) 构造三种情形下的微分方程模型: 容易感染的、传染的以及被隔离 (或痊愈) 的. 假设每个感染者随机地与居民接触, 并以概率 p 传染给被感染者.

(2) 证明所建立的模型具有某种周期性质, 因为麻疹是趋于周期式地出现的. 如果没有, 对模型进行修正.

(3) 根据 10 天的潜伏期和 2 年的周期流行的观察结果, 估计模型中的参数, 并判断估计出来的参数值是否符合实际?

习题 3 2018 年 9 月, 全国大学生数学建模竞赛如期开赛, 本科组 A 题主题为“高温作业专用服装设计”, 吸引了全国近 2.6 万支参赛队、约 8 万优秀本科生的热情拥护和倾情投入. 2018 年本书作者很荣幸地为大赛贡献了这个题目. 题目内容如下.

在高温环境下工作时, 人们需要穿着专用服装以避免灼伤. 专用服装通常由三层织物材料构成, 记为 I、II、III 层, 其中 I 层与外界环境接触, III 层与皮肤之间还存在空隙, 将此空隙记为 IV 层.

为设计专用服装, 将体内温度控制在 37 ℃ 的假人放置在实验室的高温环境中, 测量假人皮肤外侧的温度. 为了降低研发成本、缩短研发周期, 请你们利用数学模型来确定假人皮肤外侧的温度变化情况, 并解决以下问题:

(1) 专用服装材料的某些参数值由附件 1 给出, 对环境温度为 75 ℃、II 层厚度为 6 mm、IV 层厚度为 5 mm、工作时间为 90 分钟的情形开展实验, 测量得到假人皮肤外侧的温度 (见附件 2). 建立数学模型, 计算温度分布, 并生成温度分布的 Excel 文件 (文件名为 problem1.xlsx).

(2) 当环境温度为 65 ℃、IV 层的厚度为 5.5 mm 时, 确定 II 层的最优厚度, 确保工作 60 分钟时, 假人皮肤外侧温度不超过 47 ℃, 且超过 44 ℃ 的时间不超过 5 分钟.

(3) 当环境温度为 80 ℃ 时, 确定 II 层和 IV 层的最优厚度, 确保工作 30 分钟时, 假人皮肤外侧温度不超过 47 ℃, 且超过 44 ℃ 的时间不超过 5 分钟.

这道题目之所以吸引了大学生的广泛兴趣, 是因为在人工智能时代, 智能设计是一个非常重要的领域, 隶属于工业设计中的产品设计及优化设计问题; 同时该题目也让大学生自然联想到纺织服装设计、纺织材料设计这一重要领域, 亟须数学理论与方法的深度融入和完美应用.

第 2 章　常微分方程模型及数值求解

常微分方程来源于自然界、社会科学诸多领域, 例如物理过程、化学反应、大气运动、人口增长、疾病传播、数据变化、智能决策等. 其数学描述通常为包含函数微分或导数的方程, 通过该数学描述来表示系统的变化过程或发展过程. 由于其应用的广泛性, 常微分方程模型逐渐成为可计算数学模型中的重要组成部分.

本章将首先举例介绍几类常微分方程模型, 然后示例性给出几类常用的数值求解方法, 最后应用这些数值方法对一些常微分方程模型进行求解.

2.1　常微分方程模型举例

本节举例介绍火焰燃烧模型、钟摆模型、大气运动和单体运动系统.

2.1.1　模型 1: 火焰燃烧模型

常微分方程数值求解的著名学者 L. Shampine 曾提出了一个非常有趣的火焰燃烧模型: 当点燃一根火柴时, 火焰会迅速增大到一个临界体积, 然后维持这一体积不变, 此时的火球内部燃烧所耗费的氧气和其表面的氧气达到了某种平衡. 若用 $r(t)$ 表示在时刻 t 时火焰的半径, $r^2(t)$ 和 $r^3(t)$ 分别表示火焰的表面积和体积. 经测算发现火焰半径的变化率和火焰半径及其体积具有如下关系:

$$\begin{cases} \dfrac{\mathrm{d}r(t)}{\mathrm{d}t} = r^2(t) - r^3(t), \quad 0 \leqslant t \leqslant \dfrac{2}{\delta}, \\ r(0) = \delta, \end{cases} \tag{2.1.1}$$

其中参数 δ 表示初始半径, 其计算时间和 δ 成反比. 利用分离变量法计算(2.1.1), 可知其精确解满足

$$\frac{1}{r(t)} + \log\left(\frac{1}{r(t)} - 1\right) = \frac{1}{\delta} + \log\left(\frac{1}{\delta} - 1\right) - t.$$

这里 $r(t)$ 的解析表达式如下

$$r(t) = \frac{1}{W(a\mathrm{e}^{a-t}) + 1},$$

其中 $a = 1/\delta - 1$, 函数 $W(z)$ 由 J. H. Lambert (1728 ~ 1777) 首次提出, 它是如下方程的解:

$$W(z)\mathrm{e}^{W(z)} = z.$$

尽管上式给出了问题的解析表达式, 但其解由一个超越的代数方程决定, 不能直接获得其数值结果. 因而能否由数值方法对火焰燃烧模型直接求解十分有必要. 例如, 取参数 $\delta = 0.01$, 其解的图形如图 2.1.1 所示.

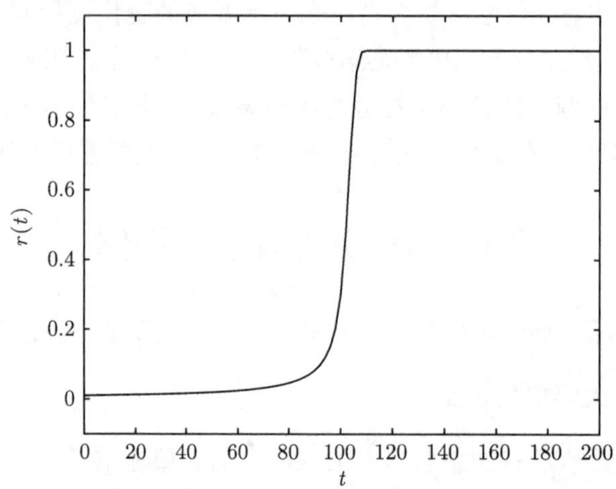

图 2.1.1 火焰燃烧模型的半径和时间关系曲线, 其中参数 $\delta = 0.01$

2.1.2 模型 2: 钟摆模型

如图 2.1.2 所示, 钟摆在重力作用下摆动. 假设钟摆挂在一根长度为 L 的刚性杆上, 可以自由摆动一周. 用 y 表示钟摆和垂直方向的夹角 (单位为弧度, 即 $y = y(\omega)$), 因而 $y = 0$ 对应于钟摆竖直朝下, y 和 $y + 2\pi$ 表示钟摆处于相同的位置. 假设钟摆被限制在半径为 L 的圆周上, 由牛顿第二定律, 钟摆和圆相切方向的加速度可表示为 $L\dfrac{\mathrm{d}^2y}{\mathrm{d}\omega^2}$. 沿运动方向的力为 $mg\sin y$, 该力的方向和变量 y 偏移的方向相反. 于是控制钟摆的方程可写为

$$mL\frac{\mathrm{d}^2y}{\mathrm{d}\omega^2} = F = -mg\sin y.$$

初始条件由初始角度 $y(0)$ 和初始角速度 $\dfrac{\mathrm{d}y(0)}{\mathrm{d}\omega}$ 给定. 令 $z = \dfrac{\mathrm{d}y}{\mathrm{d}\omega}$, 则上述二阶常

微分方程可化为一阶常微分方程组

$$\begin{cases} \dfrac{\mathrm{d}y}{\mathrm{d}\omega} = z(\omega), \\ \dfrac{\mathrm{d}z}{\mathrm{d}\omega} = -\dfrac{g}{L}\sin y(\omega). \end{cases} \tag{2.1.2}$$

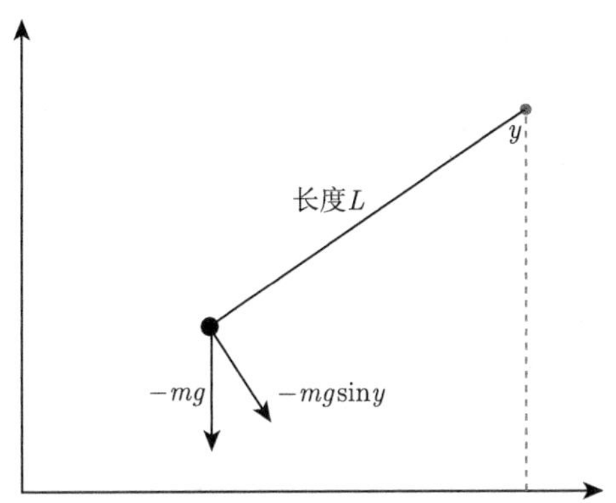

图 2.1.2 钟摆示意图, y 表示钟摆和垂直方向的夹角

上述两个模型问题都是和我们日常生活息息相关的. 接下来再看看大气科学和天体力学中的常微分方程模型问题.

2.1.3 模型 3: 大气运动

1963 年, 麻省理工学院的气象学家 E. Lorenz 对空气从下面的大地到上层的大气流动规律建立了一类简化的数学模型:

$$\begin{cases} \dfrac{\mathrm{d}x}{\mathrm{d}t} = \sigma(y-x), \\ \dfrac{\mathrm{d}y}{\mathrm{d}t} = x(\rho-z)-y, \\ \dfrac{\mathrm{d}z}{\mathrm{d}t} = xy-\beta z, \end{cases}$$

其中 x 表示对流顺时针循环的速度, y 表示空气向上和向下运动的速度差, z 表示在垂直方向温度变化差, σ 表示 Prandtl 数, ρ 表示 Rayleigh 数, β 表示系统参数. 从数学上来说, Lorenz 系统是一个非线性、非周期、三维确定性的方程. 然而该方程对于一般的参数却不能解析求解. 取参数 $\sigma=10$, $\beta=8/3$, $\rho=28$, 其轨道如图 2.1.3 所示. 相应程序代码见附录 J.2.

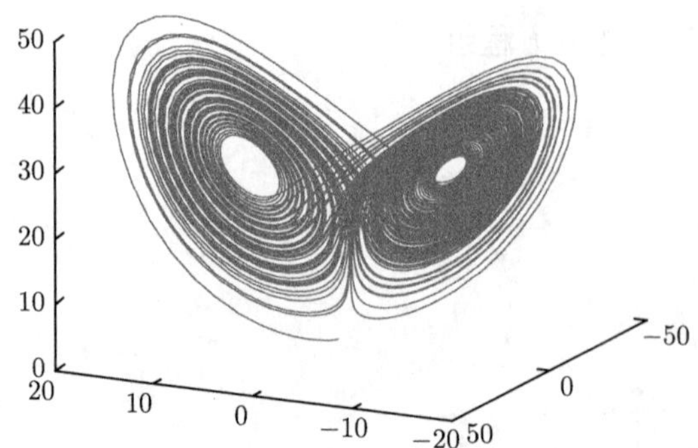

图 2.1.3　Lorenz 系统解的轨道, 其中参数 $\sigma=10$, $\beta=8/3$, $\rho=28$

此外, Lorenz 系统在激光学、电路系统、化学反应等领域具有十分广泛的应用.

2.1.4　模型 4: 单体运动系统

在小行星围绕大行星转动的情况下, 小行星相对于大行星的相互作用力认为可以忽略. 这种简化使得我们可以忽略卫星对于行星的力, 因而行星认为是固定不动的. 例如, 假设 m_1 和 m_2 分别为小行星和大行星的质量. 把大行星放在原点, 小行星的位置可表示为 (x,y). 小行星和大行星之间的距离为 $r=\sqrt{x^2+y^2}$, 对于小行星的作用力指向中心, 即大行星的方向. 方向向量是该方向的单位向量, 即

$$\left(-\frac{x}{r},-\frac{y}{r}\right).$$

因而小行星受到的力为

$$(F_x,F_y)=\left(\frac{gm_1m_2}{r^2}\frac{-x}{r},\frac{gm_1m_2}{r^2}\frac{-y}{r}\right).$$

利用牛顿第二定律则可得如下两个二阶常微分方程系统:

$$\begin{cases} m_1\dfrac{\mathrm{d}^2x}{\mathrm{d}t^2}=-\dfrac{gm_1m_2x}{(x^2+y^2)^{\frac{3}{2}}},\\ m_2\dfrac{\mathrm{d}^2y}{\mathrm{d}t^2}=-\dfrac{gm_1m_2y}{(x^2+y^2)^{\frac{3}{2}}}. \end{cases}$$

引入中间变量 $v_x=\dfrac{\mathrm{d}x}{\mathrm{d}t}$, $v_y=\dfrac{\mathrm{d}y}{\mathrm{d}t}$, 则可将上述方程化为如下形式的一阶微分方程组:

$$
\begin{cases}
\dfrac{\mathrm{d}x}{\mathrm{d}t} = v_x, \\
m_1 \dfrac{\mathrm{d}v_x}{\mathrm{d}t} = -\dfrac{g m_1 m_2 x}{(x^2+y^2)^{\frac{3}{2}}}, \\
\dfrac{\mathrm{d}y}{\mathrm{d}t} = v_y, \\
m_2 \dfrac{\mathrm{d}v_y}{\mathrm{d}t} = -\dfrac{g m_1 m_2 y}{(x^2+y^2)^{\frac{3}{2}}}.
\end{cases}
$$

该问题的轨道如图 2.1.4 所示.

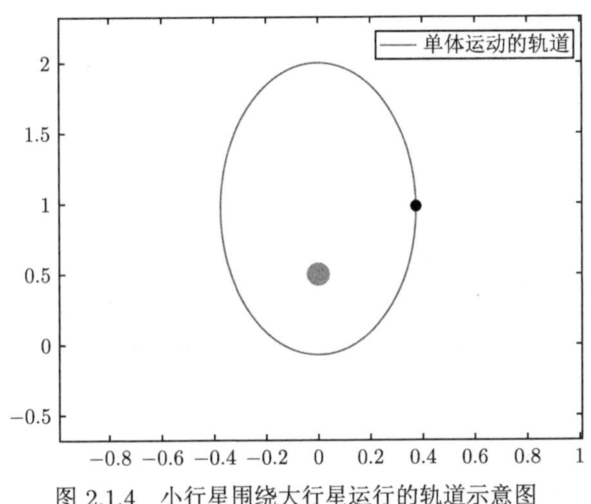

图 2.1.4　小行星围绕大行星运行的轨道示意图

2.2　常微分方程数值方法概述

2.1 节的几类问题可以统一归结为如下常微分方程的初值问题

$$
\begin{cases}
\dfrac{\mathrm{d}y}{\mathrm{d}x} = f(x,y), \quad a \leqslant x \leqslant b, \\
y(a) = y_0.
\end{cases}
\tag{2.2.1}
$$

当 $f(x,y)$ 在 $[a,b]\times\mathbb{R}^d$ 上连续 (其中 d 表示问题的维数), 且关于 y 满足 Lipschitz 条件时, 即存在与 x, y 无关的常数 L 使得 $||f(x,y_1)-f(x,y_2)|| \leqslant L||y_1-y_2||$ 对任意定义在 $[a,b]$ 上的 $y_1(x)$ 和 $y_2(x)$ 都成立, 则上述初值问题存在唯一解.

尽管许多常微分方程初值问题(2.2.1)可以用解析方法求解, 例如分离变量法、积分因子法等, 但是这些方法都有一定的适用范围. 对于一般情形的问题(2.2.1),

无法统一给出解析解. 例如, 早在 18 世纪, 法国数学家就证明了著名的 Riccati 方程无法用解析表达式给出, 或者有些方程解的表达式是利用级数形式表示, 实际使用时并不方便.

本节主要基于差商逼近的方法, 介绍几类常微分方程的数值格式, 这些格式对于一般的常微分方程均可求解, 因而具有普遍的意义.

数值解法实质上是求出常微分方程的解 $y(x)$ 在一系列离散点上的近似值, 其基本思想是求解区间的离散化和微分方程的离散化.

2.2.1 离散化方法

为求解一般情形的问题(2.2.1), 首先将求解区间 $[a,b]$ 进行网格剖分, 即将区间 $[a,b]$ 内插入一系列的分点 $\{x_k\}$, 满足

$$a = x_0 < x_1 < \cdots < x_n < x_{n+1} < \cdots < x_N = b.$$

记 $h_n = x_{n+1} - x_n$ $(n = 0,1,2,\cdots,N-1)$, 称 h_n 为步长. 一般取 $h_n = h$ (常数), 节点 $x_n = x_0 + nh$ $(n = 0,1,2,\cdots,N)$, $h = (b-a)/N$ 称为等步长节点.

构造常微分方程数值方法的途径有许多, 比如差商逼近法、数值积分法、泰勒展开法、加权斜率法、预测校正法、待定系数法等等. 本节主要基于差商逼近的思路介绍几类常用的数值求解方法.

2.2.2 显式欧拉方法

利用向前差商近似导数 $y'(x_0)$ 可得

$$y'(x_0) \approx \frac{y(x_1) - y(x_0)}{h}.$$

整理上式可得

$$y(x_1) \approx y(x_0) + hy'(x_0) = y_0 + hf(x_0, y_0) \triangleq y_1.$$

利用向前差商近似导数 $y'(x_1)$ 可得

$$y'(x_1) \approx \frac{y(x_2) - y(x_1)}{h}.$$

整理上式可得

$$y(x_2) \approx y(x_1) + hy'(x_1) \approx y_1 + hf(x_1, y_1) \triangleq y_2.$$

依次类推可得

$$y(x_{n+1}) \approx y(x_n) + hy'(x_n) \approx y_n + hf(x_n, y_n) \triangleq y_{n+1},$$

即得数值格式为

$$y_{n+1} = y_n + hf(x_n, y_n) \quad (n = 1, 2, \cdots, N). \tag{2.2.2}$$

称数值格式(2.2.2)为欧拉折线法, 简称显式欧拉方法或者欧拉方法.

该方法具有明显的几何意义 (图 2.2.1).

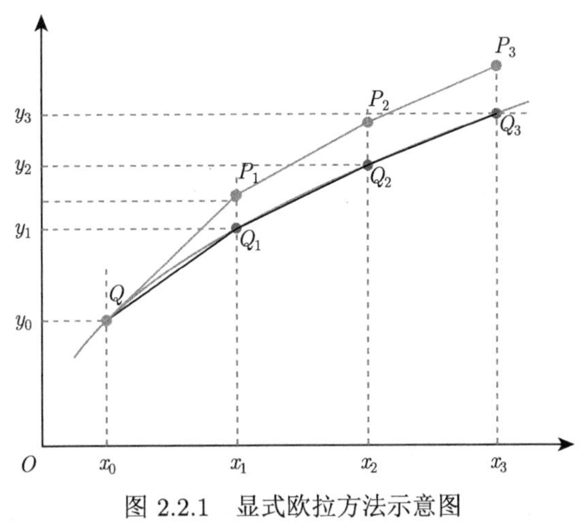

图 2.2.1 显式欧拉方法示意图

首先从初始值 Q 出发, 沿 Q 点斜率的方向 QP_1 前进, 与 x_1Q_1 的延长线交于 P_1 点, 显然直线 QP_1 的表达式为

$$y_1 = y_0 + hy'(x_0) = y_0 + hf(x_0, y(x_0)).$$

再从 P_1 点出发, 沿 Q_1 点的斜率的方向 Q_1Q_2 前进, 与 x_2Q_2 的延长线交于 P_2 点, 于是直线 P_1P_2 的表达式为

$$y_2 = y_1 + hy'(x_1) = y_1 + hf(x_1, y(x_1)).$$

依次类推, 可逐步得到欧拉方法所描述的折线, 若步长 h 取得足够小, 可看到欧拉方法得到的数值曲线和解析解的曲线十分吻合.

显式欧拉方法的编程 由于该方法为显式的数值格式, 因而当给定初始值后, 可以采用逐步代入的方式依次进行计算.

2.2.3 隐式欧拉方法

利用向后差商近似导数 $y'(x_1)$ 可得

$$y'(x_1) \approx \frac{y(x_1) - y(x_0)}{h}.$$

整理上式可得

$$y(x_1) \approx y(x_0) + hy'(x_1) \approx y_0 + hf(x_1, y_1) \triangleq y_1.$$

利用向后差商近似导数 $y'(x_2)$ 可得

$$y'(x_2) \approx \frac{y(x_2) - y(x_1)}{h}.$$

整理上式可得

$$y(x_2) \approx y(x_1) + hy'(x_2) \approx y_1 + hf(x_2, y_2) \triangleq y_2.$$

依次类推可得

$$y(x_{n+1}) \approx y(x_n) + hy'(x_{n+1}) \approx y_n + hf(x_{n+1}, y_{n+1}) \triangleq y_{n+1},$$

即数值格式为

$$y_{n+1} = y_n + hf(x_{n+1}, y_{n+1}) \quad (n = 1, 2, \cdots, N). \tag{2.2.3}$$

称数值格式(2.2.3)为向后欧拉方法, 简称为隐式欧拉方法. 该方法的几何意义可参看图 2.2.2.

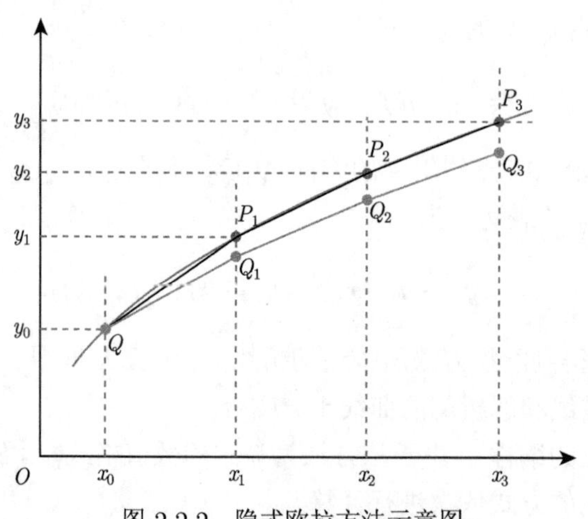

图 2.2.2　隐式欧拉方法示意图

隐式欧拉方法的几何解释如下: 首先从初始值 Q 出发, 沿着与 P_1 点的斜率平行的方向前进, 与 x_1P_1 的连线交于 Q_1 点, 显然直线 QQ_1 的表达式为

$$y_1 = y_0 + hy'(x_1) = y_0 + hf(x_1, y(x_1)).$$

再从 Q_1 点出发, 沿着与 P_2 点的斜率平行的方向前进, 与 x_2P_2 的连线交于 Q_2 点, 于是直线 Q_1Q_2 的表达式为

$$y_2 = y_1 + hy'(x_2) = y_1 + hf(x_2, y(x_2)).$$

依次类推, 可逐步得到向后欧拉方法描述的折线.

隐式欧拉方法的编程 先用显式方法给出一个初值, 再用迭代方法求解, 即

$$\begin{aligned} y_{n+1}^{(0)} &= y_n + hf(x_n, y_n), \\ y_{n+1}^{(k+1)} &= y_n + hf(x_{n+1}, y_{n+1}^{(k)}). \end{aligned}$$

如果迭代过程收敛, 则某步后的 $y_{n+1}^{(k+1)}$ 就可以作为 y_{n+1} 的值, 从而再继续进行下一步的计算.

2.2.4 梯形方法

从显式欧拉方法和隐式欧拉方法的示意图容易看到, 显式欧拉方法的计算结果往外偏离了精确解, 隐式欧拉方法的计算结果向内偏离了精确解. 若能将二者进行加权平均, 则可以期待更好的数值结果.

其具体构造过程如下: 记 $y_{n+1}^E = y_n + hf(x_n, y_n)$, 其表示显式欧拉方法, $y_{n+1}^I = y_n + hf(x_{n+1}, y_{n+1})$ 表示隐式欧拉方法. 二者加权平均可得

$$y_{n+1} = \frac{1}{2}(y_{n+1}^E + y_{n+1}^I) = y_n + \frac{h}{2}[f(x_n, y_n) + f(x_{n+1}, y_{n+1})]. \tag{2.2.4}$$

称(2.2.4)为梯形公式.

该方法可通过几何图形直观说明, 如图 2.2.3. 显然, 由显式欧拉方法计算的数值解位于点 A, 由隐式欧拉方法计算的数值解位于点 B, 由梯形公式计算的数值解位于点 P_{n+1}, 即 AB 连线的中点. 容易看出, 点 P_{n+1} 距离精确解点 Q 比其他两类方法更为接近. 因而可以期待梯形公式计算效果更佳.

梯形方法的编程 若 $f(x, y)$ 为非线性函数, 可以采用如下经典的牛顿迭代方法进行求解. 令 $z = y_{n+1}$, 则

$$F(z) = z - y_n - \frac{h}{2}[f(x_n, y_n) + f(x_{n+1}, z)],$$

于是

$$F'(z) = I - \frac{h}{2}J_F(x_{n+1}, z),$$

其中 $I \in \mathbb{R}^{d\times d}$ 为单位矩阵, $J_F = \dfrac{\partial F}{\partial z}(x_{n+1}, z) \in \mathbb{R}^{d\times d}$ 表示 Jacobi 矩阵. 由此可

构造牛顿迭代格式如下

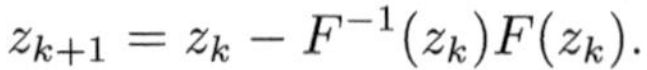

$$z_{k+1} = z_k - F^{-1}(z_k)F(z_k).$$

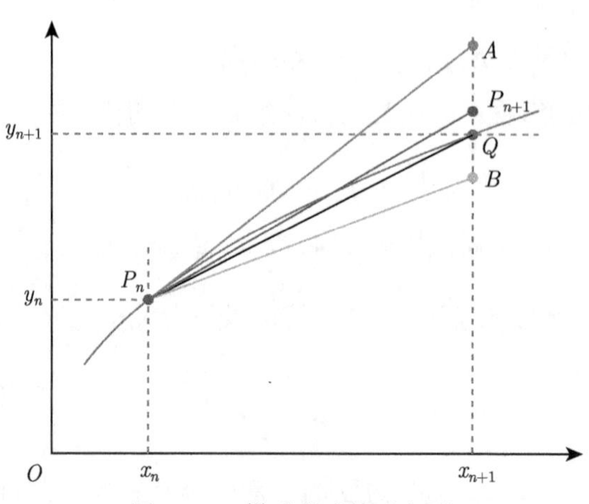

图 2.2.3　梯形公式的示意图

2.2.5　改进欧拉方法

利用上述的牛顿迭代方法进行求解, 很多初学者往往实现起来比较困难. 下面可以将显式欧拉方法和梯形方法结合起来进行求解. 首先用显式欧拉方法计算得到一个粗糙的初始值,

$$y_{n+1}^P = y_n + hf(x_n, y_n),$$

然后将该初始值代入梯形公式的右端函数, 可得到较为精确的数值

$$y_{n+1} = y_n + \frac{h}{2}[f(x_n, y_n) + f(x_{n+1}, y_{n+1}^P)],$$

即

$$y_{n+1}^P = y_n + hf(x_n, y_n), \tag{2.2.5}$$

$$y_{n+1} = y_n + \frac{h}{2}[f(x_n, y_n) + f(x_{n+1}, y_{n+1}^P)]. \tag{2.2.6}$$

称由(2.2.5)得到的数值解 y_{n+1}^P 为**预测值**, 由(2.2.6)得到的数值解 y_{n+1} 为**校正值**; 数值格式(2.2.5)—(2.2.6)称为**预测校正格式**.

将(2.2.5)代入(2.2.6)的右端可得

$$y_{n+1} = y_n + \frac{h}{2}[f(x_n, y_n) + f(x_{n+1}, y_n + hf(x_n, y_n))]. \tag{2.2.7}$$

称数值格式(2.2.7)为**改进欧拉方法**.

改进欧拉方法的编程 该数值格式是显式的, 对于给定的初始值, 其执行可以采用如下方式逐步向前进行计算:

$$
\begin{aligned}
y_{n+1}^{P} &= y_n + hf(x_n, y_n),\\
y_{n+1}^{C} &= y_n + hf(x_{n+1}, y_{n+1}^{P}),\\
y_{n+1} &= \frac{1}{2}(y_{n+1}^{P} + y_{n+1}^{C}).
\end{aligned}
$$

2.2.6 Runge-Kutta 方法

前面的几类数值方法, 在计算下一步的数值解时, 本质上均沿着斜率方向往下进行. 例如, 显式欧拉方法利用当前点前一个点的斜率 $K_1 = f(x_n, y_n)$, 隐式欧拉方法利用当前点的斜率 $K_2 = f(x_{n+1}, y_{n+1})$, 梯形公式利用当前点的斜率和当前点的前一个点的斜率的加权平均 $K_3 = \frac{1}{2}(K_1 + K_2)$, 改进欧拉方法则采用了当前点的前一个点的斜率 $K_1 = f(x_n, y_n)$ 和当前点的斜率的近似 $K_4 \approx f(x_{n+1}, y_n + hK_1)$ 的加权平均, 即 $K^* \approx \frac{1}{2}(K_1 + K_4)$. 因而梯形公式和改进欧拉方法比显式欧拉方法和隐式欧拉方法要更为精确.

上述描述启发我们增加更多点的斜率进行加权平均, 可以构造出更为精确的计算公式. 比如, 取 s 个点, 则可构造出如下形式的求解公式:

$$
\begin{cases}
y_{n+1} = y_n + h\displaystyle\sum_{i=1}^{s} c_i K_i,\\
K_1 = f(x_n, y_n),\\
K_2 = f(x_n + a_2 h, y_n + hb_{21}K_1),\\
\quad\cdots\cdots\\
K_m = f\left(x_n + a_m h, y_n + h\displaystyle\sum_{j=1}^{s-1} b_{sj}K_j\right).
\end{cases}
\tag{2.2.8}
$$

上述公式称为 s 级显式 Runge-Kutta 方法.

例如, 当 $s=1$ 时, 显式欧拉方法(2.2.2)为一级 Runge-Kutta 方法的特殊情形.

例如, 当 $s = 2$ 时, Runge-Kutta 公式为

$$
\begin{cases}
y_{n+1} = y_n + h(c_1K_1 + c_2K_2),\\
K_1 = f(x_n, y_n),\\
K_2 = f(x_n + a_2 h, y_n + hb_{21}K_1).
\end{cases}
$$

因而改进欧拉方法(2.2.7)为二级 Runge-Kutta 方法的特殊情形. 此外, 可利用 Taylor 展开的方法得到所有的二级 Runge-Kutta 方法, 其有无穷多种[34]. 以下分别给出两类常用二级、三级和四级 Runge-Kutta 方法的数值格式, 其推导过程都可以采用 Taylor 展开的思路, 具体过程可参看文献 [34].

1. 二级公式

(1) 二级 Huen 公式:

$$\begin{cases} y_{n+1} = y_n + \dfrac{h}{4}(K_1 + 3K_2), \\ K_1 = f(x_n, y_n), \\ K_2 = f\left(x_n + \dfrac{2}{3}h, y_n + \dfrac{2}{3}hK_1\right). \end{cases}$$

(2) 二级变形欧拉公式:

$$\begin{cases} y_{n+1} = y_n + hK_2, \\ K_1 = f(x_n, y_n), \\ K_2 = f\left(x_n + \dfrac{h}{2}, y_n + \dfrac{h}{2}K_1\right). \end{cases}$$

2. 三级公式

(1) 三级 Huen 公式:

$$\begin{cases} y_{n+1} = y_n + \dfrac{h}{4}(K_1 + 3K_2), \\ K_1 = f(x_n, y_n), \\ K_2 = f\left(x_n + \dfrac{1}{3}h, y_n + \dfrac{1}{3}hK_1\right), \\ K_3 = f\left(x_n + \dfrac{2}{3}h, y_n + \dfrac{2}{3}hK_2\right). \end{cases}$$

(2) 三级 Kutta 公式:

$$\begin{cases} y_{n+1} = y_n + \dfrac{h}{6}(K_1 + 4K_2 + K_3), \\ K_1 = f(x_n, y_n), \\ K_2 = f\left(x_n + \dfrac{1}{2}h, y_n + \dfrac{1}{2}hK_1\right), \\ K_3 = f(x_n + h, y_n - hK_1 + 2hK_2). \end{cases}$$

3. 四级公式

(1) 四级经典 Runge-Kutta 公式:

$$
\begin{cases}
y_{n+1}=y_n+\dfrac{h}{6}(K_1+2K_2+2K_3+K_4),\\
K_1=f(x_n,y_n),\\
K_2=f\left(x_n+\dfrac{1}{2}h,y_n+\dfrac{1}{2}hK_1\right),\\
K_3=f\left(x_n+\dfrac{1}{2}h,y_n+\dfrac{1}{2}hK_2\right),\\
K_4=f(x_n+h,y_n+hK_3).
\end{cases}
$$

(2) 四级 Gill 公式:

$$
\begin{cases}
y_{n+1}=y_n+\dfrac{h}{6}(K_1+(2-\sqrt{2})K_2+(2+\sqrt{2})K_3+K_4),\\
K_1=f(x_n,y_n),\\
K_2=f\left(x_n+\dfrac{1}{2}h,y_n+\dfrac{1}{2}hK_1\right),\\
K_3=f\left(x_n+\dfrac{h}{2},y_n+\dfrac{\sqrt{2}-1}{2}hK_1+\dfrac{2-\sqrt{2}}{2}hK_2\right),\\
K_4=f\left(x_n+h,y_n-\dfrac{\sqrt{2}}{2}hK_2+\left(1+\dfrac{\sqrt{2}}{2}\right)hK_3\right).
\end{cases}
$$

Runge-Kutta 方法的编程 由于该方法为显式数值格式, 所以当给定初始值后, 可先计算 K_i $(i=1,2,\cdots,s)$ 的数值, 然后将其全部代入(2.2.8)的第一式即可求得相应的数值解.

2.3 常微分方程模型求解

2.3.1 钟摆问题的求解

对于 2.1 节中的钟摆问题(2.1.2), 进一步观察可发现右端函数和时间 t 没有直接的依赖关系, 这类方程通常称为自治微分方程组. 在数值求解过程中取钟摆的长度 $L=1\text{m}$, 重力加速度是 $g=9.81\ \text{m/s}^2$. 假设钟摆开始的位置垂直向右, 于是 $y(0)=\dfrac{\pi}{2}$, $z(0)=0$.

下面利用显式欧拉方法、改进欧拉方法及其四级经典 Runge-Kutta 方法分别进行求解, 来检验各个数值方法的效果.

首先, 利用显式欧拉方法进行计算, 分别取 $h = 0.1$ 和 0.01. 当取 $h = 0.1$ 时, 由图 2.3.1(a) 可知, 计算结果和实际结果相差非常大. 当取 $h = 0.01$ 时, 计算结果见图 2.3.1(b), 显然仍和实际的钟摆运行规律有偏差, 违反了能量守恒定律, 因为钟摆应该做周期运动, 由这两幅图可以看出, 显式欧拉方法的计算能力明显不足.

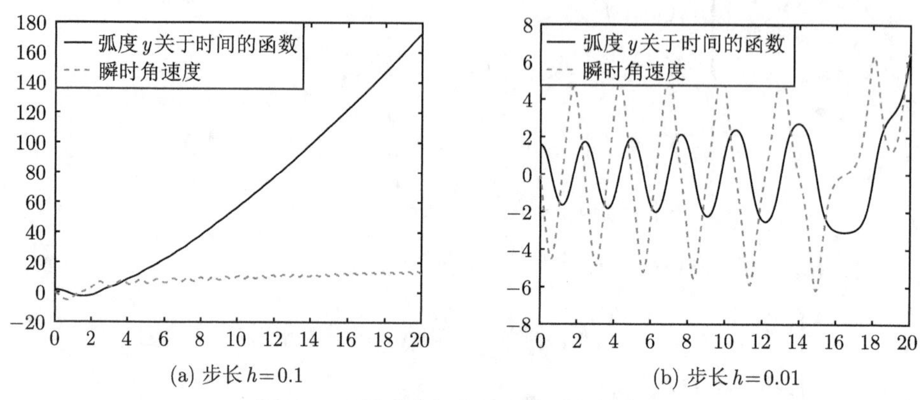

(a) 步长 h=0.1　　(b) 步长 h=0.01

图 2.3.1　显式欧拉方法计算所得数值解

其次, 取 $h = 0.1$ 并利用改进欧拉方法进行计算. 计算结果表明改进欧拉方法计算效果也违反了能量守恒定律, 参看图 2.3.2(a), 但比显式欧拉方法利用同样的步长计算结果要好. 说明了改进欧拉方法计算效果比显式欧拉方法要好, 但步长太大时, 其计算能力依然不足.

最后, 取 $h = 0.1$ 并利用四级经典 Runge-Kutta 方法进行计算, 发现计算效果和钟摆吻合的十分理想, 参看图 2.3.2(b), 同时也说明了四级经典 Runge-Kutta 方法在这三类方法中计算效果最佳.

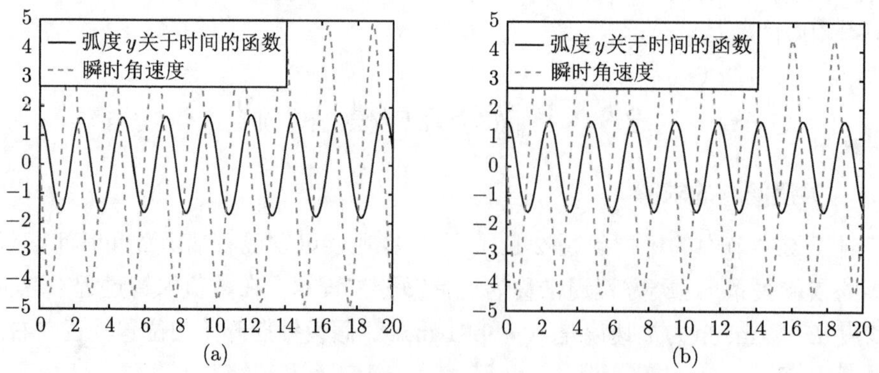

(a)　　(b)

图 2.3.2　改进欧拉方法计算所得数值解, 步长 $h = 0.1$; 四级经典 Runge-Kutta 方法计算所得数值解, 步长 $h = 0.1$

需要说明的是尽管显式欧拉方法和改进欧拉方法计算能力不如四级经典

Runge-Kutta 方法强, 但若将计算步长取得足够小, 同样可以算出经典 Runge-Kutta 方法所得到的曲线, 但是耗费的计算量也会大大增加.

2.3.2 衰减钟摆问题及其求解

在钟摆运行过程中, 由于空气阻力和摩擦力等存在, 一般会逐渐衰减. 这些力的合力通常和速度成正比, 方向相反. 钟摆方程此时变为

$$\begin{cases} \dfrac{\mathrm{d}y}{\mathrm{d}\omega} = z(\omega), \\ \dfrac{\mathrm{d}z}{\mathrm{d}\omega} = -\dfrac{g}{L}\sin y(\omega) - dz(\omega), \end{cases} \tag{2.3.1}$$

其中 $d > 0$ 是衰减系数. 和无衰减的钟摆不同, 衰减的钟摆会因衰减力造成能量的损失, 从而给定任意的初始条件, 当运行时间足够长时, 最后应该是达到平衡解 $y(\omega) = z(\omega) = 0$.

取衰减系数 $d = 0.02$, 利用四级经典显式 Runge-Kutta 方法, 计算时间 $T = 200$, 可得其时间函数 $y(\omega)$ 和瞬时角速度 $z(\omega)$ 都趋近于平衡解, 参看图 2.3.3.

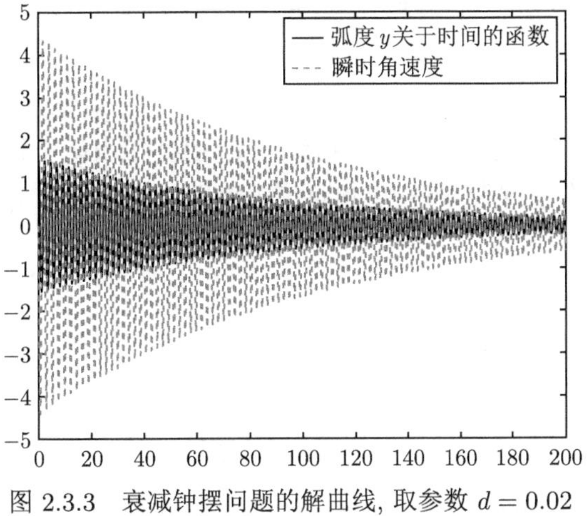

图 2.3.3 衰减钟摆问题的解曲线, 取参数 $d = 0.02$

2.3.3 受力衰减钟摆问题及其求解

若对上述衰减的钟摆问题(2.3.1)施加外力, 比如可考虑在 $\dfrac{\mathrm{d}z}{\mathrm{d}\omega}$ 右侧加上正弦函数项 $A\sin t$, 则得到受力衰减的钟摆模型问题为

$$\begin{cases} \dfrac{\mathrm{d}y}{\mathrm{d}\omega} = z(\omega), \\ \dfrac{\mathrm{d}z}{\mathrm{d}\omega} = -\dfrac{g}{L}\sin y(\omega) - dz(\omega) + A\sin t. \end{cases} \tag{2.3.2}$$

问题(2.3.2)与(2.1.2)或(2.3.1)不同, 因为方程的右端含有时间 t. 这类方程通常称为非自治微分方程. 利用四级经典 Runge-Kutta 方法, 计算时间 $T = 200$, 可得其时间函数 $y(\omega)$ 和瞬时角速度 $z(\omega)$ 在外力的作用下, 变得更为震荡, 最终都趋近于平衡解, 参看图 2.3.4.

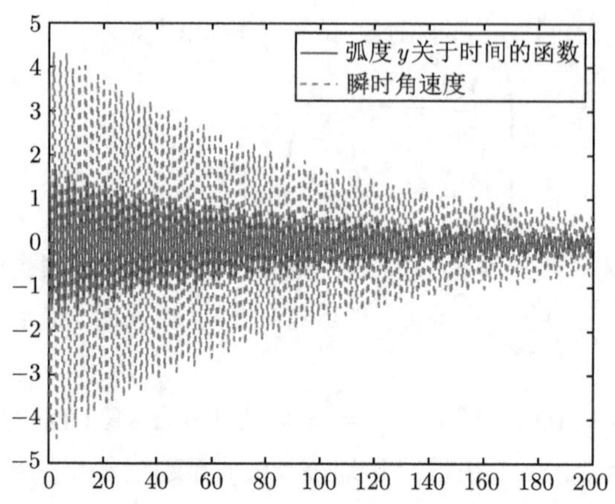

图 2.3.4　受力衰减钟摆问题的解曲线, 取参数 $d = 0.02$, $A = 1$

2.3.4　双钟摆问题及其求解

若钟摆的下端还挂着另外一个钟摆, 此时的钟摆由两个钟摆组成, 称为双钟摆. 假设 $y(\omega)$ 和 $u(\omega)$ 是两个钟摆相对于垂直方向的角度, 则微分方程系统为

$$
\begin{cases}
\dfrac{\mathrm{d}y}{\mathrm{d}\omega} = z, \\
\dfrac{\mathrm{d}z}{\mathrm{d}\omega} = \dfrac{-3g\sin y - g\sin(y-2u) - 2\sin(y-u)(v^2 - z^2\cos(y-u))}{3-\cos(2y-2u)} - dz(\omega), \\
\dfrac{\mathrm{d}u}{\mathrm{d}\omega} = v, \\
\dfrac{\mathrm{d}v}{\mathrm{d}\omega} = \dfrac{2\sin(y-u)[2z^2 + 2g\cos y + v^4\cos(y-u)]}{3-\cos(2y-2u)},
\end{cases}
$$

其中, 参数 d 表示螺旋轴的摩擦. 利用四级经典 Runge-Kutta 方法对上述问题进行研究.

取 $d = 0.5$, 即带有强阻力的情况, 此时发现随着计算时间的延伸, 两个钟摆最终都停止在了稳定点, 如图 2.3.5(a). 该问题对于 $d = 0$ 情形十分有趣, 其解表现为非周期运动, 如图 2.3.5(b), 当时间 $t < 40$s 时, 其运动没有规律, 当时间 $t > 40$s 时, 又有一定的周期规律.

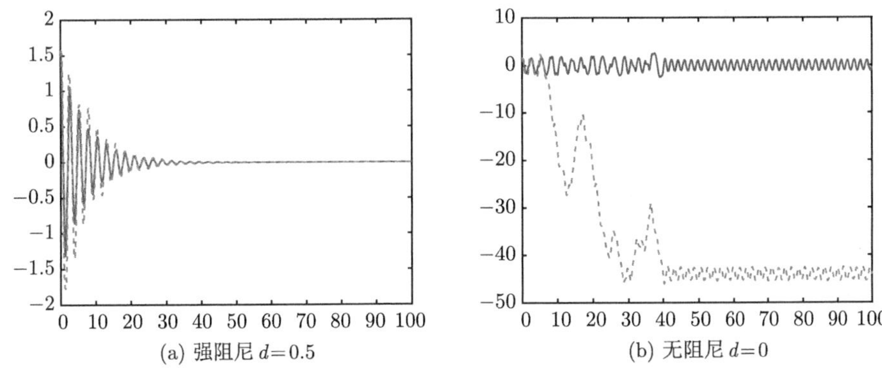

(a) 强阻尼 $d=0.5$ (b) 无阻尼 $d=0$

图 2.3.5 四级经典 Runge-Kutta 方法仿真双钟摆所得数值解

2.4 评注与进一步阅读

本章讨论了几类常微分方程的模型问题及其动力学性态, 并将数值方法应用到模型问题的数值求解中. 这几类模型分别为一维火焰燃烧模型、二维钟摆模型、三维 Lorenz 系统和四维单体运动模型. 这几类模型均为非线性问题, 来自实际问题, 较有代表性. 对于单体运动, 还有很多进一步的研究, 比如受限的三体问题是由 12 个方程构成的系统, 每个物体有 4 个方程, 感兴趣的读者可以参看文献 [32].

本章对于数值方法的介绍主要基于差商逼近的方法. 此外, Taylor 展开法和积分公式法也可构造出本章所列举的数值方法. 例如, Taylor 展开法:

$$y(x_n + h) = y(x_n) + hy'(x_n) + \frac{h^2}{2}y''(\xi_n), \quad x_n < \xi_n < x_{n+1}.$$

舍去局部截断误差 $\frac{h^2}{2}y''(\xi_n)$, 并用数值解 y_n 代替精确解 $y(x_n)$ 即可获得显式欧拉方法

$$y_{n+1} = y_n + hf(x_n, y_n).$$

积分公式法: 先将常微分方程 $y'(x) = f(x, y)$ 两端从 x_n 到 x_{n+1} 进行积分可得

$$y(x_{n+1}) - y(x_n) = \int_{x_n}^{x_{n+1}} f(x, y)\mathrm{d}x,$$

再利用左矩形公式对上述积分进行离散即可获得显式欧拉方法. 感兴趣的读者可以参考文献 [27,34].

此外, 本章讨论问题的数值方法均采用了常数步长. 有些问题的解会在某些区间变化很慢, 而另一部分区间变化非常快 (如火焰燃烧模型中的参数 δ 非常小,

其解在区间中点变化很快, 其他地方变化就很平稳), 此时, 最好能够减少步长来跟踪解的快慢变化, 同时也意味着在解变化缓慢的区间求解时间会因步长减少变得代价很大. 为解决该类问题往往采用变步长的策略. 最常见的变步长方式是采取两个不同阶的数值方法求解, 即嵌入对. 该方法的思想关键在于检测当前步的误差是否满足容许误差, 如果当前误差超过了容许误差, 则将步长减半; 如果满足容许误差, 则接受当前步长并将选择下一步的合适步长. 例如, Runge-Kutta 二阶、三阶嵌入对:

$$
\begin{aligned}
y_{n+1} &= y_n + \frac{1}{2}(K_1 + K_2), \\
z_{n+1} &= z_n + \frac{h}{6}(K_1 + K_2 + 4K_3),
\end{aligned}
$$

其中

$$
\begin{aligned}
K_1 &= f(x_n, y_n), \\
K_2 &= f(x_n + h, y_n + hK_1), \\
K_3 &= f\left(x_n + \frac{1}{2}h, y_n + \frac{1}{2}\frac{K_1 + K_2}{2}\right).
\end{aligned}
$$

此外, 目前求解常微分方程的数值软件包也有很多, 包括 MATLAB 中的现成的求解器. 例如:

(1) ode45 是基于显式 Runge-Kutta 嵌入对的求解器, 它采用 Dormand-Prince $(4,5)$ 对, 主要处理非刚性问题. 而且该方法属于单步的数值方法, 即当计算 $y(t_{n+1})$ 时, 仅需要前一个点的值 $y(t_n)$. 对于绝大多数问题, 包括刚性和非刚性问题, ode45 作为第一步的尝试都是很好的方法[36,37].

(2) ode23 是显式低阶的 Runge-Kutta 嵌入对方法, 该方法采用 Bogacki-Shampine$(4,5)$ 对. 它对于误差要求不高或者适度的刚性问题要比 ode45 更为有效, 而且它也是一类单步数值方法[37,38].

(3) ode113 是一类变步长变阶的数值方法, 主要用来处理非刚性问题. 它采用 Adams-Bashforth-Moulton 预估校正方法, 而且阶数可从 1 阶到 12 阶之间变化. 当微分方程的函数求值代价较高或者对求解精度有较高要求时, 这类方法比 ode45 更为有效. 和 ode45 及 ode23 不同的 ode113 是一个多步求解器, 在求解微分方程的过程中, 需要多个时间点的函数值计算当前点的函数值[37,39].

(4) 还有 ode15s, ode23s, ode23t, ode23tb, ode15i 等, 可参考 MATLAB 中的 help 命令学习使用.

最后, 为了便于更为详尽地了解和学习常微分方程的数值求解方法, 还有大量的教科书和专著可供参考, 如 Henrici 在 1962 年的教材 [40] 和 Gear 在 1971 年的教材 [41], 学习常微分方程 MATLAB 求解的教材可参考 Shampine 在 2003 年的论著[42], 其他的较为经典的教科书或者专著包括 Haier[34,35], Butcher[43], Lambert[44], Dormand[45] 等.

2.5 新型时滞动态系统——COVID-19 疫情预测

最新文献 [46,47] 详细介绍了一类描述 COVID-19 暴发的新型时滞动态系统模型. 本节以训练题的形式介绍这个动态模型.

数据描述 本模型使用的数据来源于中国国家卫生健康委员会和中国各省市卫生健康委员会. 统计时间为 2020 年 1 月 23 日至 2020 年 2 月 9 日, 包括累计确诊人数、累计治愈人数和累计死亡人数.

符号 (1) $I(t)$: t 时刻累计感染人数;

(2) $J(t)$: t 时刻累计确诊人数;

(3) $G(t)$: 目前被隔离的感染者, 但在 t 时刻仍处于潜伏期;

(4) $R(t)$: t 时刻累计治愈人数.

假设 (1) 受感染的人以传播速率 β 将新冠病毒传播给他人, 传播速率由单位时间内被此人感染的平均人数确定.

(2) 受感染的人在出现明显的症状之前, 平均要经历 τ_1 天的潜伏期. 据推测, 一旦出现症状, 感染者将寻求治疗, 并因此成为被确诊的人.

(3) 一些感染者在确诊前将在潜伏期 τ_1 中被暴露. 这些人的平均暴露时间为 $\tau_1 - \tau_1'$ 天, 这意味着他们将在接下来的 τ_1' 天确诊. 根据对确诊病例的调查, 其他部分感染者会在潜伏期被隔离.

(4) 不论在诊断之前是否被隔离, 累计诊断人群 $J(t)$ 均由 t (平均) 时刻感染的人群组成.

(5) 一个人一旦被隔离或正在接受治疗, 此人将不会再将新冠病毒传播给他人. 因此, t 时刻暴露的人群为 $I(t) - G(t) - J(t)$.

(6) 被诊断为 κ 级治愈 (或 $1-\kappa$ 级死亡) 的平均天数为 τ_2 天.

基于上述符号和假设, 描述 COVID-19 暴发的新型时滞动态系统如图 2.5.1 所示.

无外源封闭系统的动态模型 假设由以下常微分方程来描述这些种群的

动态,

$$\frac{\mathrm{d}Y}{\mathrm{d}t}=F(Y,t,\tau_1,\tau_1',\tau_2),$$

其中 $Y=(I,J,G,R)^{\mathrm{T}}$ 是变量向量, 右端项 $F=(I_1,J_1,G_1,R_1)^{\mathrm{T}}$ 表示每个变量的瞬时变化量. 对 F 的每一项的详细解释如下.

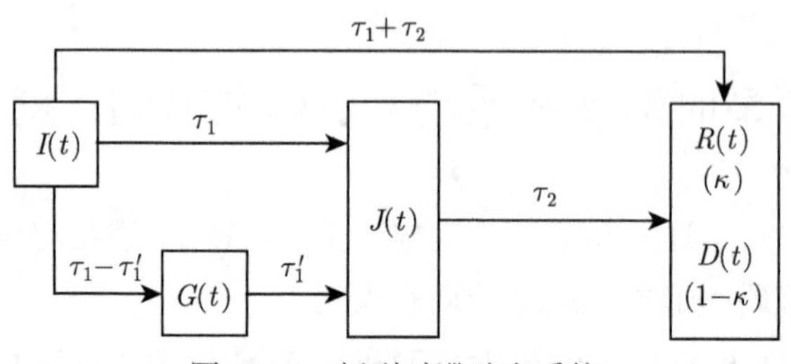

图 2.5.1　新型时滞动态系统

在 t 时刻, 可能传播给他人的暴露人群为 $I(t)-G(t)-J(t)$. 根据传播率的定义 (见假设 (1)), 在 t 时刻感染者的瞬时增量为

$$I_1(t)=\beta\left(I(t)-G(t)-J(t)\right),$$

其中传播率 β 是固定常数. 一般情况下, β 可能取决于时间 t, 因为病毒的活性和环境可能会改变.

无论是否被隔离, 累计确诊人群 $J(t)$ 均来自原感染人群. 因此, 在 t' $(t'<t)$ 时刻 $I(t)$ 的增量, 即 $I_1(t')$ 对 $J_1(t)$ 有贡献, 这意味着 $J_1(t)$ 取决于 $I_1(t)$ 的病史. 如果感染时间与诊断时间之间的平均延迟为 τ, 则 J_1 的特定形式可以表示为

$$J_1(t)=\gamma\int_0^t h_1(t-\tau_1,t')I_1(t')\mathrm{d}t', \tag{2.5.1}$$

其中 γ 是发病率, 并且 $h_1(\hat{t},t')$ $(\hat{t}=t-\tau_1)$ 是一个分布, 可标准化为

$$\int_0^t h_1(\hat{t},t')\mathrm{d}t'=1,\quad \hat{t}\in(0,t).$$

我们可以观察到 $h_1(\hat{t},t')$ 为感染时间 t' 的概率分布, 通常取正态分布 $h_1(\hat{t},t')=c_1\mathrm{e}^{-c_2(\hat{t}-t')^2}$, 其中 c_1 和 c_2 为常数. 在最简单的情况下, h_1 也可以是 δ-函数 $h_1(\hat{t},t')=\delta(\hat{t}-t')$, 这意味着每个感染者都经历了相同的潜伏期和治疗期.

$G(t)$ 的瞬时变化定义如下

$$G(t):=lI_1(t)-\int_0^t h_2(t-\tau_1',t')\mathrm{d}t',$$

其中 l 为当前暴露人群的隔离率, 且 $h_2(\hat{t},t')=c_3\mathrm{e}^{-c_4(\hat{t}-t')^2}$, c_3 和 c_4 为常数. 这意味着一些暴露的感染者是新近被隔离的, 一些现存的隔离感染者被确诊并送往医院治疗. 根据 $G(t)$ 的病史, 时滞项 $\int_0^t h_2(\hat{t}-\tau_1',t')G(t')\mathrm{d}t'$ 代表 $G(t)$ 中新确诊的人群.

如上所述, 在 t 时刻累计治愈人数来自 $t-\tau_1-\tau_2$ (平均) 时刻感染的人数. 我们应用时滞项来描述 R_1:

$$R_1=\kappa\int_0^t h_3(t-\tau_1-\tau_2,t')I_1(t')\mathrm{d}t', \tag{2.5.2}$$

其中 κ 为治愈率, $h_3(\hat{t},t')=c_5\mathrm{e}^{-c_6(\hat{t}-t')^2}$, c_5 和 c_6 是常数.

将 I_1 代入(2.5.1)和(2.5.2)中的时滞项, 可得到以下新型无外源动态封闭系统

$$\begin{cases}\dfrac{\mathrm{d}I}{\mathrm{d}t}=\beta\left(I(t)-J(t)-G(t)\right),\\ \dfrac{\mathrm{d}J}{\mathrm{d}t}=\gamma\displaystyle\int_0^t h_1(t-\tau_1,t')\beta\left(I(t')-J(t')-G(t')\right)\mathrm{d}t',\\ \dfrac{\mathrm{d}G}{\mathrm{d}t}=l\left(I(t)-J(t)-G(t)\right)-\displaystyle\int_0^t h_2(t-\tau_1',t')G(t')\mathrm{d}t',\\ \dfrac{\mathrm{d}R}{\mathrm{d}t}=\kappa\displaystyle\int_0^t h_3(t-\tau_1-\tau_2,t')\beta\left(I(t')-J(t')-G(t')\right)\mathrm{d}t'.\end{cases} \tag{2.5.3}$$

我们可以观察到, $I(t)$, $J(t)$ 和 $G(t)$ 的演化方程在方程(2.5.3)中是耦合的. 虽然 $R(t)$ 没有包含在 $I(t)$, $J(t)$ 和 $G(t)$ 的方程中, 但 $R(t)$ 的演化采用 $I(t)$, $J(t)$ 和 $G(t)$ 作为输入. 换句话说, $R(t)$ 对正问题中的其他变量没有影响, 对 $R(t)$ 的观察有助于推断反问题中的参数和初始条件. 从官方数据中可以看出, 累计确诊人数 $J(t)$ 和累计治愈人数 $R(t)$ 是可以得到的, 而 $I(t)$ 和 $G(t)$ 通常是无法得到的, 因为它们很难测量. 因此, 在实际应用中, 我们将累计确诊人数 $J(t)$ 和累计治愈人数 $R(t)$ 应用于参数识别中.

重建和预测方案 如何重建参数并预测 COVID-19 暴发趋势？假设我们知道新型动态系统的适当参数 $\{\beta,\gamma,\kappa,l,\tau_1,\tau_1',\tau_2\}$ 和初值条件 $\{I(t_0),G(t_0),J(t_0),R(t_0)\}$, 对新型动态系统进行数值求解, 即可得到任意给定时刻的累计确诊人数 $J(t)$ 和累计治愈人数 $R(t)$. 此外, 我们还建议使用 MATLAB 内嵌程序 dde23 来解决这个新型动态系统.

在实际应用中, 对初始条件和参数有如下假设.

初值条件 $I(t_0)=5$, $G(t_0)=J(t_0)=R(t_0)=0$. 在第一天 t_0, 假设有 5 人

从未知源感染了新冠病毒. 此外, 确诊、隔离和康复的人数在第一天为 0. 在数值模拟中, 进一步假设在 $T = t_0 + 15$ 之前没有隔离措施.

参数 根据目前的数据, 发病率相对较高, $\gamma = 0.99$. 根据官方数据, 平均潜伏期 τ_1 和治疗期 τ_2 也被认为是已知的. 隔离和确诊 τ_1' 之间的平均时间满足 $0 < \tau_1' < \tau_1$. 已知的参数集如表 2.5.1 所示.

表 2.5.1 参数取值

γ	τ_1	τ_1'	τ_2
0.99	7	4	12

因此, 需要重构的参数集被简化为

$$\theta := [\beta, l] \quad 和 \quad \kappa,$$

我们的参数识别问题归结为以下两个优化问题,

$$\min_{\theta} \|J(\theta; t) - J_{\text{obs}}\|_2 \tag{2.5.4}$$

和

$$\min_{\kappa} \|R(\theta, \kappa; t) - R_{\text{obs}}\|_2. \tag{2.5.5}$$

这里, J_{obs} 和 R_{obs} 是中国国家卫生健康委员会公布的每日数据. 现将重建-预测步骤表述如下.

重建-预测步骤 第一步: 基于官方数据 J_{obs}, 求解优化问题(2.5.4), 获取重构参数 θ^*.

第二步: 基于官方数据 R_{obs} 和恢复后的数据, 求解优化问题(2.5.5), 得到估计的参数 κ^*.

第三步: 利用重建的 $[\theta^*, \kappa^*]^{\mathrm{T}}$, 通过对方程(2.5.3)的数值求解, 可以实现对 $\{J(t), R(t)\}$ 和 $\{I(t), G(t)\}$ 的预测.

值得一提的是, 无论是 Levenberg-Marquardt (L-M) 方法还是 Markov-chain-Monte Carlo (MCMC) 方法都能很好地解决优化问题(2.5.4)和(2.5.5). 由于这些算法是众所周知的, 并且易于 MATLAB®实现, 我们省略这些可以找到的细节, 具体可参考文献 [10].

2.6 训 练 题

习题 1 请利用 2019—2020 年中国和意大利的相关数据验证 2.5 节所提模型的合理性和算法的有效性.

习题 2 动脉血管壁受血流的影响, 可以通过常微分方程模型来模拟. 为简单, 我们将其视为长度为 L, 半径为 R_0 的圆柱体, 假设血管壁由不可压缩材料制成, 其厚度均匀、各向同性且有弹性. 为描述墙体与墙体相互作用的力学行为, 承载血流的血管壁体可以视为所谓的 "独立环" 模型. 容器壁被认为是不受影响的环的集合. 这等于忽略了沿容器的纵向 (轴向) 内部作用, 并假设血管壁只能在径向上变形.

因此, 容器半径 R 由 $R(t) = R_0 + y(t)$ 表示, 其中 y 为环相对于参考半径 R_0 的径向变形, t 为时间变量. 应用牛顿定律可以得到如下方程

$$y''(t) + \beta y'(t) + \alpha y(t) = \gamma(p(t) - p_0),$$

其中 $\alpha = E/(\rho_\omega R_0^2)$, $\gamma = 1/(\rho_{\omega H})$ 且 β 为正常数. 物理参数 ρ_ω 和 E 分别表示血管壁密度和血管组织的杨氏模量. 函数 $p(t) - p_0$ 是血管内部 (血液流动的地方) 和血管外部 (周围器官) 之间的压降作用于管壁的压力项. 在静止时, 如果 $p = p_0$, 则容器构形与未变形的圆筒形重合, 圆筒形半径正好等于 R_0.

设 $y(0) = y'(0) = 0$, 生理参数值如下: $L = 5 \times 10^{-2}\text{m}$, $R_0 = 5 \times 10^{-3}\text{m}$, $\rho_\omega = 10^3\text{kg} \cdot \text{m}^{-3}$, $H = 3 \times 10^{-4}\text{m}$, $E = 9 \times 10^5\text{N} \cdot \text{m}^{-2}$, $\gamma \approx 3.3\text{kg}^{-1} \cdot \text{m}^{-2}$, $\alpha = 3.6 \times 10^7\text{s}^{-2}$. 函数 $p(t) - p_0 = x\Delta p(a + b\cos(\omega_0 t))$ 用于模拟沿血管 x 方向和时间的压力, 其中 $\Delta p = 0.25 \times 133.32\text{N} \cdot \text{m}^{-2}$, $a = 10 \times 133.32\text{N} \cdot \text{m}^{-2}$, $b = 133.32\text{N} \cdot \text{m}^{-2}$, 脉动 $\omega_0 = \dfrac{2\pi}{0.8}\text{rad} \cdot \text{s}^{-1}$ 对应于一次心跳.

取 $x = L/2$, 请分别使用向后欧拉方法和改进欧拉方法以步长 $h = 10^{-4}$ 计算 $\beta = \sqrt{\alpha}\text{s}^{-1}$ 在时间区间 $[0, 2.5 \times 10^{-3}]$ 上的数值结果.

第 3 章　偏微分方程模型及数值求解

3.1　偏微分方程模型举例

客观世界的物理量一般随着时间和空间位置的变化而变化, 如声波的传播、热量的扩散、水流的流动等等. 这些看似截然不同的物理现象, 却可由偏微分方程描述. 就像常微分方程模型通常用来模拟单变量系统的动力性态, 偏微分方程通常用来描述含有多维度多个自变量的系统.

本节将首先给出椭圆型方程模型、抛物型方程模型和双曲型方程模型; 其次介绍三类模型的几种常用的数值算法; 最后利用书中的算法对三类具有实际背景的模型问题进行数值求解.

3.1.1　模型 1: 冷却散热片的稳态热分布模型

为桌面和笔记本电脑设计制冷散热片是一个非常有趣的工程问题, 为了扩散更多的热量, 小空间中需要一些散热片, 并使用风扇增强散热片边上的对流. 例如, 可用热槽将一个点处的多余热量去掉, 为节省散热片的尺寸, 并使得电脑在安全范围内稳定运行, 需要对矩形散热片上的热槽的稳态分布进行建模[32].

假设散热片的形状是薄矩形板, 大小为 $L_x \times L_y$, 宽度为 δ, 其中 δ 相对较小. 由于散热片非常薄, 可假设在厚度维度上, 温度为常数, 并用 $u(x, y)$ 表示. 散热片为矩形 $[0, L_x] \times [0, L_y]$, 在 z 方向 δ, 如图 3.1.1 所示. 在散热片内部的网格体 $\Delta x \times \Delta y \times \delta$ 中的能量平衡是指每单位时间进入网格体内能量和离开网格体的能量相同. 该网格体与 x 和 y 轴方向平行. 通过 $\Delta y \times \delta$ 两个侧面以及 $\Delta x \times \delta$ 两个侧面进入网格体的热流是由热传导产生的, 通过 $\Delta x \times \Delta y$ 两个侧面离开盒子的热流是由对流产生的, 于是可以得到稳态方程

$$\begin{aligned}&-K\Delta y\delta u_x(x, y)+K\Delta y\delta u_x(x+\Delta x, y)\\&-K\Delta x\delta u_y(x, y)+K\Delta x\delta u_y(x, y+\Delta y)\\=\;&2H\Delta x\Delta y u(x, y),\end{aligned}\tag{3.1.1}$$

其中 K 为常数, 表示材质的热传导系数, H 为比例常数, 称为对流传热系数.

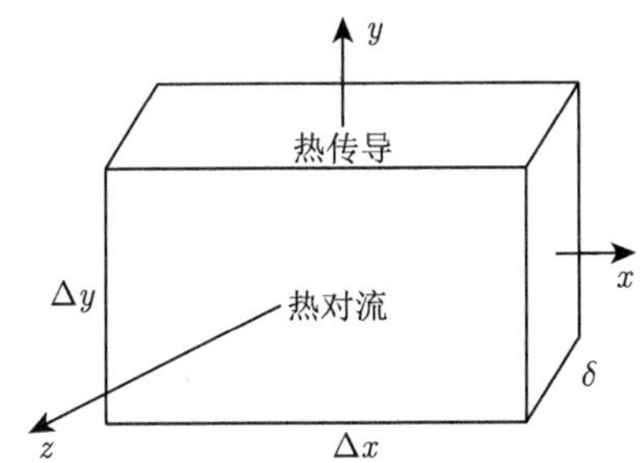

图 3.1.1 二维椭圆型方程微元法的示意图

对(3.1.1)两边同除以 $\Delta x\Delta y$ 得到

$$K\delta\frac{u_x(x+\Delta x,y)-u_x(x,y)}{\Delta x}+K\delta\frac{u_y(x,y+\Delta y)-u_y(x,y)}{\Delta y}=2Hu(x,y),$$

两边令 $\Delta x\to 0$, $\Delta y\to 0$, 于是可得方程

$$-u_{xx}-u_{yy}=-\frac{2Hu}{K\delta}. \tag{3.1.2}$$

称方程(3.1.2)为二阶椭圆型偏微分方程.

此外, 对流的边界条件为

$$K\frac{\partial u}{\partial \boldsymbol{n}}=Hu, \tag{3.1.3}$$

其中 $\boldsymbol{n}$ 表示外法方向. 该边界条件(3.1.3)称为 Robin 边界条件. 假设能量从一侧进入散热片, 则由 Fourier 定律可得

$$\frac{\partial u}{\partial \boldsymbol{n}}=\frac{P}{L\delta K},$$

其中 P 为总能量, L 是输入的长度. 由该问题可知四个边界的外法向量的导数分别为

$$\begin{aligned}&\text{底边}\quad \frac{\partial u}{\partial \boldsymbol{n}}=-u_y,\\ &\text{顶边}\quad \frac{\partial u}{\partial \boldsymbol{n}}=u_y,\\ &\text{左边}\quad \frac{\partial u}{\partial \boldsymbol{n}}=-u_x,\\ &\text{右边}\quad \frac{\partial u}{\partial \boldsymbol{n}}=u_x.\end{aligned} \tag{3.1.4}$$

称由(3.1.2)和(3.1.4)构成的偏微分方程问题为椭圆型方程的定解问题.

3.1.2　模型 2: 热量扩散模型

当物理内部的温度分布不均匀时, 热量就会从高温的地方向低温的地方流动, 在这个过程中温度是时间和空间的函数[49]. 例如, 将一根长度为 L, 横截面积为 S 的细杆放置于 x 轴. 设热流沿 x 方向传递, 在任意位置 x 处的温度为 $u(x)$, 温度的梯度为 $\dfrac{\partial u}{\partial x}$. 根据 Fourier 定律可知, 单位时间内流经该单位面积的热量 q 与该处温度的梯度成正比, 即

$$q=-k\frac{\partial u}{\partial x},$$

其中, k 为热传导率, 负号表示热流方向与温度的梯度方向相反. 假设初始时刻的温度分布为 $\phi(x)$, 在随后的时间, 热量在细杆中向 x 方向流动, 截取 x 位置的一段微元 Δx, 如图 3.1.2 所示, 由上述 Fourier 定律可知在 Δt 时间内从 Δx 的前端流入的热量为

$$Q_1=-kS\Delta t\left.\frac{\partial u}{\partial x}\right|_x, \tag{3.1.5a}$$

从 Δx 后端流出的热量为

$$Q_2=-kS\Delta t\left.\frac{\partial u}{\partial x}\right|_{x+\Delta x}. \tag{3.1.5b}$$

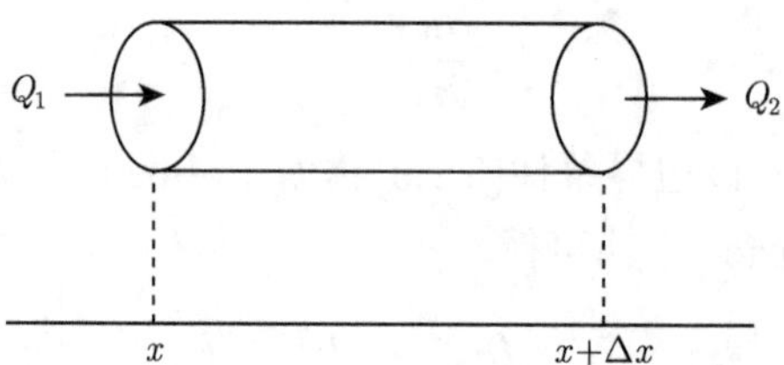

图 3.1.2　一维热传导方程微元法的示意图

此外, 在没有其他热源的情况下, 体积元 $S\Delta x$ 吸收的热量使得温度升高, 其吸收的热量为

$$Q_3=c\rho S\Delta x\Delta u, \tag{3.1.6}$$

其中, c 为物体的比热, $\rho=\dfrac{m}{S\Delta x}$ 为物体的密度, m 为物体的质量. 根据能量守恒定律可得

$$Q_1-Q_2=Q_3. \tag{3.1.7}$$

将 (3.1.5), (3.1.6)代入(3.1.7)中可得

$$kS\Delta t\left(\left.\frac{\partial u}{\partial x}\right|_{x+\Delta x}-\left.\frac{\partial u}{\partial x}\right|_x\right)=c\rho S\Delta x\Delta u. \tag{3.1.8}$$

又因为温度的梯度变化量为

$$\left(\frac{\partial u}{\partial x}\bigg|_{x+\Delta x}-\frac{\partial u}{\partial x}\bigg|_{x}\right)\approx\frac{\partial^2 u}{\partial x^2}\Delta x.$$

变化量的微分关系式为

$$\frac{\Delta u}{\Delta t}\approx\frac{\partial u}{\partial t},$$

于是关系式(3.1.8)可转化为

$$\frac{\partial u}{\partial t}=a^2\frac{\partial^2 u}{\partial x^2},\tag{3.1.9}$$

其中, $a=\sqrt{k/(c\rho)}$ 是系统内部参数, 称为扩散系数. 方程(3.1.9)即一维的热量扩散模型, 又称为热传导方程或者抛物型方程.

若杆的两边界绝缘, 则 $u(a,t)=u(b,t)=0$. 结合初始温度 $u(x,0)=\phi(x)$, 则构成了热量扩散模型的定解问题

$$\begin{cases}\dfrac{\partial u}{\partial t}=a^2\dfrac{\partial^2 u}{\partial x^2},\\ u(a,t)=u(b,t)=0,\\ u(x,0)=\phi(x).\end{cases}$$

3.1.3 模型 3: 高频传输模型

当高频电流通过传输线时, 不仅有导线电阻和电路电漏的存在, 而且分布电容、分布电感更是不可避免的. 因此, 高频传输线上的电压与电流不但随时间变化, 而且随位置变化[49]. 假设单位长度的电阻、电感、电容、电漏分别为 R, L, C 和 G, 每块元件的尺度均为 Δx, 如图 3.1.3 所示. 根据 Kirchhoff 定律可以得到电压与电流的方程. 在长度为 Δx 的传输线中, 电压降为

$$v-(v+\Delta v)=R\Delta x\cdot i+L\Delta x\cdot\frac{\partial i}{\partial t}.\tag{3.1.10}$$

在节点, 流入的电流等于流出的电流

$$i=(i+\Delta i)+C\Delta x\cdot\frac{\partial v}{\partial i}+G\Delta x\cdot v,\tag{3.1.11}$$

这里略去了二阶小量 $\Delta x\Delta v$. (3.1.10)和(3.1.11)中的变化量用微商近似代替后可得

$$\begin{cases}\dfrac{\partial i}{\partial x}+C\dfrac{\partial v}{\partial t}+Gv=0,\\ \dfrac{\partial v}{\partial x}+L\dfrac{\partial i}{\partial t}+Ri=0.\end{cases}\tag{3.1.12}$$

为此, 对(3.1.12)中第一式两边关于 x 求导数, 得到

$$\frac{\partial^2 i}{\partial x^2}+C\frac{\partial^2 v}{\partial x\partial t}+G\frac{\partial v}{\partial x}=0. \tag{3.1.13}$$

对(3.1.12)中第二式两边关于 t 求导数, 得到

$$\frac{\partial^2 v}{\partial x\partial t}+L\frac{\partial^2 i}{\partial t^2}+R\frac{\partial i}{\partial t}=0. \tag{3.1.14}$$

对(3.1.14)两边同乘以 C, 再与(3.1.13)相减, 得到

$$\frac{\partial^2 i}{\partial x^2}+G\frac{\partial v}{\partial x}-LC\frac{\partial^2 i}{\partial t^2}-RC\frac{\partial i}{\partial t}=0. \tag{3.1.15}$$

由(3.1.12)解出 $\dfrac{\partial v}{\partial x}$, 并代入(3.1.15), 得到电流方程

$$\frac{\partial^2 i}{\partial x^2}=LC\frac{\partial^2 i}{\partial t^2}+(RC+GL)\frac{\partial i}{\partial t}+GRi. \tag{3.1.16}$$

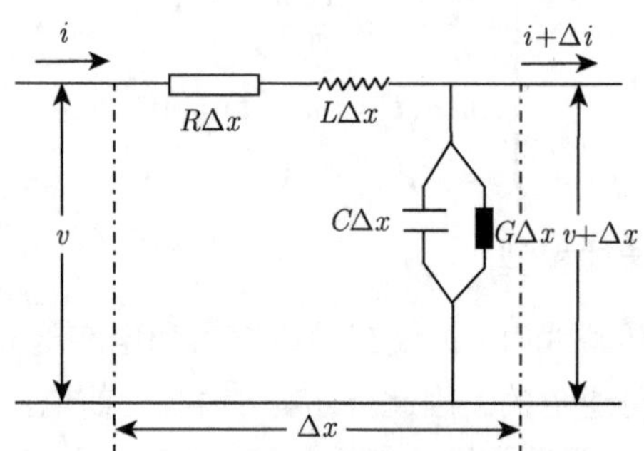

图 3.1.3　高频传输线微元法示意图

同理可得电压方程

$$\frac{\partial^2 v}{\partial x^2}=LC\frac{\partial^2 v}{\partial t^2}+(RC+GL)\frac{\partial v}{\partial t}+GRv. \tag{3.1.17}$$

(3.1.16)和(3.1.17)具有相同的形式

$$\frac{\partial^2 u}{\partial t^2}-a^2\frac{\partial^2 u}{\partial x^2}+2b\frac{\partial u}{\partial t}+cu=0. \tag{3.1.18}$$

对于理想的传输线, 电阻和电漏的影响可以忽略, (3.1.18)约化为

$$\frac{\partial^2 u}{\partial t^2}=a^2\frac{\partial^2 u}{\partial x^2}, \tag{3.1.19}$$

其中, $a=\sqrt{1/(LC)}$.

方程(3.1.19)即一维的高频传输方程, 又称为波动方程或双曲型方程.

若将高频线路充电到具有电压 E, 然后一端短路封闭, 另一端断开, 则获得相应的初始条件

$$u(x,0)=E,\quad \frac{\partial u}{\partial t}(x,0)=0 \tag{3.1.20}$$

和边界条件

$$u(0,t)=0,\quad \frac{\partial u}{\partial x}(L,t)=0. \tag{3.1.21}$$

则由(3.1.19)—(3.1.21)构成了波动方程的定解问题.

3.2 椭圆型方程的数值方法

由于上述问题均为线性的, 因而可以解析求解. 但问题的解析解往往都是由级数形式的表达式给出的, 因而在实际应用时, 并不方便. 本节将考虑利用数值方法对椭圆型方程直接获得物理量的近似数值. 此外, 数值方法还能对非线性问题直接进行求解, 因而具有更为广泛的应用价值.

本节的数值方法主要基于有限差分格式进行介绍. 具体将以带有第一类边界条件的二维情形 Poisson 方程的定解问题

$$\begin{cases} -(u_{xx}+u_{yy})=f(x,y), & (x,y)\in\Omega, \\ u(x,y)=\phi(x,y), & (x,y)\in\partial\Omega \end{cases}$$

为例进行数值构造.

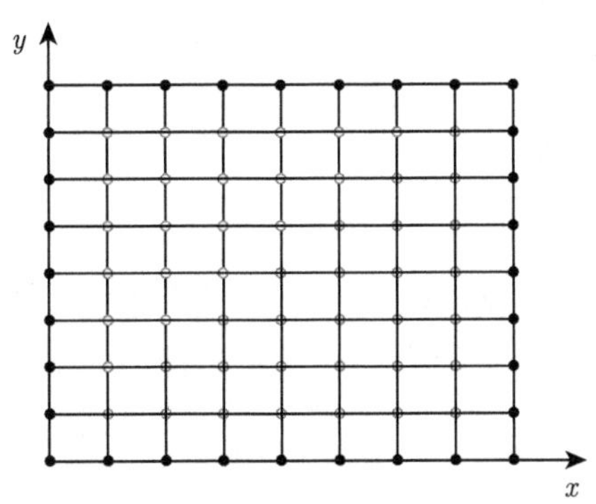

图 3.2.1 二维 Poisson 方程网格剖分示意图

取沿 x 轴和沿 y 轴方向的步长 h_x 和 h_y, 作两族与坐标轴平行的直线:

$$x=ih_x,\quad i=0,\pm1,\pm2,\cdots,$$
$$y=ih_y,\quad i=0,\pm1,\pm2,\cdots.$$

两族直线的交点 (ih_x,jh_y) 称为网点, 记为 (x_i,y_j) 或者 (i,j), 如图 3.2.1. 以下将应用 Taylor 展开法进行构造. 所谓 Taylor 展开法, 实质上就是利用 Taylor 展开

逼近微分方程中的导数, 结合方程右端函数的信息, 进而构造出微分方程的数值离散格式.

3.2.1　五点差分格式

利用 Taylor 展开, 将 x, y 方向分别用二阶中心差商替代 u_{xx} 和 u_{yy}, 则得

$$
\begin{aligned}
&-\frac{\partial^2 u}{\partial x^2}(x_i,y_j)-\frac{\partial^2 u}{\partial y^2}(x_i,y_j)\\
=&\ \frac{u(x_{i+1},y_j)-2u(x_i,y_j)+u(x_{i-1},y_j)}{h_x^2}\\
&+\frac{u(x_i,y_{j+1})-2u(x_i,y_j)+u(x_i,y_{j-1})}{h_y^2}+R_{ij}^1\\
=&\ f(x_i,y_j),
\end{aligned}
$$

其中

$$
\begin{aligned}
R_{ij}^1=&-\frac{h_x^2}{12}\frac{\partial^4 u(x_i,y_j)}{\partial x^4}-\frac{h_x^4}{360}\frac{\partial^6 u(x_i,y_j)}{\partial x^6}+O(h_x^6)\\
&-\frac{h_y^2}{12}\frac{\partial^4 u(x_i,y_j)}{\partial y^4}-\frac{h_y^4}{360}\frac{\partial^6 u(x_i,y_j)}{\partial y^6}+O(h_y^6),
\end{aligned}
$$

称为局部截断误差. 省略掉 R_{ij}^1, 并利用数值解 u_{ij} 替代精确解 $u(x_i,y_j)$, 则可得数值格式

$$
-\frac{u_{i+1,j}-2u_{ij}+u_{i-1,j}}{h_x^2}-\frac{u_{i,j+1}-2u_{ij}+u_{i,j-1}}{h_y^2}=f_{ij}, \tag{3.2.1}
$$

其中 $f_{ij}=f(x_i,y_j)$.

由于数值格式(3.2.1)仅仅出现了 (x_i,y_j) 四个邻点上的值, 故称(3.2.1)为五点差分格式, 其示意图如图 3.2.2 所示. 此外, 可以证明如下的稳定性和收敛性结果.

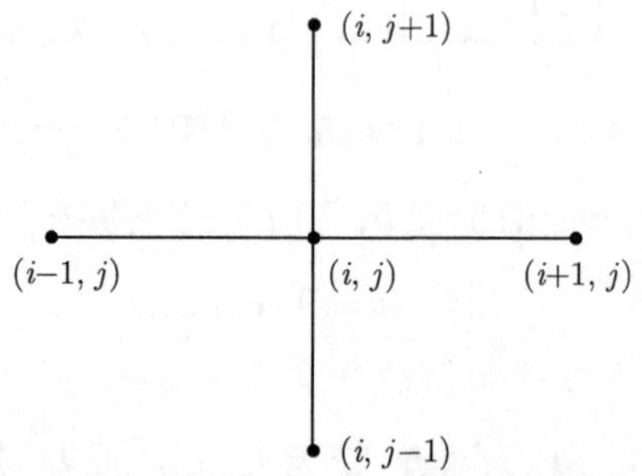

图 3.2.2　二维 Poisson 方程五点差分格式示意图

定理 3.2.1 数值格式(3.2.1)是稳定的和收敛的, 并且满足

$$\max_{(i,j)\in\omega} |u(x_i, y_j) - u_{ij}| \leqslant C(h_x^2 + h_y^2),$$

其中 ω 是所有网格点的集合, C 是与 h_x 和 h_y 无关的有界量.

3.2.2 九点差分格式

将 u_{xx} 在 (x_{i+1}, y_j), (x_i, y_j), (x_{i-1}, y_j) 处分别进行 Taylor 展开, 并进行加权求和可得

$$\begin{aligned}\mathcal{A}\frac{\partial^2 u}{\partial x^2}(x_i, y_j) &\triangleq \frac{1}{12}\left(\frac{\partial^2 u(x_{i+1}, y_j)}{\partial x^2} + 10\frac{\partial^2 u(x_i, y_j)}{\partial x^2} + \frac{\partial^2 u(x_{i-1}, y_j)}{\partial x^2}\right)\\ &= \frac{u(x_{i+1}, y_j) - 2u(x_i, y_j) + u(x_{i-1}, y_j)}{h_x^2} + \overline{R}_{ij},\end{aligned}$$

其中 $\overline{R}_{ij} = \dfrac{h_x^4}{240}\dfrac{\partial^6 u}{\partial x^6}(x_i, y_j) + O(h_x^6)$.

同理, 将 u_{yy} 在 (x_i, y_{j+1}), (x_i, y_j), (x_i, y_{j-1}) 处分别进行 Taylor 展开, 并进行加权求和可得

$$\begin{aligned}\mathcal{B}\frac{\partial^2 u}{\partial y^2}(x_i, y_j) &\triangleq \frac{1}{12}\left(\frac{\partial^2 u(x_i, y_{j+1})}{\partial y^2} + 10\frac{\partial^2 u(x_i, y_j)}{\partial y^2} + \frac{\partial^2 u(x_i, y_{j-1})}{\partial y^2}\right)\\ &= \frac{u(x_i, y_{j+1}) - 2u(x_i, y_j) + u(x_i, y_{j-1})}{h_y^2} + \overline{\overline{R}}_{ij},\end{aligned}$$

其中 $\overline{\overline{R}}_{ij} = \dfrac{h_y^4}{240}\dfrac{\partial^6 u}{\partial y^6}(x_i, y_j) + O(h_y^6)$.

于是

$$\begin{aligned}\mathcal{AB}f(x_i, y_j) &= \mathcal{AB}\frac{\partial^2 u}{\partial x^2}(x_i, y_j) + \mathcal{AB}\frac{\partial^2 u}{\partial y^2}(x_i, y_j)\\ &= \mathcal{B}\frac{u(x_{i+1}, y_j) - 2u(x_i, y_j) + u(x_{i-1}, y_j)}{h_x^2} + \mathcal{B}\overline{R}_{ij}\\ &\quad + \mathcal{A}\frac{u(x_i, y_{j+1}) - 2u(x_i, y_j) + u(x_i, y_{j-1})}{h_y^2} + \mathcal{A}\overline{\overline{R}}_{ij}\\ &= \frac{1}{12}\left(\frac{u(x_{i+1}, y_{j-1}) - 2u(x_i, y_{j-1}) + u(x_{i-1}, y_{j-1})}{h_x^2}\right)\\ &\quad + \frac{10}{12}\left(\frac{u(x_{i+1}, y_j) - 2u(x_i, y_j) + u(x_{i-1}, y_j)}{h_x^2}\right)\\ &\quad + \frac{1}{12}\left(\frac{u(x_{i+1}, y_{j+1}) - 2u(x_i, y_{j+1}) + u(x_{i-1}, y_{j+1})}{h_x^2}\right)\end{aligned}$$

$$
\begin{aligned}
&+\frac{1}{12}\left(\frac{u(x_{i-1},y_{j+1})-2u(x_{i-1},y_j)+u(x_{i-1},y_{j-1})}{h_y^2}\right)\\
&+\frac{10}{12}\left(\frac{u(x_i,y_{j+1})-2u(x_i,y_j)+u(x_i,y_{j-1})}{h_y^2}\right)\\
&+\frac{1}{12}\left(\frac{u(x_{i+1},y_{j+1})-2u(x_{i+1},y_j)+u(x_{i+1},y_{j-1})}{h_y^2}\right)\\
&+R^2(x_i,y_j),
\end{aligned}
$$

其中 $R_{ij}^2=\mathcal{B}\overline{R}_{ij}+\mathcal{A}\overline{\overline{R}}_{ij}$ 称为局部截断误差.

略去 R_{ij}^2 并利用数值解 u_{ij} 代替精确解 $u(x_i,y_j)$, 则可得数值格式

$$
\begin{aligned}
&\frac{1}{12}\left(\frac{u_{i+1,j-1}-2u_{i,j-1}+u_{i-1,j-1}}{h_x^2}\right)+\frac{10}{12}\left(\frac{u_{i+1,j}-2u_{i,j}+u_{i-1,j}}{h_x^2}\right)\\
&+\frac{1}{12}\left(\frac{u_{i+1,j+1}-2u_{i,j+1}+u_{i-1,j+1}}{h_x^2}\right)+\frac{1}{12}\left(\frac{u_{i-1,j+1}-2u_{i-1,j}+u_{i-1,j-1}}{h_y^2}\right)\\
&+\frac{10}{12}\left(\frac{u_{i,j+1}-2u_{ij}+u_{i,j-1}}{h_y^2}\right)+\frac{1}{12}\left(\frac{u_{i+1,j+1}-2u_{i+1,j}+u_{i+1,j-1}}{h_y^2}\right)\\
=&\frac{1}{144}(f_{i+1,j-1}+10f_{i,j-1}+f_{i-1,j-1})+\frac{10}{144}(f_{i+1,j}+10f_{i,j}+f_{i-1,j})\\
&+\frac{1}{144}(f_{i+1,j-1}+10f_{i,j-1}+f_{i-1,j-1}). \qquad (3.2.2)
\end{aligned}
$$

由于数值格式(3.2.2)利用了(x_i,y_j)八个邻点上的值, 故称(3.2.2)为九点差分格式, 其示意图如图 3.2.3 所示. 此外, 可以证明如下的稳定性和收敛性结果.

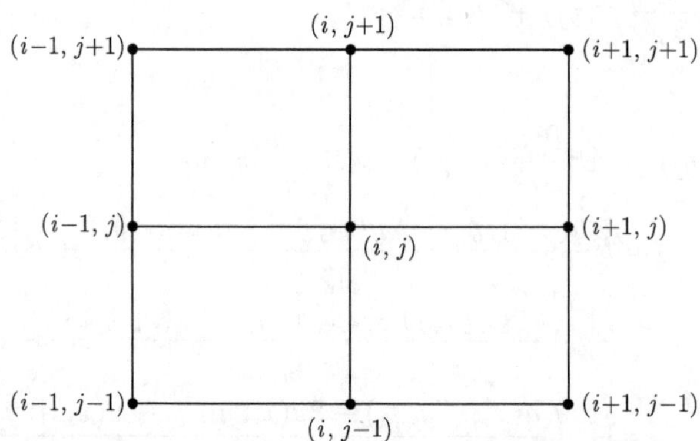

图 3.2.3　二维 Poisson 方程九点差分格式示意图

定理 3.2.2　数值格式(3.2.2)是稳定的和收敛的, 并且满足

$$
\max_{(i,j)\in\omega}|u(x_i,y_j)-u_{ij}|\leqslant C(h_x^4+h_y^4),
$$

其中 ω 是所有网格点的集合, C 是与 h_x 和 h_y 无关的有界量.

容易看到, 该方法的数值精度要高于五点差分格式.

3.3 抛物型方程的数值方法

本节将对带有第一类边界条件的一维抛物初边值问题

$$\begin{cases} \dfrac{\partial u}{\partial t} = a^2 \dfrac{\partial^2 u}{\partial x^2}, & (x,t) \in (a,b) \times (0,T], \\ u(a,t) = \psi_1(t), \quad u(b,t) = \psi_2(t), & t \in [0,T], \\ u(x,0) = \phi(x), & x \in [a,b]. \end{cases} \tag{3.3.1}$$

进行数值格式构造. 为保证方程的相容性, 要求 $\psi_1(0) = u(a,0)$ 和 $\psi_2(0) = u(b,0)$.

对初边值问题(3.3.1)进行网格剖分. 取空间步长为 $h = (b-a)/N$, 时间步长 $\Delta t = T/M$, 其中 M 和 N 均为正整数. 用两族平行直线 $x = x_i = ih$ $(i = 0,1,\cdots,N)$ 和 $t = t_n = n\Delta t$ $(n = 0,1,\cdots,M)$ 将矩形域 $T = \{(x,t)|a \leqslant x \leqslant b, 0 \leqslant t \leqslant T\}$ 分割成矩形网格, 网格节点为 (x_i, t_k). 以 T_h 表示网格内点集合, 即位于开矩形 G 的网点集合; $\overline{T}_h$ 表示所有位于闭矩形 $\overline{T}$ 的网点集合; $\Gamma_h = \overline{T}_h - T_h$ 是网格边界点的集合, 如图 3.3.1.

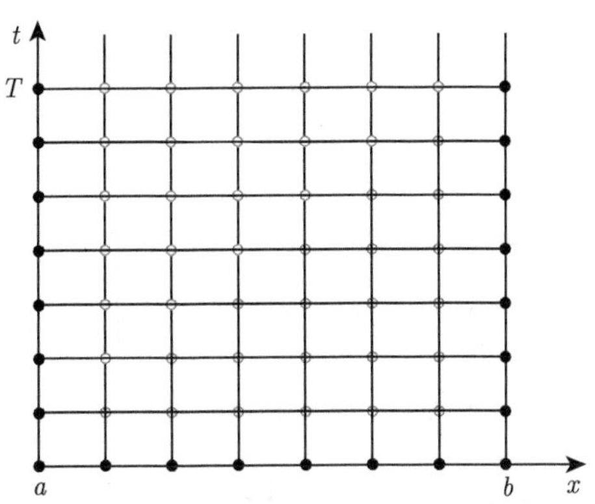

图 3.3.1 一维抛物型方程网格剖分示意图

设 $U_i^n = u(x_i, t_n)$ 表示精确解, u_i^n 表示数值解, $U_i(t) = u(x_i, t)$ 表示在 t 时刻的精确解, 则 $U_i(t_n) = U_i^n$.

3.3.1 古典显格式

对(3.3.1)进行空间离散可得

$$\begin{aligned}\frac{\mathrm{d}u(x_i,t)}{\mathrm{d}t} &= \frac{\partial u}{\partial t}(x_i,t) = k\frac{\partial^2 u}{\partial x^2}(x_i,t)\\ &= \frac{k}{h^2}(u(x_{i+1},t)-2u(x_i,t)+u(x_{i-1},t))+O(h^2),\end{aligned} \tag{3.3.2}$$

其中 $1 \leqslant i \leqslant N$.

利用显式欧拉方法对常微分系统(3.3.2)进行离散可得全离散的形式

$$\frac{U_i(t_{n+1})-U_i(t_n)}{\Delta t} = \frac{k}{h^2}(U_{i+1}(t_n)-2U_i(t_n)+U_{i-1}(t_n))+O(h^2+\Delta t). \tag{3.3.3}$$

忽略掉(3.3.3)中的局部截断误差 $O(h^2+\Delta t)$, 利用数值解 u_i^n 替代精确解 $U_i(t_n)$ 并结合初始条件和边界条件可得差分格式

$$\begin{cases}\dfrac{u_i^{n+1}-u_i^n}{\Delta t} = \dfrac{k}{h^2}(u_{i+1}^n-2u_i^n+u_{i-1}^n), & 1 \leqslant i \leqslant N, 1 \leqslant n \leqslant M,\\ u_0^n = \psi_1(t_n), \quad u_N^n = \psi_2(t_n), & 1 \leqslant n \leqslant M,\\ u_i^M = \phi(x_i), & 1 \leqslant i \leqslant N.\end{cases} \tag{3.3.4}$$

称数值格式(3.3.4)为古典显格式.

由于数值格式(3.3.4)是显式的, 即往下求解任意一个点的数值解 u_i^{n+1} 可直接利用之前的三个数值解 u_{i-1}^n, u_i^n, u_{i+1}^n 的线性组合, 如图 3.3.2 所示. 因而古典显格式可以由初始条件和边界条件直接进行求解.

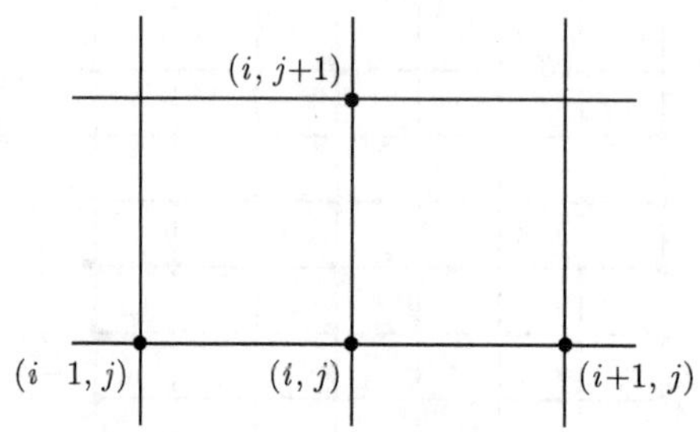

图 3.3.2　古典显格式示意图

此外, 令 $r = k\dfrac{\Delta t}{h^2}$, 还可以得到如下的稳定性和收敛性结果.

定理 3.3.1　当 $r > \dfrac{1}{2}$ 时, 数值格式(3.3.4)是不稳定的, 当 $r \leqslant \dfrac{1}{2}$ 时, 数值格式(3.3.4)是稳定的, 且数值解和精确解的最大范数误差满足

$$\max_{1\leqslant i\leqslant N}|U_i^n - u_i^n| \leqslant C(\Delta t + h^2), \quad 1 \leqslant n \leqslant M,$$

其中 C 是与 Δt 和 h 无关的有界量.

3.3.2 古典隐格式

利用隐式欧拉方法对常微分系统(3.3.2)进行离散可得全离散的形式

$$\frac{U_i(t_{n+1})-U_i(t_n)}{\Delta t}=\frac{k}{h^2}(U_{i+1}(t_{n+1})-2U_i(t_{n+1})+U_{i-1}(t_{n+1}))+O(h^2+\Delta t). \tag{3.3.5}$$

忽略掉(3.3.5)中的局部截断误差 $O(h^2+\Delta t)$, 利用数值解 u_i^n 替代精确解 $U_i(t_n)$, 并结合初始条件和边界条件可得差分格式

$$\begin{cases}\dfrac{u_i^{n+1}-u_i^n}{\Delta t}=\dfrac{k}{h^2}(u_{i+1}^{n+1}-2u_i^{n+1}+u_{i-1}^{n+1}), & 1\leqslant i\leqslant N,\ 1\leqslant n\leqslant M,\\ u_0^n=\psi_1(t_n),\quad u_N^n=\psi_2(t_n), & 1\leqslant n\leqslant M,\\ u_i^M=\phi(x_i), & 1\leqslant i\leqslant N.\end{cases} \tag{3.3.6}$$

初始条件和边界条件的数值格式同显式欧拉方法. 称数值格式(3.3.6)为古典隐格式.

尽管数值格式(3.3.6)是隐式数值方法, 往下求解任意一个点的数值解 u_i^{n+1} 不仅要用到之前层的数值解 u_i^n, 还需要使用当前层的三个数值解 u_{i-1}^{n+1}, u_i^{n+1}, u_{i+1}^{n+1}, 如图 3.3.3 所示, 但对于线性问题, 和隐式欧拉方法一样, 仍然可以直接求解. 而对于非线性问题的求解则需要线性化的技巧[52] 或者非线性的迭代技巧[33].

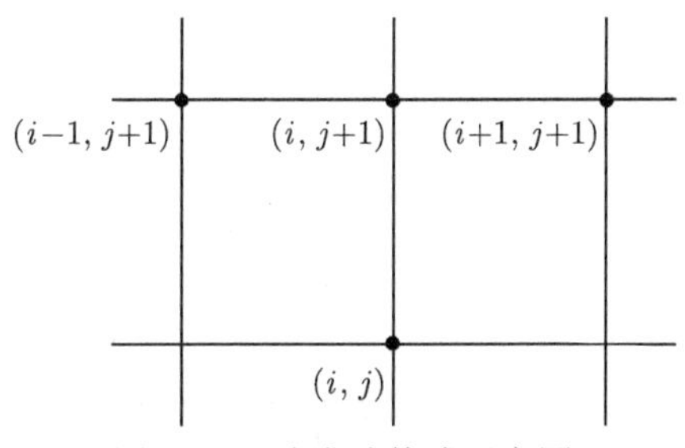

图 3.3.3 古典隐格式示意图

此外, 令 $r=k\dfrac{\Delta t}{h^2}$, 还可以得到如下的稳定性和收敛性结果.

定理 3.3.2 对任意的 $r>0$, 数值格式(3.3.6)是稳定的和收敛的, 并且数值解和精确的最大范数误差满足

$$\max_{1\leqslant i\leqslant N}|U_i^n-u_i^n|\leqslant C(\Delta t+h^2),\quad 1\leqslant n\leqslant M,$$

其中 C 是与 Δt 和 h 无关的有界量.

3.3.3 Crank-Nicholson 格式

利用 Crank-Nicholson 方法对常微分系统(3.3.2)进行离散可得全离散的形式

$$\begin{aligned}\frac{U_i(t_{n+1})-U_i(t_n)}{\Delta t}=&\frac{k}{2h^2}[(U_{i+1}(t_{n+1})-2U_i(t_{n+1})+U_{i-1}(t_{n+1}))\\&+(U_{i+1}(t_n)-2U_i(t_n)+U_{i-1}(t_n))]+O(h^2+(\Delta t)^2).\end{aligned}\tag{3.3.7}$$

忽略掉(3.3.7)中的局部截断误差 $O(h^2+(\Delta t)^2)$, 利用数值解 u_i^n 替代精确解 $U_i(t_n)$ 并结合初始条件和边界条件可得差分格式

$$\begin{cases}\dfrac{u_i^{n+1}-u_i^n}{\Delta t}=\dfrac{k}{h^2}(u_{i+1}^{n+1}-2u_i^{n+1}+u_{i-1}^{n+1}), & 1\leqslant i\leqslant N,\ 1\leqslant n\leqslant M,\\ u_0^n=\psi_1(t_n),\quad u_N^n=\psi_2(t_n), & 1\leqslant n\leqslant M,\\ u_i^M=\phi(x_i), & 1\leqslant i\leqslant N.\end{cases}\tag{3.3.8}$$

称数值格式(3.3.8)为 Crank-Nicholson 格式, 简称 CN 格式. 其初始条件和边界条件同显式欧拉或者隐式欧拉格式相同.

尽管数值格式(3.3.6)是隐式方法, 求解任意一个点的数值解 u_i^{n+1} 不仅要用到上层的三个数值解 u_{i-1}^n, u_i^n 和 u_{i+1}^n, 还需要使用当前的三个数值解 u_{i-1}^{n+1}, u_i^{n+1}, u_{i+1}^{n+1} 的组合, 如图 3.3.4 所示. 但对于线性问题, 可以直接求解. 而对于非线性问题的求解则需要线性化的技巧[52] 或者非线性的迭代技巧[33], 如不动点迭代或者牛顿迭代等.

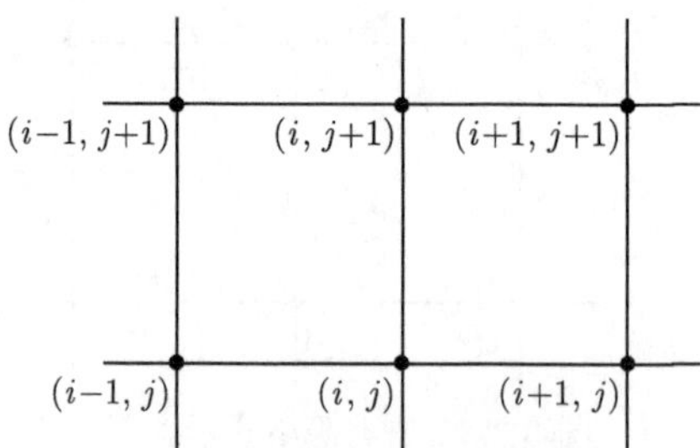

图 3.3.4 Crank-Nicholson 格式示意图

此外, 令 $r=k\dfrac{\Delta t}{h^2}$, 还可以得到如下的稳定性和收敛性结果.

定理 3.3.3 当对任意的 $r>0$, 数值格式(3.3.8)是稳定的和收敛的, 且数值解和精确解的最大范数误差满足

$$\max_{1\leqslant i\leqslant N}|U_i^n-u_i^n|\leqslant C((\Delta t)^2+h^2),\quad 1\leqslant n\leqslant M,$$

其中 C 是与 Δt 和 h 无关的有界量.

3.4 双曲型方程的数值方法

首先进行网格剖分: 取空间步长 h 和时间步长 Δt, 用两族平行的直线

$$x = x_i = ih, \quad i = 0, 1, 2, \cdots$$

和

$$t = t_n = n\Delta t, \quad n = 1, 2, \cdots$$

作矩形网格.

考虑如下齐次双曲型方程

$$\begin{cases} \dfrac{\partial^2 u}{\partial t^2} = k\dfrac{\partial^2 u}{\partial x^2}, & x \in [a, b], \quad t \in [0, T], \\ u(x, 0) = \varphi_0(x), \quad \dfrac{\partial u}{\partial t}(x, 0) = \varphi_1(x), & x \in [a, b], \end{cases} \tag{3.4.1}$$

其中 $k > 0$ 是常数.

3.4.1 显格式

对(3.4.1)进行时间离散可得

$$\begin{aligned} \frac{\partial^2 u}{\partial t^2}(x, t_n) &= \frac{1}{\Delta t^2}(u(x, t_{n+1}) - 2u(x, t_n) + u(x, t_{n-1})) + O(\Delta t^2) \\ &= k\frac{\partial^2 u}{\partial x^2}(x, t_n), \end{aligned} \tag{3.4.2}$$

其中 $1 \leqslant i \leqslant N$.

对(3.4.2)中的空间采用显式的数值格式离散可得

$$k\frac{\partial^2 u}{\partial x^2}(x_i, t_n) = \frac{k}{h^2}(u(x_{i+1}, t_n) - 2u(x_i, t_n) + u(x_{i-1}, t_n)) + O(h^2). \tag{3.4.3}$$

结合(3.4.2)和(3.4.3)可得

$$\begin{aligned} &\frac{1}{\Delta t^2}(u(x, t_{n+1}) - 2u(x, t_n) + u(x, t_{n-1})) + O(\Delta t^2) \\ =& \frac{k}{h^2}(u(x_{i+1}, t_n) - 2u(x_i, t_n) + u(x_{i-1}, t_n)) + O(h^2). \end{aligned} \tag{3.4.4}$$

略去局部截断误差并用数值解 u_i^n 代替精确解 $u(x_i, t_n)$, 可得数值格式

$$\frac{1}{\Delta t^2}(u_i^{n+1} - 2u_i^n + u_i^{n-1}) = \frac{k}{h^2}(u_{i+1}^n - 2u_i^n + u_{i-1}^n). \tag{3.4.5}$$

称数值格式(3.4.5)为双曲型方程的显式数值格式, 如图 3.4.1 所示.

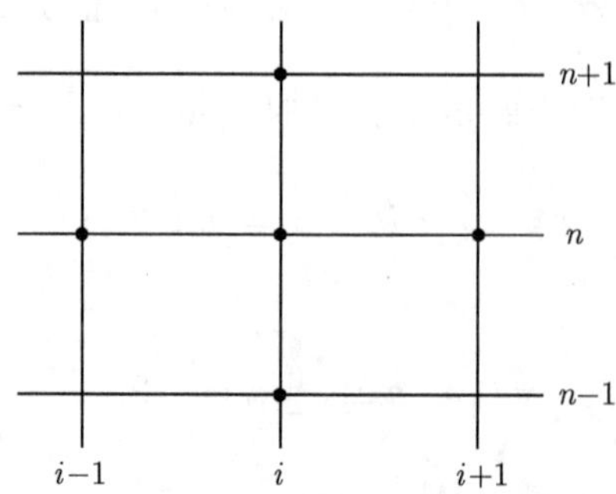

图 3.4.1 双曲型方程的显式数值格式示意图

此外, 令 $s=k\dfrac{\Delta t}{h}$, 还可以验证如下的稳定性和收敛性结果.

定理 3.4.1 对任意的 $s<1$, 数值格式(3.4.4)是稳定的和收敛的, 且数值解和精确解的最大范数误差满足

$$\max_{1\leqslant i\leqslant N}|U_i^n-u_i^n|\leqslant C((\Delta t)^2+h^2),\quad 1\leqslant n\leqslant M, \tag{3.4.6}$$

其中 C 是与 Δt 和 h 无关的有界量.

3.4.2 隐格式

对(3.4.1)先进行时间离散再进行空间离散可得

$$\begin{aligned}\frac{\partial^2 u}{\partial t^2}(x,t_n)&=\frac{1}{\Delta t^2}(u(x,t_{n+1})-2u(x,t_n)+u(x,t_{n-1}))+O(\Delta t^2)\\&=k\frac{\partial^2 u}{\partial x^2}(x,t_n)\\&=\frac{k}{2}\left(\frac{\partial^2 u}{\partial x^2}(x,t_{n-1})+\frac{\partial^2 u}{\partial x^2}(x,t_{n+1})\right)+O(\Delta t^2)\\&=\frac{k}{2h^2}[(u(x_{i+1},t_{n+1})-2u(x_i,t_{n+1})+u(x_{i-1},t_{n+1}))\\&\quad+(u(x_{i+1},t_{n-1})-2u(x_i,t_{n-1})+u(x_{i-1},t_{n-1}))]\\&\quad+O(\Delta t^2)+O(h^2).\end{aligned}$$

略去局部截断误差并用数值解 u_i^n 代替精确解 $u(x_i,t_n)$, 可得数值格式

$$\frac{1}{\Delta t^2}(u_i^{n+1}-2u_i^n+u_i^{n-1})=\frac{k}{2h^2}(u_{i+1}^{n+1}-2u_i^{n+1}+u_{i-1}^{n+1}+u_{i+1}^{n-1}-2u_i^{n-1}+u_{i-1}^{n-1}). \tag{3.4.7}$$

称数值格式(3.4.7)为双曲型方程的隐式数值格式, 如图 3.4.2 所示.

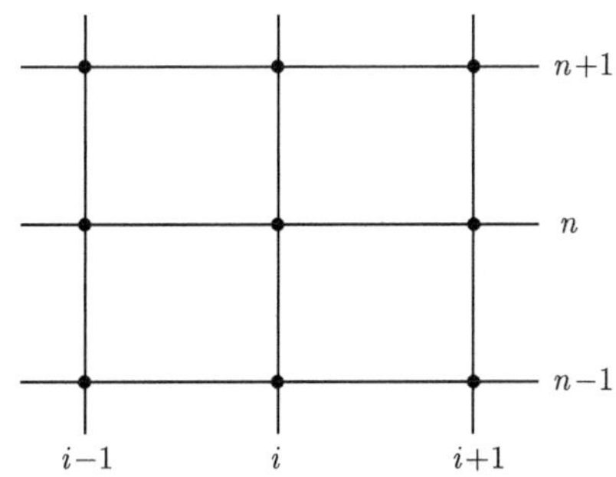

图 3.4.2 双曲型方程的隐式数值格式示意图

此外, 还可以验证如下的稳定性和收敛性结果.

定理 3.4.2 对任意的 $s>0$, 数值格式(3.4.7)是稳定的, 且数值解和精确解的最大范数误差满足

$$\max_{1\leqslant i\leqslant N}|U_i^n-u_i^n|\leqslant C((\Delta t)^2+h^2),\quad 1\leqslant n\leqslant M,$$

其中 C 是与 Δt 和 h 无关的有界量.

3.5 偏微分方程模型求解

3.5.1 椭圆型方程模型 1——电场的分布模型

在一个理想的平行板电容器中, 电场强度是均匀的, 电场强度 $\boldsymbol{E}=(E_x,E_y)$ 与电位梯度 $u=u(x,y)$ 的关系如图 3.5.1 所示[49], 电场强度

$$E=\frac{U_H-U_L}{d}=-\frac{U_L-U_H}{d},$$

其中 U_H 和 U_L 分别表示平行板电容器的高、低电势. 于是可以得到电场强度 $\boldsymbol{E}$ 和电位梯度 u 的关系式为

$$\boldsymbol{E}=-\nabla u. \tag{3.5.1}$$

在平面区域 Ω 中考虑一个任意电荷系统形成的电场时, 在任一点 P 沿 x 方向的电场强度 $E(x)$ 可近似为微元 Δx 范围内的平行板电容器的电场, 因此

$$E(x)=-\frac{U(x+\Delta x)-U(x)}{\Delta x}=-\frac{\Delta U}{\Delta x}\approx-\frac{\partial U}{\partial x}.$$

此外, 电位移矢量和电场强度具有如下关系

$$\boldsymbol{D}=\varepsilon\boldsymbol{E}, \tag{3.5.2}$$

其中 ε 称为介电常数. 由(3.5.1)和(3.5.2)可以进一步得到

$$\nabla \cdot \nabla u = -\nabla \cdot \boldsymbol{E} = -\frac{1}{\varepsilon}\nabla \cdot \boldsymbol{D} = -\frac{\rho}{\varepsilon},$$

其中 ρ 为自由电荷体的密度, 上式即为著名的 Poisson 方程

$$\nabla^2 u = -\frac{\rho}{\varepsilon}, \tag{3.5.3}$$

其分量形式为

$$\frac{\partial^2 u}{\partial x^2} + \frac{\partial^2 u}{\partial y^2} = -\frac{\rho}{\varepsilon}.$$

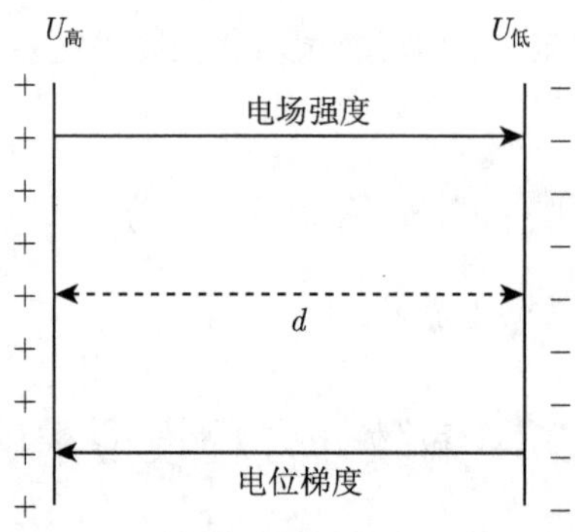

图 3.5.1　电场强度和电位梯度的关系

如果电场是无源的, 即 $\rho = 0$, 则(3.5.3)简化为著名的 Laplace 方程

$$\nabla^2 u = 0,$$

其分量形式为

$$\frac{\partial^2 u}{\partial x^2} + \frac{\partial^2 u}{\partial y^2} = 0. \tag{3.5.4}$$

假设(3.5.4)有如下相应的边界条件

$$\begin{aligned} &u(x,1) = \ln(x^2+1), \quad &&u(x,2) = \ln(x^2+4), \\ &u(0,y) = 2\ln y, &&u(1,y) = \ln(y^2+1). \end{aligned} \tag{3.5.5}$$

取步长 $h_x = 1/20$, $h_y = 1/20$, 利用五点差分格式可得数值解曲面, 如图 3.5.2 所示.

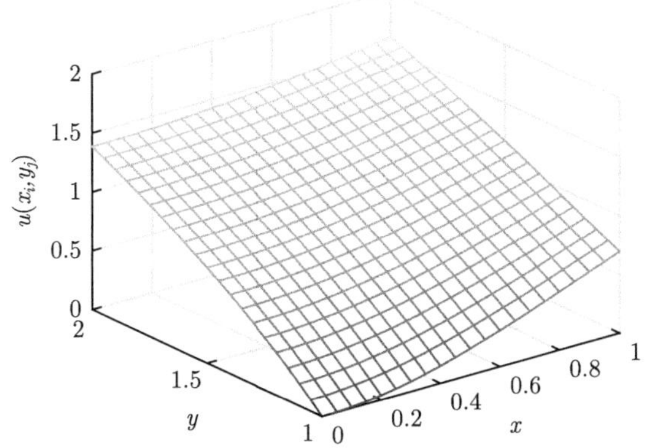

图 3.5.2 椭圆定解问题(3.5.4), (3.5.5)的数值解曲面图

3.5.2 椭圆型方程模型 2——冷却散热片的设计

对方程(3.1.2)利用五点差分格式[32] 可得

$$-\frac{u_{i+1,j}-2u_{ij}+u_{i-1,j}}{h_x^2}-\frac{u_{i,j+1}-2u_{ij}+u_{i,j-1}}{h_y^2}=\frac{2H}{K\delta}u_{ij},\qquad i=1,2,\cdots,M_x,\quad j=1,2,\cdots,M_y. \tag{3.5.6}$$

对边界条件(3.1.4)利用二阶向后微分公式[34] 进行数值离散可得四个边界的离散格式分别为

$$\begin{aligned}
&\text{底边}\quad \frac{-3u_{i1}+4u_{i2}-u_{i3}}{2h_y}=-\frac{H}{K}u_{i1},\\
&\text{顶边}\quad \frac{-3u_{i,M_y}+4u_{i,M_y-1}-u_{i,M_y-2}}{2h_y}=-\frac{H}{K}u_{iM_y},\\
&\text{左边}\quad \frac{-3u_{1j}+4u_{2j}-u_{3j}}{2h_x}=-\frac{H}{K}u_{1j},\\
&\text{右边}\quad \frac{-3u_{M_x,j}+4u_{M_x-1,j}-u_{M_x-2,j}}{2h_y}=-\frac{H}{K}u_{M_x,j}.
\end{aligned} \tag{3.5.7}$$

假设能量沿着散热片的左边进入, 由 Fourier 定律可以得到方程

$$\frac{-3u_{1j}+4u_{2j}-u_{3j}}{2h_x}=-\frac{P}{L\delta K}. \tag{3.5.8}$$

由(3.5.6)—(3.5.8)组成的线性方程组, 包含 $M_x\times M_y$ 个方程和 $M_x\times M_y$ 个未知量 u_{ij}, $1\leqslant i\leqslant M_x$, $1\leqslant j\leqslant M_y$.

假设散热片由铝构成, 铝的导热系数为 $K=2.37\text{W}/(\text{cm}\cdot{}^\circ\text{C})$. 假设对流传热系数 $H=5\text{W}/(\text{cm}\cdot{}^\circ\text{C})$. 散热片的大小为 2cm × 2cm, 1mm 厚. 能量为 5W 的输

入功率沿着整个左侧输入, 就如同散热片被贴在侧边长为 $L = 2\text{cm}$ 的 CPU 芯片上来扩散能量. 求解偏微分方程(3.1.2), 其中 x 和 y 方向分别使用 $M = N = 20$ 步, 使用 mesh 命令画出热分布图并计算出散热片最大温度.

结合边界条件(3.5.7)和(3.5.8), 求解(3.1.2)可得数值解曲面如图 3.5.3 所示, 且最大温度为 8.4℃.

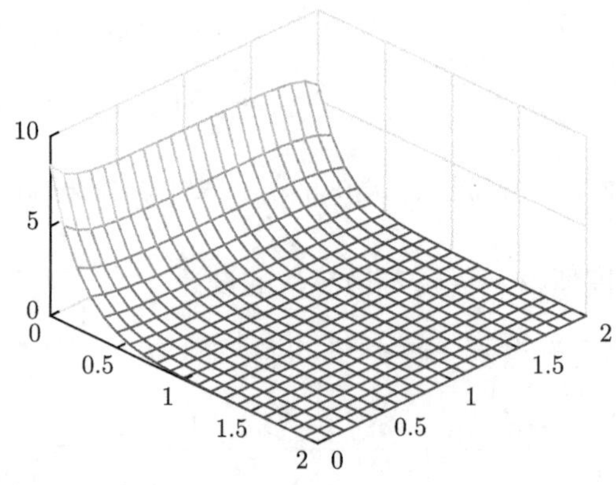

图 3.5.3 冷却散热片的热分布图

3.5.3 抛物型方程模型 1——水污染问题

近年来, 环境污染问题越来越受到人们的关注, 如何合理、有效和经济地保护环境成为环境工程学科重点研究的课题. 为达到净化环境的目的, 研究污染物在水体及大气中的扩散现象进而加以控制是研究的重要内容之一[50].

设有一均匀河段, 已知扩散系数 $D = 2\text{km/h}$, 流速 $C = 5\text{km/h}$, 其污染的反应速率常数 $K_1 = 0.015\text{km/h}$. 在初始点 $x_0 = 0$ 处有一个污染源, 连续排放一个小时, 若起始断面处在排放期间某污染物的浓度 $u_0^j = 10\text{mg/L}$ $(j = 0, 1, 2, \cdots, m)$, t_m 为排放的终止时间, 在河段的其他断面处 $u_i^0 = 0$ $(i > 0)$. 试问在 $L = 8\text{km}$ 的河段内, 从开始排放污染物起, 不同时间、不同地段污染物的浓度分布.

对于一条不太长的河段, 可假设其水流近似地处于稳定状态, 断面均匀, 河底无渗漏, 忽略面源的侧向输入. 在这段河流中, 其污染物扩散满足如下对流扩散问题

$$\begin{cases} \dfrac{\partial u}{\partial t} + C\dfrac{\partial u}{\partial x} = D\dfrac{\partial^2 u}{\partial x^2} - K_1 u, & 0 < x < L, 0 < t \leqslant 1, \\ u(x,0) = 0, & 0 \leqslant x < L, \\ u(0,t) = 10, \quad u(L,t) = 0, & \end{cases}$$

其中 K_1 为常数.

取参数 $C = 5000/3600$, $K_1 = 15/3600$, $D = 2000/3600$, 利用 Crank-Nicholson 方法可计算得到数值曲面图 3.5.4. 曲面上任意一点表示在 x 位置, t 时刻污染物的浓度.

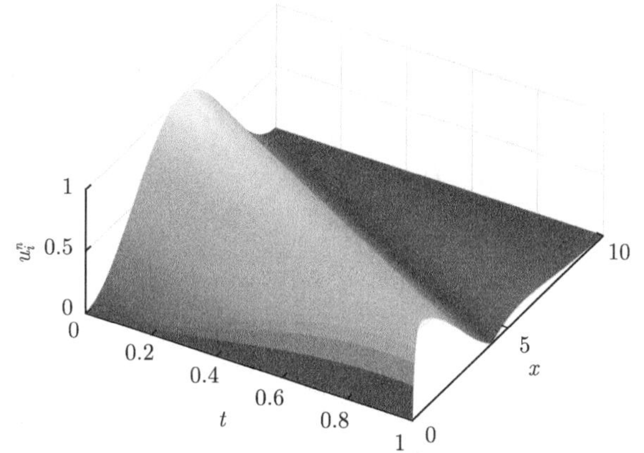

图 3.5.4 水污染模型数值解

3.5.4 抛物型方程模型 2——草原犬生长率模型

考虑在某个地带生活的草原犬的数量. 截取该地带上长度为 L 的一段, 用 $u(x,t)$ 表示该地段内草原犬在 x 位置 t 时刻种群的密度. 假设该地段两端之外, 草原犬无法存活, 则可得到和草原犬生长率成正比的扩散方程[32].

$$\begin{cases} \dfrac{\partial u}{\partial t} = D\dfrac{\partial^2 u}{\partial x^2} + Cu, & 0 \leqslant x \leqslant L, \quad t \geqslant 0, \\ u(x,0) = \sin^2 \dfrac{\pi}{L}x, & 0 \leqslant x \leqslant L, \\ u(0,t) = 0, \quad u(L,t) = 0, \quad t \geqslant 0. \end{cases}$$

取参数 $D = 1$, $C = 9$, 利用显式欧拉方法计算可得数值解如图 3.5.5 所示. 由图 3.5.5 可知, 当网格比 $D\dfrac{\Delta t}{h^2} = 0.125 < 0.5$ 时 (a), 所得数值解符合实际情况, 然而当网格比 $D\dfrac{\Delta t}{h^2} = 1.125 > 0.5$ 时 (b), 容易看到数值解和实际情况是不吻合的.

再取 C 分别为 9, π^2 和 10 时, 利用隐式的 Crank-Nicholson 方法计算草原犬的种群数量如图 3.5.6 所示.

由图 3.5.6 可知, 当 $C > \pi^2$ 时, 草原犬种群繁盛; 当 $C = \pi^2$ 时, 草原犬基本上保持一定数量不变; 而当 $C < \pi^2$ 时, 草原犬经过一定的时间会逐渐消失.

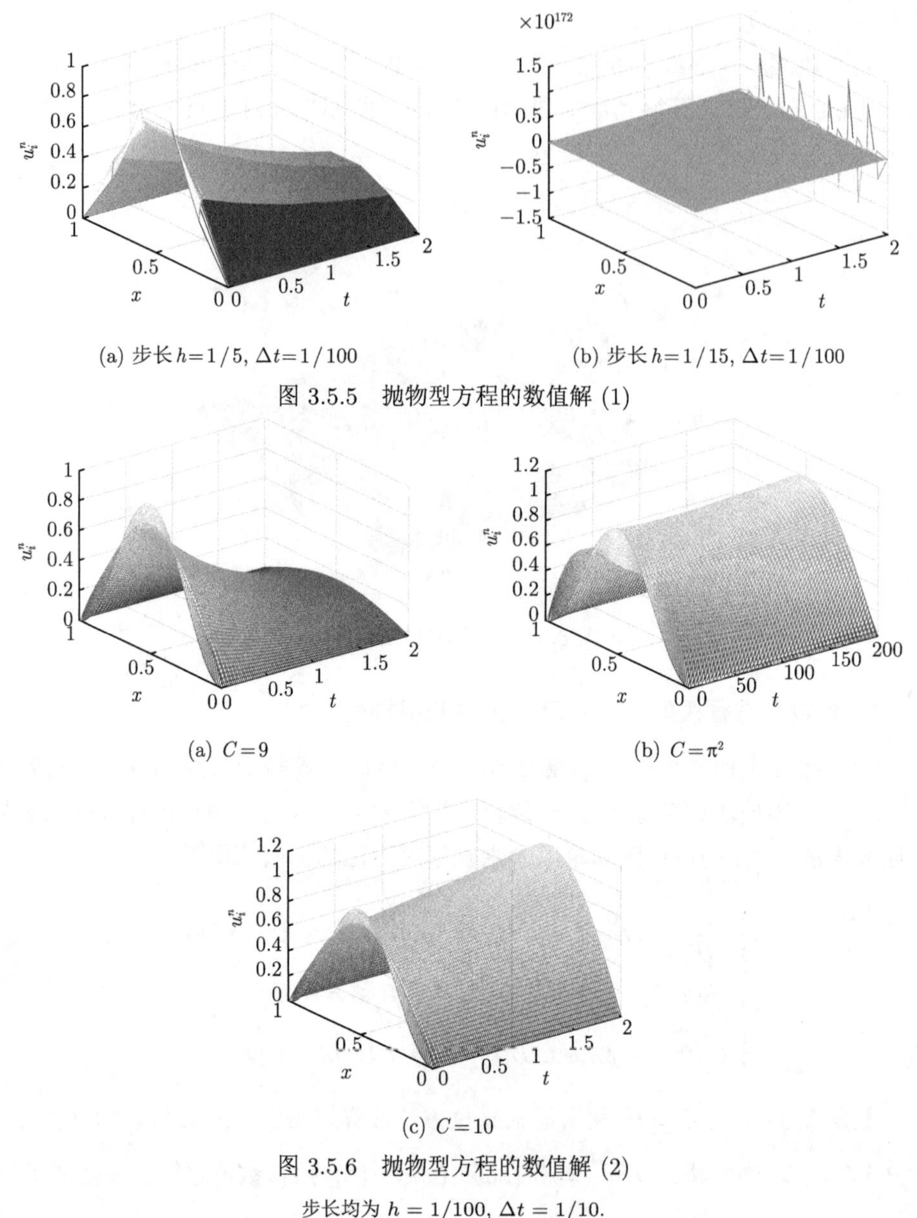

(a) 步长 $h=1/5$, $\Delta t=1/100$　　(b) 步长 $h=1/15$, $\Delta t=1/100$

图 3.5.5　抛物型方程的数值解 (1)

(a) $C=9$　　(b) $C=\pi^2$

(c) $C=10$

图 3.5.6　抛物型方程的数值解 (2)

步长均为 $h=1/100$, $\Delta t=1/10$.

3.5.5　双曲型方程模型——孤子

非线性 Klein-Gordon 方程在固体物理、非线性光学和量子场论中起着非常重要的作用[49]. 考虑如下带有单孤子的非线性问题

$$u_{tt}=\alpha^2 u_{xx}-\alpha u+\beta u^2,\quad x\in[-10,10].$$

其初始条件为

$$\begin{cases} u(x,0) = \sqrt{\dfrac{2\alpha}{\beta}}\operatorname{sech}(\lambda x), \\ u_t(x,0) = c\lambda\sqrt{\dfrac{2\alpha}{\beta}}\operatorname{sech}(\lambda x)\tanh(\lambda x), \end{cases}$$

其中 $\lambda = \sqrt{\alpha/(\alpha^2 - c^2)}$. 该问题恰好具有精确解 $u(x,t) = \sqrt{\dfrac{2\alpha}{\beta}}\operatorname{sech}(\lambda(x - ct))$, c 表示速度, $\sqrt{\dfrac{2\alpha}{\beta}}$ 表示孤子的振幅, 其边界条件由精确解确定.

取 $\alpha = 0.3$, $\beta = 1$, $c = 0.25$, $t = 10$, 则利用显式欧拉方法可得其数值曲面如图 3.5.7.

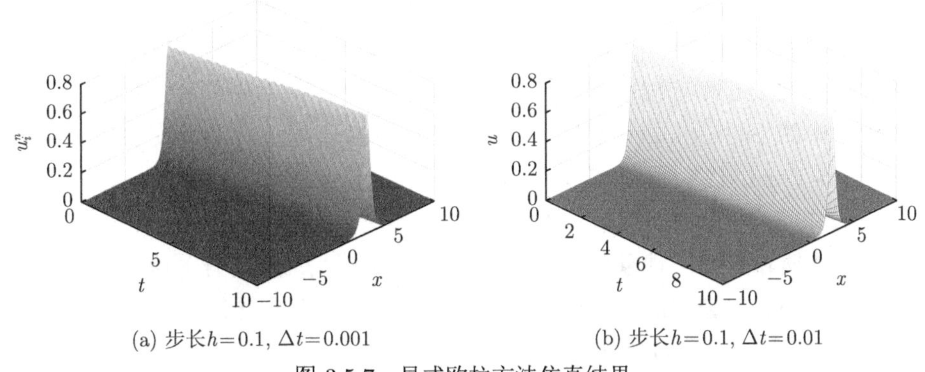

(a) 步长h=0.1, Δt=0.001 (b) 步长h=0.1, Δt=0.01

图 3.5.7 显式欧拉方法仿真结果

由图 3.5.7 可以清晰地看出, 显式欧拉方法仿真的结果和解析解十分吻合, 由此, 验证了该数值方法十分有效.

3.6 评注与进一步阅读

本章首先介绍了三类线性偏微分方程的有限差分方法, 即椭圆型偏微分方程、抛物型偏微分方程和双曲型偏微分方程. 三类模型分别由具体的实例引出, 并推导出方程的具体形式和相应的初始条件或者边界条件. 接下来分三节分别介绍三类偏微分方程的有限差分方法: 对于椭圆型方程本章介绍了五点差分格式和九点差分格式, 对于抛物型方程本章分别介绍了古典显格式、古典隐格式和 Crank-Nicholson 格式, 对于双曲型方程分别介绍了一类显格式和隐格式. 最后一节对三类具体的模型实例, 利用本章介绍的方法进行了有效的求解.

本章所介绍的数值方法均基于有限差分方法. 形象地说, 有限差分方法先将求解区域剖分成网格, 然后在网格点处将偏微分方程中的解的偏导数用相应的差商近似, 进而得到偏微分方程的解在网格点处的解析解所满足的差分方程. 这类方法历史悠久, 简单直观, 适合于各类偏微分方程的数值求解, 且便于上机实现, 因而应用广泛. 除了有限差分方法外, 求解偏微分方程的数值方法还包括有限元方法[54,55]、有限体积方法[56]、谱方法[57]、区域分解方法[60] 等等. 相应的离散格式的线性代数系统往往是具有某种特殊性质的矩阵, 因而在线性代数系统的求解上也很讲究, 目前比较流行的求解方法包括直接求解方法[27,48]、迭代方法[53]、多级预处理方法[58]、多重网格方法[59] 等等.

本章介绍的方程主要针对线性偏微分方程进行的数值格式构造和计算. 例子中仅仅列举了一个非线性孤子的例子. 事实上, 现实世界中许多现象更多的是由非线性偏微分方程刻画的, 例如, 气体动力学中的 Burger 方程[61], 流体力学中 Navier-Stokes 方程[62], 非线性扩散现象中的正则长波方程[63], 刻画单项运动浅水波现象的 KdV 方程[64], 刻画带尖点孤立波现象的 Camassa-Holm 方程[65], 量子力学中的 Schrödinger 方程[66], 描述两个分歧点附近两个分支的行为状况的 Kuramoto-Tsuzuki 方程[67], 刻画高频 Langmuir 波和低频率离子声波相互作用的 Zakharov 方程组[68], 刻画低温超导现象的 Ginzburg-Landau 方程[69], 描述热力学中两相物质相互作用现象的 Cahn-Hilliard 方程[70], 等等, 有关这些方程的数值方法可参考孙志忠编写的《非线性发展方程的有限差分方法》.

当前, 国内外有关偏微分方程及其数值求解的教材很丰富, 例如, 由 Stig 等编写的《偏微分方程与数值方法》是一部经典著作[71]; 李荣华等编写的《微分方程数值解法》[72], 徐定华主编的《数学物理方程》[73], 孙志忠编写的《偏微分方程数值解法》[74] 等教材在众多高校使用, 受到师生欢迎.

此外, MATLAB 中有相应的偏微分方程工具包, 它在偏微分方程的求解和工程数学中应用广泛. Maple 中也具有类似的工具包, 称为 PDEtools. 还有一些独立开发的工具包. 感兴趣的读者可以进一步学习.

3.7 训 练 题

习题 1 在研究圆柱体温度的扩散时, 需考察方程

$$\frac{\partial T}{\partial r^2}+\frac{1}{r}\frac{\partial T}{\partial r}=\frac{1}{4K}\frac{\partial T}{\partial t},\quad 0.5<r<1,\quad T>0,$$

其中 $T=T(r,t)$ 表示温度, r 表示圆柱体半径, t 表示时间, K 为扩散系数. 假设

给定的定解条件为

$$T(1,t)=100+40t,\quad 0\leqslant t\leqslant 10,$$
$$T(0.5,t)=t,\quad 0\leqslant t\leqslant 10,$$
$$T(r,0)=200(r-0.5),\quad 0.5\leqslant r\leqslant 1.$$

分别使用向前和向后差分算法, 并取 $K=0.1$, $\tau=0.5$ 和 $h=\Delta r=0.1$, 求圆柱体在 $r\in(0.5,1)$ 处 $t=10$ 的温度近似值.

习题 2 在一空心管里, 内部气压 $p(x,t)$ 由波动方程

$$\frac{\partial^2 p}{\partial x^2}=\frac{1}{c^2}\frac{\partial^2 p}{\partial t^2},\quad 0<x<l$$

来刻画, 其中 l 表示管子长度, c 表示物理常数. 如果管子是开的, 则边界条件可表示为

$$p(0,t)=p_0,\quad p(l,t)=p_0.$$

如果管子在端点 $x=l$ 是闭的, 则边界条件可表示为

$$p(0,t)=p_0,\quad \frac{\partial p}{\partial x}(l,t)=0.$$

设 $c=1$, $l=1$ 且初始条件为

$$p(x,0)=p_0\cos 2\pi x,\quad 0\leqslant x\leqslant 1,$$

$$\frac{\partial p(x,0)}{\partial t}=0,\quad 0\leqslant x\leqslant 1.$$

(1) 对于开管在中间 $x=0.5$, $p_0=0.9$, 对 $t=0.5$ 和 $t=1$, 利用三层显式差分法求解气压 $p(0.5,0.5)$ 和 $p(0.5,1)$ 的近似值, 取 $h=\tau=0.1$.

(2) 对于闭管问题 $p_0=0.9$, 利用三层隐式差分格式求解 $p(0.5,0.5)$ 和 $p(0.5,1)$ 的近似值, 取 $h=\tau=0.1$.

第 4 章　积分方程模型与计算

在力学、电磁学、地球物理学、无损探伤、医学 CT、经济学、统计学、人工智能等相关学科领域中, 许多科学或技术问题都可以归结为积分方程并借此得以解决[76–79]. 积分方程模型是一类重要的数学模型, 同时也是一类重要的反问题模型[3,8,80], 详见第 5 章反问题模型与方法.

本章首先介绍了一些常见积分方程模型, 包括第一类和第二类 Fredholm 方程、第一类和第二类 Volterra 方程; 然后介绍了积分方程的概念与分类, 归纳性地给出了积分方程的求解方法, 包括迭代方法、离散方法和积分变换方法.

4.1　积分方程模型举例

含有未知函数及其积分的恒等式称为积分方程. 与微分方程对应, 很多数学物理问题可转化为积分方程进行求解, 例如, 在热力学、电磁场学、信号重构与图像恢复、人口学等[76,77].

本节举例说明很多现实中的实际问题可以归结为积分方程模型, 这些模型来源于自然科学、工程技术、经济管理等诸多领域, 涉及的积分方程模型有热传导方程初始反演模型、重力场模型、带限信号外推模型、常微分方程的边值问题模型、图像重建模型、商品货物存储模型和人口增长模型等.

模型 1: 热传导方程初始反演模型

考虑有限长杆的热传导方程的定解问题

$$\begin{cases} u_t(x,t) = u_{xx}(x,t), & (x,t) \in (0,\pi) \times (0,T), \\ u(0,t) = 0, u(\pi,t) = 0, & t \in (0,T), \\ u(x,0) = \varphi(x), & x \in (0,\pi), \end{cases} \tag{4.1.1}$$

已知初始温度 $\varphi(x)$ 的分布, 求任意时刻 t 的温度分布 $u(x,t)$, 这是一个典型的偏微分方程的初边值定解问题, 其解可由分离变量法求得

$$u(x,t) = \sum_{n=1}^{\infty} C_n \mathrm{e}^{-n^2 t} \sin nx, \tag{4.1.2}$$

其中

$$C_n = \frac{2}{\pi}\int_0^{\pi}\varphi(x)\sin nx\mathrm{d}x. \tag{4.1.3}$$

热传导方程初始反演模型问题归结为: 给定某时刻 T 的温度分布 $u(x,T)$, 求初始温度 $\varphi(x)$ 的问题.

该问题转化为求未知初始温度 $\varphi(y)$ 的第一类 Fredholm 型积分方程

$$\frac{2}{\pi}\int_0^{\pi}\left(\sum_{n=1}^{\infty}\sin ny\mathrm{e}^{-n^2T}\sin nx\right)\varphi(y)\mathrm{d}y = u(x,T). \tag{4.1.4}$$

由于测量数据 $u(x,T)$ 往往存在误差, 积分方程 (4.1.4) 的扰动解不一定收敛到精确解, 即解不连续依赖于测量数据.

模型 2: 重力场模型

假设质量分布在半径为 0.5 的圆形环上, 密度为 $f=f(\theta)$, 其中 θ 为极角. 在同一平面上半径为 1 的同心圆, 其中心方向的引力分量为 $g(\varphi)$, φ 为极角. 下面推导出密度与中心引力分量之间存在着如下关系:

$$g(\varphi) = \int_0^{2\pi} K(\varphi,\theta)f(\theta)\mathrm{d}\theta. \tag{4.1.5}$$

事实上, 根据余弦定律, 内环 θ 位置的质点与在外环极角 φ 的质点距离为 r 表示为

$$r = \frac{5}{4} - \cos(\varphi-\theta). \tag{4.1.6}$$

在外环极角为 φ 的质点中心引力为

$$g(\varphi) = \gamma\int_0^{2\pi}\frac{1-2\cos(\varphi-\theta)}{(5-4\cos(\varphi-\theta))^{3/2}}f(\theta)\mathrm{d}\theta, \tag{4.1.7}$$

其中 γ 为引力常数.

重力场模型问题归结为: 已知外环引力 $g(\varphi)$, 求密度函数 $f(\theta)$. 这个问题转化为求解未知函数 $f(\theta)$ 的第一类 Fredholm 型积分方程问题.

模型 3: 带限信号外推模型

在通信工程中, Fourier 变换是频谱分析中常用的工具, 可以表示为

$$\hat{f}(\omega) = \int_{-\infty}^{+\infty} f(t)\mathrm{e}^{-\mathrm{i}\omega t}\mathrm{d}t. \tag{4.1.8}$$

若 $|\omega| > \Omega > 0, \hat{f}(\omega) = 0$, $f(t)$ 称为带限信号. 带限信号表示不包含频率大于 Ω 的信号, 其特征函数为

$$1_{[-\Omega,\Omega]} = \begin{cases} 1, & \omega\in[-\Omega,\Omega], \\ 0, & \omega\notin[-\Omega,\Omega]. \end{cases} \tag{4.1.9}$$

根据 Fourier 逆变换定理, 对应的过滤信号

$$g = F^{-1}\{1_{[-\Omega,\Omega]}\hat{f}\}, \tag{4.1.10}$$

由卷积定理得到

$$g = F^{-1}\{1_{[-\Omega,\Omega]}\} * f, \tag{4.1.11}$$

再由 Fourier 逆变换公式,

$$F^{-1}\{1_{[-\Omega,\Omega]}\}(t) = \frac{1}{2\pi}\int_{-\Omega}^{\Omega} \mathrm{e}^{\mathrm{i}\omega t}\mathrm{d}\omega = \frac{\sin(\Omega t)}{\pi t}. \tag{4.1.12}$$

带限信号模型问题归结为: 已知带限信号 $g(t)$, 重建完整信号 $f(t)$, 即转化为求解未知函数 $f(t)$ 的第一类 Fredholm 积分方程

$$g(t) = \int_{-\infty}^{+\infty} \frac{\sin(\Omega(t-\tau))}{\pi(t-\tau)} f(\tau)\mathrm{d}\tau. \tag{4.1.13}$$

模型 4: 常微分方程的边值问题模型

对于常微分方程的边值问题

$$\begin{cases} \dfrac{\mathrm{d}^2 y}{\mathrm{d}x^2} + \lambda y = 0, \\ y(0) = y(1) = 0. \end{cases} \tag{4.1.14}$$

令 $\dfrac{\mathrm{d}^2 y}{\mathrm{d}x^2} = \phi(x)$, 对 (4.1.14) 两边关于 x 积分, 得

$$\frac{\mathrm{d}y}{\mathrm{d}x} = \int_0^x \phi(\xi)\mathrm{d}\xi + C_1,$$

上式两边再关于 x 进行积分, 得

$$y(x) = \int_0^x \mathrm{d}u \int_0^u \phi(\xi)\mathrm{d}\xi + C_1 x + C_2,$$

交换积分次序, 得

$$y(x) = \int_0^x (x-\xi)\phi(\xi)\mathrm{d}\xi + C_1 x + C_2,$$

代入边值条件, 得

$$y(x) = -\left[\int_0^x \xi(1-x)\phi(\xi)\mathrm{d}\xi + \int_x^1 x(1-\xi)\phi(\xi)\mathrm{d}\xi\right],$$

最后化为一个求解 $\phi(x)$ 的第二类 Fredholm 积分方程

$$\phi(x)=\lambda\int_0^1 G(x,\xi)\phi(\xi)\mathrm{d}\xi, \tag{4.1.15}$$

其中

$$G(x,\xi)=\begin{cases}\xi(1-x), & 0\leqslant\xi\leqslant x,\\ x(1-\xi), & x<\xi\leqslant 1.\end{cases}$$

模型 5: 图像重建模型

成像过程可以看作空间域中一连续地物目标反射及辐射的电磁波在空间波长和时间上的积分, 可用第一类 Hadamard 积分方程表示

$$u_0(x,y)=\int_{-\infty}^{-\infty}\int_{-\infty}^{+\infty}u(\alpha,\beta)K(x,y,\alpha,\beta)\mathrm{d}\alpha\mathrm{d}\beta.$$

假设成像系统为线性平移不变系统, 且有系统外加噪声, 则图像的观测积分方程改写为

$$u_0(x,y)=\int_{-\infty}^{-\infty}\int_{-\infty}^{+\infty}u(\alpha,\beta)K(x-\alpha,y-\beta)\mathrm{d}\alpha\mathrm{d}\beta+n(x,y),$$

其中 $u_0(x,y)$ 为观测数据, K 为点扩散函数, $u(\alpha,\beta)$ 为真实连续数据, $n(x,y)$ 为噪声.

图像重建模型问题归结为: 根据观测的影像数据 $u_0(x,y)$, 求真实的图像数据 $u(x,y)$. 这是一个不适定的数学反问题, 可以用 Tikhonov 正则化方法求解[3]. 为了克服 Tikhonov 正则化模型的弊端, L. Rudin, S. Osher 和 E. Fatemi 提出了全变分图像复原模型 (ROF 模型)[81].

模型 6: 商品货物存储模型

一个商店销售某些商品, 假设进货与售货是一个连续的过程, 买进的商品可以立即出售. 设商店进货后, 在时刻 t 尚未出售商品的比率为 $k(t)$, 现需要确定商品进货的速率 $\varphi(t)$, 使得商店存储商品的总价值不变.

假设商店在 $t=0$ 时刻购买总价值为 Q 的商品并开始营业, 在时间间隔 $[\tau,\tau+\mathrm{d}\tau]$ 内, 尚未出售商品的价值为

$$k(t-\tau)\varphi(\tau)\mathrm{d}\tau.$$

在时刻 t 未售出商品与所购商品价值之和为

$$Qk(t)+\int_0^t k(t-\tau)\varphi(\tau)\mathrm{d}\tau.$$

按照问题要求, 在任意时刻商品的存储货物的总价值保持不变, 进货速率 $\varphi(t)$ 满足的积分方程为

$$Q = Qk(t) + \int_0^t k(t-\tau)\varphi(\tau)\mathrm{d}\tau. \tag{4.1.16}$$

需要确定的进货速率 $\varphi(t)$ 是积分方程的解, 这是一个第一类“卷积型”Volterra 积分方程.

模型 7: 人口增长模型

在人口学中研究人口增长的问题是世界人口发展的一个重要问题. 在一定条件下, 预测人口总数的问题, 可以转化为一个求解积分方程的问题.

在任意时刻都会有人出生, 也会有人死亡, 由于人口基数非常大, 可以把人口数看成一个关于时间的连续函数. 设在时刻 t_0 人口总数为 N_0, $f(t,\tau)$ 表示时刻 τ 出生的人直到 t 时刻存活的人数占时刻 τ 出生人数的比例, 即为生存函数, 则在时刻 t 的人口总数为

$$N(t) = N_0 + \int_{t_0}^t f(t,\tau)r(\tau)\mathrm{d}\tau,$$

其中 r 为出生率, 其与各种社会因素有关, 这里做简单的假设 $r(t)$, 它与时刻 t 的人口总数 $N(t)$ 成正比, 即

$$r(t) = kN(t),$$

其中 k 为比例系数. 代入人口总数满足的积分方程, 得到

$$N(t) - k\int_{t_0}^t f(t,\tau)N(\tau)\mathrm{d}\tau = N_0. \tag{4.1.17}$$

生存函数 $f(t,\tau)$ 与自然环境、生活水平和医疗卫生等各种因素有关. 当生存函数确定后, 求人口总数就是求解 (4.1.17) 的积分方程, 这是一个以 $N(t)$ 为未知函数的第二类 Volterra 积分方程.

4.2 积分方程的概念与分类

4.2.1 概念

一般来说, 积分号下出现待求未知函数的方程, 称为**积分方程**.

设积分核 $K(x,y)$ 为定义在 $[a,b]\times[a,b]$ 上的已知函数; $f(x)$ 是 $[a,b]$ 上的已知函数, 称为方程的自由项. $\varphi(x)$ 是未知函数, λ 为参数. (4.2.1)—(4.2.7) 都是积分方程.

积分限为常数:

$$\int_a^b K(x,y)\varphi(y)\mathrm{d}y = f(x), \tag{4.2.1}$$

$$\varphi(x) - \lambda\int_a^b K(x,y)\varphi(y)\mathrm{d}y = f(x). \tag{4.2.2}$$

积分限不全为常数:

$$\int_a^x K(x,y)\varphi(y)\mathrm{d}y = f(x), \tag{4.2.3}$$

$$\varphi(x) - \lambda\int_a^x K(x,y)\varphi(y)\mathrm{d}y = f(x). \tag{4.2.4}$$

积分限为无穷:

$$\varphi(x) + \lambda\int_a^\infty K(x,y)\varphi(y)\mathrm{d}y = 0. \tag{4.2.5}$$

非线性积分方程:

$$\int_a^b K(x,y,\varphi(y))\mathrm{d}y = f(x), \tag{4.2.6}$$

$$\int_a^b K(x,y)G(y,\varphi(y))\mathrm{d}y = f(x). \tag{4.2.7}$$

4.2.2 方程分类

(1) 线性和非线性积分方程.

按照被积函数的线性性质分类. 如 (4.2.1)—(4.2.5) 被积函数关于未知函数 $\varphi(y)$ 是线性的, 称为线性积分方程. 若积分核 $K(x,y,\varphi(y))$ 是未知函数 $\varphi(y)$ 的非线性泛函, 或 $G(y,\varphi(y))$ 关于 $\varphi(y)$ 是非线性的, 则 (4.2.6),(4.2.7) 称为非线性积分方程.

(2) Fredholm 型和 Volterra 型积分方程.

按照积分限是否为常数分类. 若积分限为常数, 称为 Fredholm 型积分方程, 如 (4.2.1), (4.2.2); 积分限不全为常数, 称为 Volterra 型积分方程, 如 (4.2.3), (4.2.4).

(3) 第一类和第二类积分方程.

按照积分号外是否含有未知函数分类. (4.2.1) 和 (4.2.3) 分别称为第一类 Fredholm 型和第一类 Volterra 型积分方程, (4.2.2) 和 (4.2.4) 分别称为第二类 Fredholm 型和第二类 Volterra 型积分方程.

(4) 非奇性核、弱奇性核和奇异积分方程.

按照积分核函数的光滑性质分类. 一般对于 (4.2.2) 中若积分核 $K(x,y)$ 是 (x,y) 的连续函数, 或虽不连续, 但平方可积, 即

$$\int_a^b \int_a^b |K(x,y)|^2 \mathrm{d}x\mathrm{d}y \leqslant A$$

存在且取有限值时, 核 $K(x,y)$ 为连续核或者 L_2 核.

对于积分核

$$K(x,y) = \frac{h(x,y)}{|x-y|^\alpha},$$

其中 $h(x,y)$ 为有界函数, α 为常数. 这种核对应的积分方程称为弱奇性核积分方程 (α 满足: $0 < \alpha < 1$).

若积分核

$$K(x,y) = \frac{a(x,y)}{x-y},$$

其中 $a(x,y)$ 关于 x,y 的偏导数存在. 当积分方程

$$\int_a^b K(x,y)\varphi(y)\mathrm{d}y = \int_a^b \frac{a(x,y)}{x-y}\varphi(y)\mathrm{d}y$$

中的 $\varphi(y)$ 满足

$$\lim_{\varepsilon\to 0}\left[\int_a^{x-\varepsilon} K(x,y)\varphi(y)\mathrm{d}y + \int_{x+\varepsilon}^b K(x,y)\varphi(y)\mathrm{d}y\right]$$

存在, 则称核 $K(x,y)$ 为 Cauchy 奇性核, 其对应的积分方程为奇异积分方程.

(5) 齐次和非齐次积分方程.

按照自由项 $f(x)$ 是否为零进行分类. 自由项 $f(x)$ 为 0 和不为 0, 分别为齐次和非齐次积分方程.

积分方程初次出现是在 1823 年, N. H. Abel 从解决力学上的等时曲线问题引出来的, 并将其归结为后人为之命名的 Abel 方程. 19 世纪中叶, 积分方程围绕 $\Delta u = 0$ 的边值问题展开, 通过位势把边值问题转化为积分方程. 19 世纪末, 瑞典数学家 E. I. Fredholm 和意大利数学家 V. Volterra 开创了积分方程理论的研究.

D. Hilbert 和 E. Schmidt 对第二类 Fredholm 型积分方程理论做了一系列深入研究, 特别对于对称核 (即 $K(x,y) = \overline{K(y,x)}$) 积分方程的研究结果, 在数学、物理学和工程技术中有着广泛的应用.

第二类 Fredholm 型积分方程通常是适定的 (即解存在、解唯一和解稳定), 而第一类 Fredholm 型积分方程常常是不适定的, 即它的解不一定存在; 即使解存

在, 也往往不唯一; 在解存在唯一的情况下, 解可能不稳定 (即解不连续依赖于右端数据). 解的不适定性给问题的求解带来很大的麻烦. 20 世纪 60 年代, A. N. Tikhonov 等创立了正则化方法以后, 才使此类问题找到了有效解决办法.

4.2.3 积分方程的不适定性例析

举例说明第一类积分方程的不适定性.

例 4.2.1 解不存在的例子.

(1)

$$\int_{-\pi}^{\pi} \cos(x-y)\varphi(y)\mathrm{d}y = \mathrm{e}^x.$$

记

$$A = \int_{-\pi}^{\pi} \cos y\varphi(y)\mathrm{d}y, \quad B = \int_{-\pi}^{\pi} \sin y\varphi(y)\mathrm{d}y,$$

则方程左端等于 $A\cos x + B\sin x$, 右端等于 e^x. 易知, 无论 A, B 取何值, 方程左端都不等于右端, 故积分方程的解不存在.

(2)

$$\int_0^1 (3x^2y + xy^2 + y^3)\varphi(y)\mathrm{d}y = \sin x.$$

方程左端为

$$3x^2\int_0^1 y\varphi(y)\mathrm{d}y + x\int_0^1 y^2\varphi(y)\mathrm{d}y + \int_0^1 y^3\varphi(y)\mathrm{d}y = c_1x^2 + c_2x + c_3,$$

其中 $c_1 = 3\int_0^1 y\varphi(y)\mathrm{d}y$, $c_2 = \int_0^1 y^2\varphi(y)\mathrm{d}y$, $c_3 = \int_0^1 y^3\varphi(y)\mathrm{d}y$. 根据方程可知, 无论 c_1, c_2, c_3 取何值, $c_1x^2 + c_2x + c_3$ 都不会等于方程右端 $\sin x$, 故积分方程无解.

例 4.2.2 解不唯一的例子.

考虑方程

$$\int_0^1 (x-y)\mathrm{e}^y\varphi(y)\mathrm{d}y = x+2,$$

方程左端 $x\int_0^1 \mathrm{e}^y\varphi(y)\mathrm{d}y - \int_0^1 y\mathrm{e}^y\varphi(y)\mathrm{d}y$ 与右端形式一致, 故方程的形式解可以设为

$$\varphi(x) = c_1\mathrm{e}^x + c_2x\mathrm{e}^x = (c_1 + c_2x)\mathrm{e}^x.$$

通过待定系数法, 可求得

$$c_1 = \frac{4}{e^4 - 6e^2 + 1}(3e^2 + 1), \quad c_2 = \frac{-4}{e^4 - 6e^2 + 1}(5e^2 - 3).$$

因此得到积分方程的解

$$\varphi(x) = \frac{4}{e^4 - 6e^2 + 1}[(3e^2 + 1) - (5e^2 - 3)x]e^x.$$

方程还存在其他的形式解, 如 $(c_1 + c_2 x + c_3 x^2)e^x$ 也是方程的解, 类似推导可表示出 c_1, c_2, c_3, 由此可见该积分方程的解不唯一.

例 4.2.3　解不稳定的例子.

考虑积分方程

$$\int_0^x (x - y)\varphi(y)dy = f(x), \quad 0 \leqslant x \leqslant T. \tag{4.2.8}$$

我们的问题是给定函数 $f(x) \in C_0[0,T]$, 求解积分方程得到函数 $\varphi(y) \in C[0,T]$, 其中

$$C_0[0,T] = \left\{f \in C[0,T], f(0) = 0, ||f||_{C_0[0,T]} = ||f||_{C[0,T]}\right\}.$$

右端函数分别取为

$$\bar{f}(x) = 0, \quad f_n(x) = \frac{1}{n}\sin^2 nx, \quad n = 1, 2, \cdots,$$

对应积分方程的解为

$$\bar{\varphi}(x) = 0, \quad \varphi_n(x) = 2n\cos 2nx, \quad n = 1, 2, \cdots.$$

当 $n \to \infty$ 时,

$$||f_n - \bar{f}||_{C_0[0,T]} \to 0,$$

有

$$||\varphi_n - \bar{\varphi}||_{C[0,T]} \to \infty.$$

所以积分方程 (4.2.8) 的解是不稳定的, 即解不连续依赖于右端数据.

例 4.2.4　解不稳定的数值算例.

$$\int_0^t \phi(s)ds = g(t), \quad t \in [0,T].$$

这里, 对给定右端测量数据 $g(t)$, 求 $\phi(t)$.

设 $g^\delta(t)$ 为 $g(t)$ 的近似, 取 $g^\delta(t) = g(t) + \delta\sin nt$, 对应的近似解 $\phi^\delta = \phi + n\delta\cos nt$. 当 δ 很小时, 虽然 $\left\|g^\delta - g\right\|_{C[0,T]} = \delta$ 非常小, 但是当 n 很大时, $\left\|\phi^\delta - \phi\right\|_{C[0,T]} = n\delta$ 可能很大. 故该方程的解 $\varphi(t)$ 不连续依赖于测量数据 $g(t)$, 从而方程的解不稳定.

我们通过一个简单的数值试验更好说明例 4.2.4 的解不稳定结果.

取 $\phi(t) = \cos t$, 易知 $g(t) = \sin t$, 取 $\delta = 0.1, t \in [0, 2\pi]$, $n = 4$. 数值结果见图 4.2.1, 图 4.2.2.

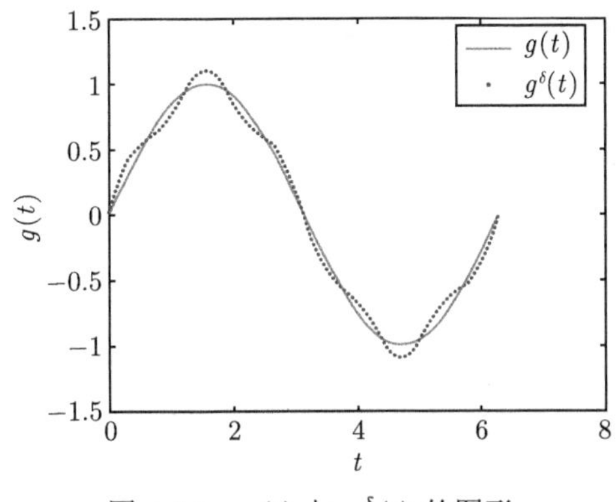

图 4.2.1 $g(t)$ 与 $g^\delta(t)$ 的图形

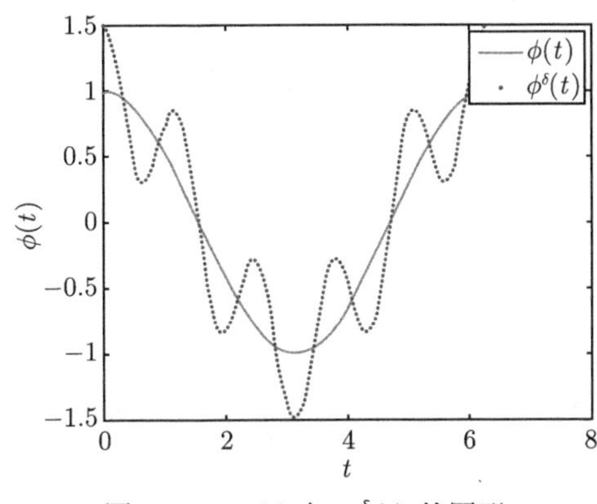

图 4.2.2 $\phi(t)$ 与 $\phi^\delta(t)$ 的图形

4.3 积分方程模型的计算

4.3.1 迭代方法

对第二类 Fredholm 积分方程 (4.2.2) 可以采用逐次逼近法求解.

设

$$f(x) \in L^2[a,b], \quad K(x,y) \in L^2([a,b]\times[a,b]),$$
$$B \equiv \|K\|_{L^2} = \left(\int_a^b \int_a^b \left|K(x,y)^2 \mathrm{d}x\mathrm{d}y\right|\right)^{\frac{1}{2}}.$$

Step 1　构造迭代序列.

令 $\varphi_0(x) = f(x)$,

$$\varphi_1(x) = f(x) + \lambda \int_a^b K(x,s)\varphi_0(s)\mathrm{d}s = f(x) + \lambda \int_a^b K(x,s)f(s)\mathrm{d}s,$$
$$\varphi_2(x) = f(x) + \lambda \int_a^b K(x,s)\varphi_1(s)\mathrm{d}s$$
$$= f(x) + \lambda \int_a^b K(x,s)f(s)\mathrm{d}s + \lambda^2 \int_a^b \left[\int_a^b K(x,t)K(t,s)\mathrm{d}t\right] f(s)\mathrm{d}s,$$
$$\cdots\cdots$$
$$\varphi_n(x) = f(x) + \lambda \int_a^b K(x,s)\varphi_{n-1}(s)\mathrm{d}s = f(x) + \sum_{m=1}^{\infty} \lambda^m \int_a^b K_m(x,s)f(s)\mathrm{d}s,$$

其中

$$K_1(x,s) = K(x,s),$$
$$K_m(x,s) = \int_a^b K(x,t)K_{m-1}(t,s)\mathrm{d}t, \quad m = 2,3,\cdots.$$

$K_m(x,s)$ 称为 $K(x,s)$ 的 m 次迭核.

Step 2　证明近似解序列 $\{\varphi_n(x)\}$ 在 $L^2[a,b]$ 中的收敛性.

当 $|\lambda| < \dfrac{1}{B}$ 时, 有

$$\varphi(x) = f(x) + \sum_{m=1}^{\infty} \lambda^m \int_a^b K_m(x,s)f(s)\mathrm{d}s,$$

证明略去.

记

$$\Gamma(x,s,\lambda) = \sum_{m=1}^{\infty} \lambda^{m-1} K_m(x,s),$$

则解 $\varphi(x)$ 可表示为积分形式

$$\varphi(x) = f(x) + \lambda \int_a^b \Gamma(x,s,\lambda)f(s)\mathrm{d}s.$$

称 $\Gamma(x,s,\lambda)$ 为方程 (4.2.2) 的解核.

Step 3 当 $|\lambda|<\dfrac{1}{B}$ 时, 方程 (4.2.2) 的解是唯一的.

只需要证明齐次方程 $\varphi(x)=\lambda\displaystyle\int_a^b K(x,s)\varphi(s)\mathrm{d}s$ 只有零解. 对估计

$$|\varphi(x)|^2\leqslant|\lambda|^2\left(\int_a^b|K(x,s)|^2\,\mathrm{d}s\right)\left(\int_a^b|\varphi(s)|^2\,\mathrm{d}s\right),$$

两端积分, 于是有

$$\int_a^b|\varphi(x)|^2\,\mathrm{d}x\leqslant|\lambda|^2\,B^2\left(\int_a^b|\varphi(s)|^2\,\mathrm{d}s\right),$$

即 $(1-|\lambda|^2\,B^2)\displaystyle\int_a^b|\varphi(s)|^2\,\mathrm{d}s\leqslant 0$, 从而推出 $\displaystyle\int_a^b|\varphi(s)|^2\,\mathrm{d}s=0$, 即在 $L^2[a,b]$ 中 $\varphi(x)=0$.

Step 4 近似解误差估计

$$\begin{aligned}|\varphi_n(x)-\varphi(x)|&\leqslant\sum_{m=n+1}^{\infty}\lambda^m\left|\int_a^b K_m(x,s)f(s)\mathrm{d}s\right|\\&\leqslant\sum_{m=n+1}^{\infty}\lambda^m C_1DB^{m-1}=C_1D\frac{|\lambda|^{n+1}\,B^n}{1-|\lambda|\,B}.\end{aligned}\tag{4.3.1}$$

综上四步, 有结果: 当 $|\lambda|<\dfrac{1}{B}$ 时, 方程 (4.2.2) 存在唯一解 $\varphi(x)\in L^2[a,b]$, 且有估计式 (4.3.1).

例 4.3.1 解积分方程

$$\varphi(x)-\lambda\int_0^1 s\varphi(s)\mathrm{d}y=\mathrm{e}^x.$$

解 用迭代法进行求解. 令 $\varphi_0(x)=\mathrm{e}^x$, 则

$$\varphi_1(x)=\mathrm{e}^x+\lambda\int_a^b s\varphi_0(s)\mathrm{d}s=\mathrm{e}^x+\lambda,$$

$$\varphi_2(x)=\mathrm{e}^x+\lambda\int_a^b s\varphi_1(s)\mathrm{d}s=\mathrm{e}^x+\lambda+\frac{\lambda^2}{2},$$

……

$$\varphi_n(x)=\mathrm{e}^x+\lambda\left(1+\frac{\lambda}{2}+\frac{\lambda^2}{2^2}+\cdots+\frac{\lambda^{n-1}}{2^{n-1}}\right).$$

于是当 $|\lambda|<2$ 时,

$$\varphi(x)=\mathrm{e}^x+\lambda\left(1+\frac{\lambda}{2}+\frac{\lambda^2}{2^2}+\cdots\right)=\mathrm{e}^x+\frac{2\lambda}{2-\lambda}.$$

又有

$$\begin{aligned}&K_1(x,s)=s,\\&K_2(x,s)=\int_0^1 K(x,t)K_1(t,s)\mathrm{d}t=\frac{s}{2},\\&\quad\cdots\cdots\\&K_m(x,s)=\int_0^1 K(x,t)K_{m-1}(t,s)\mathrm{d}t=\frac{s}{2^{m-1}},\end{aligned}$$

则解核 $\Gamma(x,s,\lambda)$ 为

$$\Gamma(x,s,\lambda)=\sum_{m=1}^{\infty}\lambda^{m-1}K_m(x,s)=s\sum_{m=1}^{\infty}\frac{\lambda^{m-1}}{2^{m-1}}=\frac{2s}{2-\lambda},$$

则解亦可表示成

$$\varphi(x)=\mathrm{e}^x+\lambda\int_0^1\frac{2s}{2-\lambda}\mathrm{e}^s\mathrm{d}s.$$

4.3.2 离散方法

利用数值积分公式, 如复化梯形积分公式、复化辛普森公式、高斯–勒让德积分公式, 对积分方程进行离散, 可数值求解 Fredholm 积分方程和 Volterra 积分方程.

1. 复化梯形积分公式

$$\int_a^b u(x)\mathrm{d}x\approx\frac{h}{2}\left[u(a)+2\sum_{k=1}^{n-1}u(x_k)+u(b)\right].$$

用复化梯形积分公式对第二类 Fredholm 积分方程 (4.2.2) 进行离散, 将区间 $[a,b]$ 进行 n 等分, 步长为 $h=\dfrac{b-a}{n}$, 忽略误差项, 可得

$$\begin{aligned}f(x_i)=\varphi(x_i)-\lambda h\bigg[&\frac{1}{2}k(x_i,y_0)\varphi(y_0)+k(x_i,y_1)\varphi(y_1)+\cdots+k(x_i,y_i)\varphi(y_i)\\&+\cdots+\frac{1}{2}k(x_i,y_n)\varphi(y_n)\bigg],\quad i=0,1,2,\cdots,n.\end{aligned}$$

由此得到线性方程组

$$A\varphi_n = f_n, \tag{4.3.2}$$

其中 $\varphi_n = [\varphi(y_0), \varphi(y_1), \cdots, \varphi(y_n)]^{\mathrm{T}}, f_n = [f(x_0), f(x_1), \cdots, f(x_n)]^{\mathrm{T}}$,

$$A = \begin{bmatrix} 1-\frac{\lambda}{2}hk(x_0,y_0) & -\lambda hk(x_0,y_1) & \cdots & -\frac{\lambda}{2}hk(x_0,y_n) \\ -\frac{\lambda}{2}hk(x_1,y_0) & 1-\lambda hk(x_1,y_1) & \cdots & -\frac{\lambda}{2}hk(x_1,y_n) \\ \vdots & \vdots & & \vdots \\ -\frac{\lambda}{2}hk(x_n,y_0) & -\lambda hk(x_n,y_1) & \cdots & 1-\frac{\lambda}{2}hk(x_n,y_n) \end{bmatrix}.$$

最后用第 6 章的方法对线性方程组 (4.3.2) 进行数值求解.

2. 复化辛普森公式

$$\int_a^b u(x)\mathrm{d}x \approx \frac{h}{6}\left[u(a) + 4\sum_{k=1}^{n} u(x_{k-\frac{1}{2}}) + 2\sum_{k=1}^{n-1} u(x_k) + u(b)\right].$$

用复化辛普森公式对第二类 Fredholm 积分方程 (4.2.2) 进行离散, 将 $[a,b]$ 进行 $2n$ 等分, 步长为 $h=\dfrac{b-a}{2n}$, 忽略误差项, 可得

$$\begin{aligned} f(x_i) = \varphi(x_i) - \lambda\frac{h}{6}[&k(x_i,y_0)\varphi(y_0) + 4k(x_i,y_1)\varphi(y_1) + 2k(x_i,y_2)\varphi(y_2) \\ &+ \cdots + 4k(x_i,y_{2n-1})\varphi(y_{2n-1}) + k(x_i,y_{2n})\varphi(y_{2n})], \quad i=0,1,2,\cdots,2n. \end{aligned}$$

由此得到线性方程组

$$A\varphi_{2n} = f_{2n}, \tag{4.3.3}$$

其中 $\varphi_{2n} = [\varphi(y_0), \varphi(y_1), \cdots, \varphi(y_{2n})]^{\mathrm{T}}, f_{2n} = [f(x_0), f(x_1), \cdots, f(x_{2n})]^{\mathrm{T}}$,

$$A = I - \frac{\lambda h}{6}\begin{bmatrix} k(x_0,y_0) & 4k(x_0,y_1) & 2k(x_0,y_2) & \cdots & k(x_0,y_{2n}) \\ k(x_1,y_0) & 4k(x_1,y_1) & 2k(x_1,y_2) & \cdots & k(x_1,y_{2n}) \\ \vdots & \vdots & \vdots & & \vdots \\ k(x_{2n},y_0) & 4k(x_{2n},y_1) & 2k(x_{2n},y_2) & \cdots & k(x_{2n},y_{2n}) \end{bmatrix}.$$

同样用第 6 章的方法对线性方程组 (4.3.3) 进行数值求解.

3. 高斯–勒让德积分公式

$$\int_{-1}^{1} u(x)\mathrm{d}x \approx \sum_{k=1}^{n} A_k u(x_k),$$

其中节点 x_k 是勒让德多项式 $L_n(x)=\frac{1}{2^n n!}\frac{\mathrm{d}^n(x^2-1)^n}{\mathrm{d}x^n}$ 的零点,

$$A_k=\frac{2(1-x_k)^2}{[nL_{n-1}(x_k)]^2},\quad k=1,2,\cdots,n$$

为求积系数.

在 $[-1,1]$ 上 Fredholm 积分方程的高斯–勒让德积分公式为

$$\int_{-1}^{1}k(x,y)\phi(y)\mathrm{d}y\approx\sum_{j=1}^{n}A_jk(x,y_j)\phi(y_j).$$

第二类 Fredholm 积分方程化为

$$f(x_i)=\phi(x_j)-\lambda\sum_{j=1}^{n}A_jk(x_i,y_j)\phi(y_j).\tag{4.3.4}$$

对于一般的积分区间 $[a,b]$ 的积分 $\int_a^b u(x)\mathrm{d}x$, 需要做变量代换 $x=\frac{b+a}{2}+\frac{b-a}{2}t$, 得到

$$\int_a^b u(x)\mathrm{d}x=\frac{b-a}{2}\int_{-1}^{1}u\left(\frac{b+a}{2}+\frac{b-a}{2}t\right)\mathrm{d}t,$$

然后用高斯–勒让德积分公式对第二类 Fredholm 积分方程进行离散, 再对线性方程组 (4.3.4) 进行数值求解.

下面举例说明用离散方法直接求解第一类 Fredholm 积分方程, 发现存在着不稳定性继承下来的现象.

例 4.3.2　考虑第一类 Fredholm 积分方程

$$\int_0^1 K(x,y)\phi(y)\mathrm{d}y=f(x),\quad 0\leqslant x\leqslant 1,$$

其中 $K(x,y)=\mathrm{e}^{xy}, f(x)=\frac{\mathrm{e}^{x+1}-1}{x+1}$, 不难验证方程有唯一解是 $\phi(x)=\mathrm{e}^x$. 用离散方法直接求解积分方程, 采用复化梯形积分公式进行离散, 有

$$\int_0^1 \mathrm{e}^{xy}\phi(y)\mathrm{d}y\approx\frac{h}{2}\left(\phi(0)+\mathrm{e}^x\phi(1)+2\sum_{k=1}^{n-1}\mathrm{e}^{khx}\phi(kh)\right),$$

其中 $h=1/n, x=ih, i=0,1,2,\cdots,n$. 可得线性方程组

$$A\phi_n=f_n,$$

其中 $\phi_n=[\phi(y_0),\phi(y_1),\cdots,\phi(y_n)]^{\mathrm{T}}, f_n=[f(x_0),f(x_1),\cdots,f(x_n)]^{\mathrm{T}}$,

$$A=\begin{bmatrix} \frac{h}{2} & h & \cdots & \frac{h}{2} \\ \frac{h}{2} & h\mathrm{e}^{\frac{1}{n^2}} & \cdots & h\mathrm{e}^{\frac{1}{n}} \\ \vdots & \vdots & & \vdots \\ \frac{h}{2} & h\mathrm{e}^{\frac{1}{n}} & \cdots & \frac{h}{2}\mathrm{e} \end{bmatrix}.$$

由计算可得到系数矩阵的条件数为 1.0182×10^{17}, 这说明方程组病态程度非常高, 这里取 $n=100$. 从条件数可以看出用离散法求解积分方程得到了一病态方程组, 随着节点数的增加, 求解方程组的近似解误差会越来越大.

为此需要用稳定化算法求解该积分方程, 比如可采用离散正则化方法 (详见 5.2.2 节) 求解积分方程. 通过计算机编程进行数值模拟, 得到真解与数值解及绝对误差见图 4.3.1 和图 4.3.2.

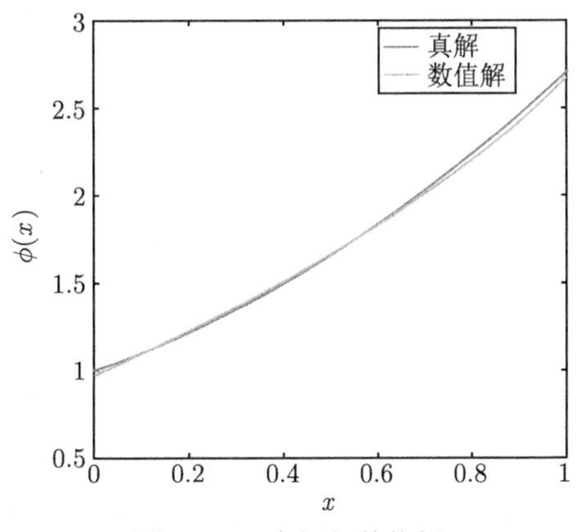

图 4.3.1 真解与数值解

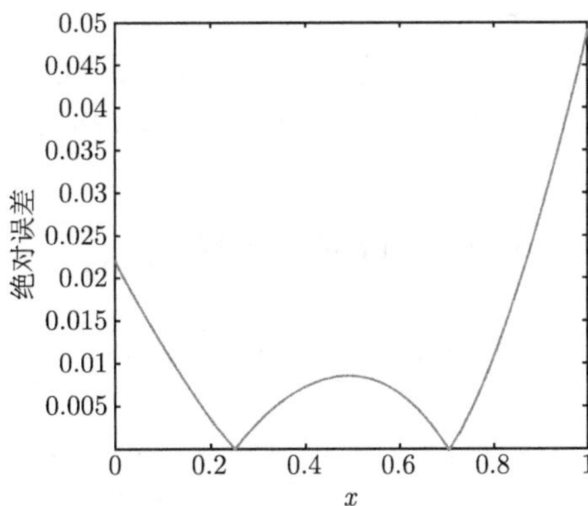

图 4.3.2 真解与数值解的绝对误差

4.3.3 积分变换方法

Fourier 变换定义为

$$F(\omega)=F[f(x)]=\int_{-\infty}^{+\infty} f(x)\,\mathrm{e}^{-\mathrm{i}\omega x}\mathrm{d}x,$$

称 $F(\omega)$ 为函数 $f(x)$ 的 Fourier 变换.

Fourier 逆变换定义为

$$f(x)=F^{-1}[F(\omega)](x)=\frac{1}{2\pi}\int_{-\infty}^{+\infty} F(\omega)\,\mathrm{e}^{-\mathrm{i}\omega x}\mathrm{d}\omega,$$

称 $f(x)$ 为函数 $F(\omega)$ 的 Fourier 逆变换.

Laplace 变换定义为

$$F(p)=\int_{0}^{+\infty} f(x)\,\mathrm{e}^{-px}\mathrm{d}x,\quad p=\beta+\mathrm{i}\omega,$$

称 $F(p)$ 为函数 $f(x)$ 的 Laplace 变换.

Laplace 逆变换定义为

$$f(x)=\frac{1}{2\pi\mathrm{i}}\int_{\beta-\mathrm{i}\infty}^{\beta+\mathrm{i}\infty} F(p)\,\mathrm{e}^{px}\mathrm{d}p,$$

称 $f(x)$ 为函数 $F(p)$ 的 Laplace 逆变换.

1. 用 Fourier 变换求解卷积型 Fredholm 积分方程

求解第一类和第二类卷积型 Fredholm 积分方程的 Fourier 变换方法的原理是利用 Fourier 变换的性质将积分方程化成像空间的代数方程, 然后通过求解代数方程求出像函数, 再进行 Fourier 逆变换, 得到原积分方程的解. 下面举例说明该方法的求解步骤.

(1) 求解第一类卷积型 Fredholm 积分方程

$$\int_{-\infty}^{+\infty} k(x-t)\varphi(t)\mathrm{d}t=f(x).$$

解　设 $K(\omega)=F[k(t)],\Phi(\omega)=F[\varphi(t)],F(\omega)=F[f(t)]$. 两边做 Fourier 变换得

$$K(\omega)\Phi(\omega)=F(\omega).$$

当 $K(\omega)\neq 0$ 时, 有 $\Phi(\omega)=\dfrac{F(\omega)}{K(\omega)}$. 故原积分方程的解为

$$\varphi(x)=F^{-1}[\Phi(\omega)]=\frac{1}{2\pi}\int_{-\infty}^{+\infty}\frac{F(\omega)}{K(\omega)}\mathrm{e}^{\mathrm{i}\omega x}\mathrm{d}\omega.$$

(2) 求解第二类卷积型 Fredholm 积分方程

$$\varphi(x)-\lambda\int_{-\infty}^{+\infty}k(x-t)\varphi(t)\mathrm{d}t=f(x).$$

解 设 $K(\omega)=F[k(t)],\Phi(\omega)=F[\varphi(t)],F(\omega)=F[f(t)]$. 两边做 Fourier 变换得

$$\Phi(\omega)-\lambda K(\omega)\Phi(\omega)=F(\omega),$$

$$\Phi(\omega)=\frac{F(\omega)}{1-\lambda K(\omega)}.$$

故原积分方程的解为

$$\varphi(x)=F^{-1}[\Phi(\omega)]=\frac{1}{2\pi}\int_{-\infty}^{+\infty}\frac{F(\omega)}{1-\lambda K(\omega)}\mathrm{e}^{\mathrm{i}\omega x}\mathrm{d}\omega.$$

2. 用 Laplace 变换求解卷积型 Volterra 积分方程

原理和 Fourier 变换方法相同, 但要注意 Laplace 变换是在半实数轴上进行积分的.

(1) 求解第一类卷积型 Volterra 积分方程

$$\int_0^x k(x-t)\varphi(t)\mathrm{d}t=f(x),\quad x\geqslant 0.$$

解 设 $F(s)=L[f(t)],\Phi(s)=L[\varphi(t)],K(s)=L[k(t)]$. 两边做 Laplace 变换可得

$$K(s)\Phi(s)=F(s).$$

当 $K(s)\neq 0$ 时, 有 $\Phi(s)=\dfrac{F(s)}{K(s)}$. 故原积分方程的解为

$$\varphi(s)=L^{-1}[\Phi(s)]=L^{-1}\left[\frac{F(s)}{K(s)}\right].$$

(2) 求解第二类卷积型 Volterra 积分方程

$$\varphi(x)=\int_0^x k(x-t)\varphi(t)\mathrm{d}t+f(x),\quad x\geqslant 0.$$

解　设 $F(s)=L[f(t)],\Phi(s)=L[\varphi(t)],K(s)=L[k(t)]$. 两边做 Laplace 变换可得

$$\Phi(s)=K(s)\Phi(s)+F(s).$$

当 $1-K(s)\neq 0$ 时, 有 $\Phi(s)=\dfrac{F(s)}{1-K(s)}=F(s)+F(s)\dfrac{K(s)}{1-K(s)}=F(s)+F(s)M(s)$. 故原积分方程的解为

$$\begin{aligned}\varphi(s)&=L^{-1}[\Phi(s)]=L^{-1}\left[\frac{F(s)}{1-K(s)}\right]\\&=L^{-1}\left[F(s)+F(s)\frac{K(s)}{1-K(s)}\right]\\&=L^{-1}\left[F(s)+F(s)M(s)\right]\\&=f(x)+\int_0^x m(x-t)f(t)\mathrm{d}t,\end{aligned}$$

其中 $m(x)=L^{-1}[M(s)]$.

下面举例说明求 Laplace 逆变换是数值不稳定的, 也可以转化为第一类 Fredholm 积分方程.

例 4.3.3　考虑 Laplace 变换

$$(Kf)(s)=\int_0^{+\infty}K(s,t)f(t)\mathrm{d}t=g(s),\quad 0\leqslant s\leqslant 10,$$

其中 $K(s,t)=\mathrm{e}^{-st}$. 若 $g(s)=\dfrac{1}{(s+1)^2}$, 由 Laplace 逆变换, 得到该方程的精确解 $f(t)=t\mathrm{e}^{-t}$.

用例 4.3.2 相同的离散方法直接求解积分方程, 得到的病态方程组中系数矩阵条件数是 4.3160×10^{15}. 由此可知求解 Laplace 逆变换是不稳定的.

同样要用稳定的离散正则化方法 (详见 5.2.2 节) 求解积分方程. 通过计算机编程进行数值模拟, 取 $t\in[0,10]$, 得到真解与数值解及绝对误差见图 4.3.3 和图 4.3.4.

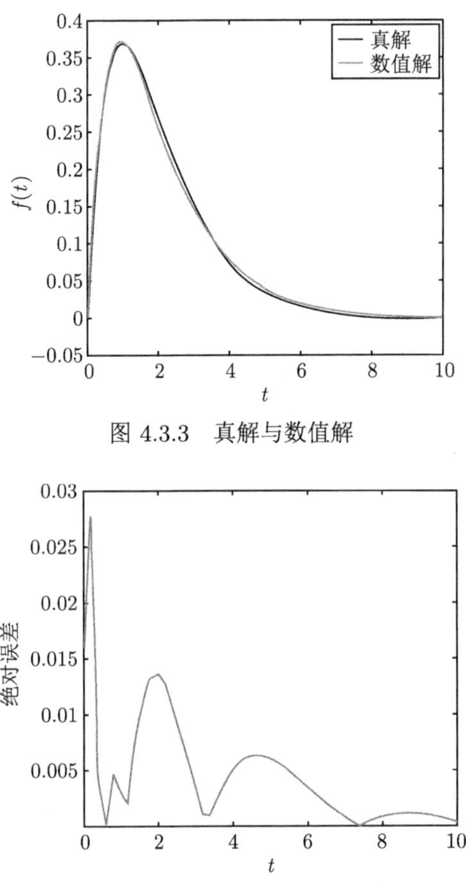

图 4.3.3 真解与数值解

图 4.3.4 真解与数值解的绝对误差

4.4 评注与进一步阅读

积分方程是一种透过现象研究其本质的一类数学模型. 作为近代数学研究中的一个重要模型, 积分方程与微分方程、位势理论、随机分析和泛函分析等有着非常紧密的联系. 把微分方程的数值计算问题转化为积分方程的求解是微分方程数值计算的有效途径之一.

在 19 世纪末由瑞典数学家 E. I. Fredholm 和意大利数学家 V. Volterra 建立了两种类型的积分方程理论. 随着泛函分析理论的逐渐完善, 积分方程的理论研究变得更加成熟. 对积分方程基本理论和数值求解方法感兴趣的读者可以参阅国内外的专著 [76–78].

本章在 4.1 节中介绍的各种积分方程包括第一类和第二类 Fredholm 方程、第一类和第二类 Volterra 方程, 它们在物理学、工程技术、气象测量、参数识别、生物医学领域、资源勘探、图像处理以及量子力学等领域有着广泛的应用. 可参阅文献 [3,14,80–84].

微分方程可以转化为积分方程, 积分方程也可以转化为微分方程. 常常视实际问题的需要, 做相互转化, 以开展理论分析与数值求解. 当然这种转化会带来一定的计算量.

大多积分方程的解析解是无法求解的, 故常通过近似方法求出方程的数值解. 如今随着现代科技的快速发展和工业领域的极大需求, 如何研制稳定化、高精度、快速算法求解积分方程模型的数值解, 一直是许多学者非常关注的问题, 它们具有重要的研究价值和现实意义, 读者可参阅文献 [76–79].

积分方程的基本数值解法包括待定系数逼近法、直接数值积分法、逐次逼近法等. 目前, 很多新方法引入到积分方程的数值求解中, 比如 Tikhonov 正则化方法、Lavrentiev 正则化方法, 还有 Phillips 光滑化方法、小波函数逼近法、配置法、谱方法、Galerkin 方法、快速尺度法、最小二乘法和代数求解方法等, 具体可参阅文献 [7,85–93].

4.5 训 练 题

习题 1　考虑第一类 Fredholm 积分方程

$$\int_0^{\frac{1}{4}} K(x-y)f(y)\mathrm{d}y = g(x),$$

其中核函数 K 是充分光滑的.

(1) 验证核函数 $K(t)=\mathrm{e}^t$, 右端 $g(x)=\dfrac{\mathrm{e}^x}{4}$ 时, 方程

$$\int_0^{\frac{1}{4}} \mathrm{e}^{x-y}f(y)\mathrm{d}y = \frac{\mathrm{e}^x}{4}$$

有唯一精确解 $f(y)=\mathrm{e}^y$.

(2) 用数值积分法对上述积分方程直接离散, 通过计算机编程, 验证通过离散得到的线性代数方程组是病态的, 这说明直接用离散方法求解积分方程往往会导致巨大误差.

(3) 用稳定化算法求解该积分方程, 上机进行数值模拟, 说明稳定化算法的有效性.

习题 2 考虑二阶微分方程的两点边值问题

$$y''(x)+p(x)y'(x)+q(x)y(x)=g(x),\quad y(0)=\alpha,\quad y'(0)=\beta,$$

其中 $x\in[0,1],\alpha,\beta$ 为常数, $p(x),q(x),g(x)$ 均为已知的连续函数. 令 $y''(x)=u(x)$, 证明: 两点边值问题可以转化为第二类 Volterra 积分方程

$$u(x)=f(x)-\int_0^x K(x,t)u(t)\mathrm{d}t,$$

其中

$$K(x,t)=p(x)+q(x)(x-t),$$

$$f(x)=g(x)-[\beta p(x)+\alpha q(x)+\beta xq(x)].$$

利用积分方程数值解法求解上述变系数二阶常微分方程两点边值问题.

第 5 章　反问题模型与方法

越来越多的数学理论和方法融入应用领域的诸多技术问题中, 如识别问题、控制问题、设计问题. 这些问题的共性是: 通过已知信息 (如规则、数据、目标) 来获知那些不可直接测量或测量成本很高、测量环境很危险的信息, 这就是反问题的由来和本质属性的形象化描述. 数学在图形图像重建、医学 CT、石油勘探、经济金融乃至生物科学、机器学习等领域的深度应用导致新理论、新技术的不断涌现[94–99].

本章主要介绍反问题的模型、特征以及其求解方法. 首先列举若干类反问题模型, 分析反问题特征, 了解不适定的根源, 由此引入正则化思想和方法. 最后 5.3 节利用正则化方法求解三类典型偏微分方程反问题, 包括抛物型方程反问题、波动方程反问题和椭圆型方程反问题.

5.1　反问题模型及其特征

5.1.1　反问题模型举例

下面示例性地给出几个反问题模型.

模型 1: 常微分方程 (ODE) 反问题模型

设一静止小球从高度为 H 的位置做自由落体运动, 其中位移为 $x(t)$, 时间为 t, 加速度为 g, 则

$$\begin{cases} \dfrac{\mathrm{d}^2x}{\mathrm{d}t^2}=g, 0\leqslant t\leqslant T, \\ x(0)=H, \dfrac{\mathrm{d}x}{\mathrm{d}t}(0)=0. \end{cases}$$

正问题: 已知初始位移 $x(0)$ 和初始速度 $x'(0)$, 求任意时刻 t 的位移 $x(t)$.

反问题: 若给出某时刻 T 的测量值 $x(T)=h$, 求最初落下时的高度 H. 这是一个典型的常微分方程初始反问题[106].

模型 2: 热传导方程 (HCE) 反问题模型

(1) 初始反演模型.

在 4.1 节的模型 1 中, 关于 $\varphi(x)$ 的求解问题是一个常见的热传导方程初始条件的反问题模型[7].

正问题: 若已知初始温度 $\varphi(x)$, 求任意时刻 t、任意位置 x 的温度 $u(x,t)$.

反问题: 根据某时刻 T 的温度分布 $u(x,T)$, 求初始温度 $\varphi(x)$. 这是一个热传导方程的逆时反问题.

该问题转化为求解未知初始温度 $\varphi(y)$ 的第一类 Fredholm 型积分方程

$$\frac{2}{\pi}\int_0^{\pi}\left(\sum_{n=1}^{\infty}\sin ny\mathrm{e}^{-n^2T}\sin nx\right)\varphi(y)\mathrm{d}y=u(x,T),\quad x\in[0,\pi]. \tag{5.1.1}$$

将第一类 Fredholm 积分方程 (5.1.1) 记为算子方程

$$K:\Phi\to V,$$

$$K\varphi(x)=\int_a^b K(x,t)\varphi(t)\mathrm{d}t=v(x).$$

反问题可表述为由 $v(x)\in V$ 求 $\varphi(t)\in\Phi$. 当核函数 $K(x,t)$ 足够光滑时, K 是线性紧算子, 在无限维空间中 K^{-1} 必无界, 这说明该反问题是不适定的 (见 5.1.2 节中的适定性概念).

(2) 参数反演模型.

假设区间 $\Omega=(0,1)$ 上介质是均匀的且无热源. 温度 $u(x,t)$ 满足

$$\begin{cases}u_t=(q(x)u_x)_x, & (x,t)\in Q,\\ u(0,t)=f_0(t),u(1,t)=g_0(t), & t\in(0,T),\\ u(x,0)=u_0(x), & x\in(0,1),\end{cases} \tag{5.1.2}$$

其中 $Q=(0,1)\times(0,T)$.

如果给定 $t=0$ 的温度场 $u(x,0)=u_0(x)$ 和边界的温度变化 $f_0(t),g_0(t)$, 则这个热传导过程可以描述为正问题: 给定初始条件 $u_0(x)$ 和边界数据 $f_0(t),g_0(t)$, 且已知 $q(x)$, 求温度分布 $u(x,t)$.

若 $q(x)$ 未知待确定, 我们需要附加数据, 如

$$u(x,T)=\phi(x),\quad x\in[0,1]. \tag{5.1.3}$$

为此可以提出系数决定反问题: 给定初始条件 $u_0(x)$、边界数据 $f_0(t),g_0(t)$ 和附加数据 $u(x,T)$, 求未知系数 $q(x)$.

模型 3: 波动方程 (WE) 参数反问题模型

在地震勘探中, 假设地层是横向均匀的, 且震源力只沿纵向分布, 则地震波的传播可近似地表示为一维波动方程定解问题

$$\begin{cases} \rho(x)u_{tt} = (k(x)u_x)_x + f(x,t), & (x,t) \in [0,L] \times (0,T), \\ u(x,0) = u_t(x,0) = 0, & 0 \leqslant x \leqslant L, \\ k(x)u_x(0,t) = 0, u(L,t) = 0, & 0 < t < T, \end{cases} \tag{5.1.4}$$

其中 $u(x,t)$ 表示质点振动的速度, $f(x,t)$ 为震源函数, $\rho(x)$ 为介质密度, $k(x)$ 为弹性系数, x 轴指向地下方, T 为地面记录的最大时间, L 为最大深度.

在地表 $x=0$ 处, 可接收到反射波场

$$u(0,t) = g(t). \tag{5.1.5}$$

正问题: 已知初始条件和边界条件以及介质密度 $\rho(x)$、弹性系数 $k(x)$、震源函数 $f(x,t)$, 求质点振动的速度 $u(x,t)$.

反问题: 根据定解问题 (5.1.3) 和测量数据 (5.1.5), 反演地震参数 $\rho(x)$ 与 $k(x)$. 这类反问题是地震勘探中的一类常见反演问题, 参考文献 [14].

模型 4: 椭圆型方程 (EE) 参数反问题模型

在地球物理电法勘探中, 当使用平行于地质体走向的线源时, 电位函数 $u = u(x,y)$ 在勘探区域 D 内满足一个二维椭圆型偏微分方程的定解问题

$$\begin{cases} \dfrac{\partial}{\partial x}\left(a(x)\dfrac{\partial u}{\partial x}\right) + \dfrac{\partial}{\partial x}\left((a(x)+b(y))\dfrac{\partial u}{\partial y}\right) - Ca(x)b(y)u(x,y) = f(x,y), \\ \hfill (x,y) \in D, \\ u(x,y)|_{\partial D} = \phi(x,y), \hfill (x,y) \in \partial D, \\ \left.\dfrac{\partial u(x,y)}{\partial n}\right|_{\Gamma} = \psi(x,y), \hfill (x,y) \in \Gamma \subset \partial D, \end{cases} \tag{5.1.6}$$

其中 C 为非负常数.

正问题: 已知函数 $f(x,t), \phi(x,y), \psi(x,y)$ 和参数 $a(x), b(y)$, 求电位函数 $u = u(x,y)$.

反问题: 已知函数 $f(x,t), \phi(x,y), \psi(x,y)$, 求未知参数 $a(x), b(y)$.

这类反问题属于电位勘探问题中地质参数的识别问题. 脉冲谱技术是求解这一类问题的有效方法[7,14].

模型 5: 河流水污染中的参数识别问题

在水环境研究领域中, 河流污染物的扩散过程可以用一维对流扩散方程描述为

$$\begin{cases} \dfrac{\partial u}{\partial t}+v\dfrac{\partial u}{\partial x}=D\dfrac{\partial^2 u}{\partial x^2}-Eu(x,t)+\sum\limits_{i=1}^{q}M_i\delta(x-x_i), & 0<x<L,t>0, \\ u(0,t)=u_1(t),u(L,t)=u_2(t), & t>0, \\ u(x,0)=u_3(x), & 0\leqslant x\leqslant L, \end{cases} \tag{5.1.7}$$

其中 $u(x,t)$ 为污染物的浓度, v 为河流的流速, D 为扩散系数, E 为污染物的降解率, δ 为 Dirac 函数. 附加测量数据 $u(x,T)=\varphi(x),0<x<L$.

正问题: 已知函数 $u_1(t),u_2(t),u_3(x),M_i,i=1,2,\cdots,q$ 和参数 D,E, 求污染物浓度 $u(x,t)$ 的分布.

反问题: 已知函数 $u_1(t),u_2(t),u_3(x)$ 和附加测量数据 $\varphi(x),0<x<L$, 确定未知参数 v,D,E,M_i 中的若干参数或者全部参数.

模型 6: 有限维线性代数方程组 (LAEs) 模型

$$Ax=b, \tag{5.1.8}$$

其中 A 为 $n\times n$ 实方阵, x 和 b 为 n 维实向量.

正问题: 给出实方阵 A 和实向量 x, 求 Ax.

反问题: 若 A,b 已知, 利用 $Ax=b$ 求 x.

另外, 若给出 A, 求出 A 的特征值 $\lambda_1,\ \lambda_2,\ \cdots,\lambda_n$, 称为正问题. 反之, 已知 $\lambda_1,\lambda_2,\cdots,\lambda_n$, 并预先获知了 A 的特殊结构信息, 重建 A, 称为反问题[9].

从上面六个模型可以看出, 反问题研究的任务是通过解的部分信息来求问题中的某些未知量、未知参数或几何特征, 如微分方程中的系数、源项、边界、初始值等.

5.1.2 反问题的特征

上述实际模型都可以抽象为以下算子方程形式.

考虑算子方程

$$Ax=y,\quad x\in X,\quad y\in Y, \tag{5.1.9}$$

其中 A 是 Hilbert 空间 X 到 Hilbert 空间 Y 的线性或非线性映射, A 可以是积分算子、微分算子或矩阵.

给出数据 x 和映射 (或系统) A, 获得结果 y 的过程称为正问题. 反之给出结果 y, 反求数据 x, 或根据数据对 (x,y) 识别系统 A, 就是反问题, 见图 5.1.1.

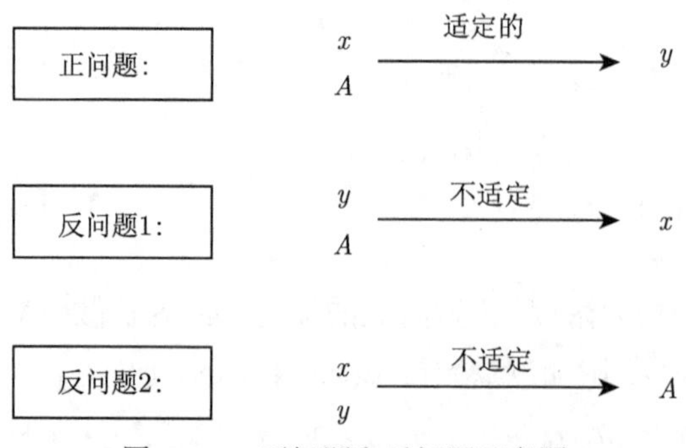

图 5.1.1　正问题和反问题示意图

反问题具有三个主要特征: 不适定性、非线性性、计算复杂性. 下面简要介绍不适定性.

C_1 : 如果 $\forall y \in H_2, \exists x \in H_1$, 使得 $Ax = y$ (**解的存在性**).

C_2 : 如果 $\forall y \in H_2, \exists x_1, x_2 \in H_1$, 使得 $Ax_1 = y, Ax_2 = y$, 那么 $x_1 = x_2$; 或者若 $Ax = 0$, 则 $x = 0$ (**解的唯一性**).

C_3 : 对 $Ax = y$ 和 $Ax^\delta \approx y^\delta$, 若 $\|y - y^\delta\| < \delta$, 则存在函数 $\omega(\delta)$ 满足 $\omega(\delta) \to 0(\delta \to 0)$, 使得 $\|x^\delta - x\| \leqslant C\omega(\delta)$, 其中 C 是与 δ 无关的任意常数 (**解的稳定性**).

若上述三个条件 C_1, C_2, C_3 都满足, 称算子方程 (5.1.9) 是适定的. 若三个条件中至少有一个不能满足, 则称算子方程 (5.1.9) 是不适定的.

反问题大多是不适定的, 下面通过举例予以说明.

例 5.1.1　Laplace 方程的初值问题

$$\begin{cases} \Delta u(x,y) = u_{xx} + u_{yy} = 0, & (x,y) \in \mathbb{R} \times [0,\infty), \\ u(x,0) = f(x), & x \in \mathbb{R}, \\ u_y(x,0) = g(x) = \dfrac{1}{n}\sin nx, & x \in \mathbb{R}. \end{cases}$$

该方程的唯一解是

$$u(x,y) = \frac{1}{n^2}\sin nx \sinh ny, \qquad x \in \mathbb{R}, \quad y \geqslant 0.$$

此时 $\sup\limits_{x\in\mathbb{R}}\{u(x,y)\} = \dfrac{1}{n^2}\sinh ny \to \infty$, 当 $n \to \infty$ (即数据 $g(x)$ 有微小扰动) 时. 这说明该初值问题是不稳定的, 从而不适定[7].

5.1.3 反问题的分类

根据微分方程解的部分信息, 反求微分方程如系数、右端项、定解条件和未知边界, 这类问题称为微分方程反问题. 微分方程反问题起源于数学理论和方法与工程、医学、金融、大数据等应用学科的交叉研究, 具有很强的应用背景, 是典型的多学科交叉研究.

(1) 按照定解问题分类.

偏微分方程定解问题一般由偏微分方程、初始条件、边界条件及部分附加条件组成.

微分方程: $Lu(x,t)=f(x,t), x\in\Omega, t\in(0,T)$;

初始条件: $Iu(x,t)=\varphi(x), x\in\Omega, t=0$;

边界条件: $Bu(x,t)=\psi(x,t), x\in\Gamma$;

附加条件: $Au(x,t)=k(x,t), x\in S\subset\Omega$ 或 Γ.

其中 $u(x,t)$ 为微分方程的解; $f(x,t)$ 为方程源项, $\varphi(x),\psi(x,t),k(x,t)$ 依次是初始条件、边界条件和附加条件. L,I,B,A 分别是微分算子、初始算子、边界算子和附加算子. Ω 为求解区域, Γ 为求解区域 Ω 的边界, S 为 Ω 或 Γ 的一部分.

按照定解问题的特点, 反问题可举例叙述如下.

(a) 参数识别反问题: 已知算子 L 的结构, 决定算子中的某些未知参数.

(b) 源项控制反问题: 方程源项 $f(x,t)$ 待决定.

(c) 边界条件反问题: 边界条件 $\psi(x,t)$ 待决定.

(d) 初始条件反问题: 初始条件 $\varphi(x)$ 待决定.

(e) 形状决定反问题: 区域的边界 Γ 或者部分边界待决定.

(2) 按照系统观点分类.

按照系统论观点, 正问题 (direct problems) 是指在给定系统中已知输入条件, 求输出结果的问题, 这些输出结果当然包含了系统的一些或全部信息; 而反问题 (inverse problems) 则是由输出结果的部分信息来反求输入信息, 或者由输入–输出信息反求系统的某些特征.

这里把正问题描述为: 由输入 (input) 和过程 (process) 来确定输出 (output), 或者由原因 (cause) 和模型 (model) 来求结果 (effect). 所以反问题的任务是由已知的部分结果确定模型参数或反求原因.

(3) 按照工程应用分类.

从工程与应用角度看, 反问题可分为识别问题、控制问题和设计问题. 如医学 CT、无损探伤和金融数据分析中的参数决定问题都可以归结为识别问题.

由此观之, 两个互逆的问题, 如果一个问题的构成 (已知数据) 需要另一个问题解的部分信息, 我们就把其中的一个称为正问题, 另一个称为反问题.

5.1.4 反问题的适定性分析与求解方法

在微分方程的反问题中, 我们感兴趣的是反问题的理论研究及如何设计高精度的、稳定的和快速数值算法求解反问题, 可参考文献 [100, 110–122].

反问题的理论研究包括各类反问题的数学描述及其解的存在性、唯一性和稳定性[97–116]. 在实际应用和计算中, 人们的主要兴趣集中在数值算法问题上. 由于微分方程反问题的不适定性 (病态性), 需探讨反问题的稳定化数值求解方法.

目前, 设计有效的求解算法已经成为反问题研究的一个新热点, 涌现出许许多多不同的算法, 如正则化方法[7,109,112]、迭代方法[83]、变分伴随方法[97,116,120,121]和深度学习算法[117] 等.

5.2 反问题的正则化方法

正则化方法 (regularization method) 的基本思想是通过构造适当的稳定化泛函, 用泛函的极值点作为反问题的解. 本节分别基于变分原理和奇异值分解理论, 来剖析正则化思想及算法设计, 重点讨论 Tikhonov 正则化方法. 在数值算例中用 Tikhonov 正则化方法求解第一类 Fredholm 积分方程, 数值模拟结果表明了 Tikhonov 正则化方法的有效性.

5.2.1 一般正则化理论

设 X, Y 是 Banach 空间, $K: X \to Y$ 是连续算子, 考虑第一类算子方程

$$Kx = y, \quad x \in X, \quad y \in Y. \tag{5.2.1}$$

算子 K^{-1} 存在、单值但不连续, 适定性条件中 (C_2) 满足而 (C_1), (C_3) 不满足, 故算子方程 (5.2.1) 是一个不适定的问题.

设 x_T 为方程对应精确右端 y_T 的精确解, 考虑算子方程

$$Kx_T = y_T. \tag{5.2.2}$$

具体问题中, 右端 y_T 往往不能准确给出, 常由含噪声水平为 δ 的右端给出, 需要求解方程

$$Kx = y^\delta \tag{5.2.3}$$

满足一定意义下的解, 其中

$$\left\|y^{\delta}-y_T\right\|_Y \leqslant \delta.$$

通常考虑如下最小二乘问题

$$x_{LS}=\arg\min_{x\in X}\|Kx-y_T\|_Y^2 \tag{5.2.4}$$

或

$$x_{LS}^{\delta}=\arg\min_{x\in X}\left\|Kx-y^{\delta}\right\|_Y^2. \tag{5.2.5}$$

考虑最小二乘问题的好处在于, 原方程可能没有经典解, 尤其是对含噪声的右端 y^{δ}, 因为 y^{δ} 很可能不在 $\mathcal{R}(K)$ 中.

即使最小二乘问题的解存在, 最小二乘问题往往也是不稳定的. 也就是说对最小二乘问题(5.2.4), 当右端有微小扰动时, 求得的最小二乘解存在巨大偏差.

此时, 采用稳定化泛函方法, 其思想是在极小化泛函的基础上增加一惩罚项, 用一族稳定的问题来逼近不适定的原问题.

构造稳定化泛函

$$J_{\alpha}(x)=\|Kx-y\|_Y^2+\alpha M(x), \quad \alpha>0, \tag{5.2.6}$$

其中 $M(x)$ 是基于解的先验信息构建的惩罚泛函, 需根据具体先验信息给出惩罚泛函的具体形式.

构建相应的正则化策略以求得极小化问题的解:

$$x^{\alpha}=\arg\min_{x\in X}J_{\alpha}(x). \tag{5.2.7}$$

特别地, 若取 $J_{\alpha}(x)=\|Kx-y\|_Y^2+\alpha\|x\|_X^2$, 当 X, Y 是 Hilbert 空间且 $K:X\to Y$ 是有界线性算子时, 则极小化问题 (5.2.7) 具有唯一解 x^{α}, 该方法称为 Tikhonov 正则化方法, 记

$$x^{\alpha}=R_{\alpha}y=(\alpha I+K^*K)^{-1}K^*y \tag{5.2.8}$$

为 Tikhonov 正则解. Tikhonov 正则化方法是求解不适定问题的常用方法.

根据泛函分析理论, 设 K 是紧线性算子, K 的伴随算子为 K^*, 则算子 $K^*K: X\to X$ 是紧自伴的. 由紧自伴算子的谱理论知, K^*K 有至多可列无限多个正特征值 $\{\sigma_n^2\}_{n\in\mathbb{N}}$, 按大小排列为

$$\sigma_1\geqslant\sigma_2\geqslant\cdots\geqslant\sigma_n\geqslant\cdots,$$

相对应的正交标准特征向量为 $\{u_n\}_{n\in\mathbb{N}}$, 满足

$$K^*Ku_n = \sigma_n^2 u_n,$$

等价地表述为

$$Ku_n = \sigma_n v_n, \quad K^*v_n = \sigma_n u_n.$$

称 $(\sigma_n; u_n, v_n)$ 为 K 的奇异值系统. 利用该奇异值系统, 有如下展开式:

$$Kx = \sum_{n=1}^{\infty} \sigma_n \langle x, u_n\rangle v_n, \quad x \in X,$$

$$K^*y = \sum_{n=1}^{\infty} \sigma_n \langle y, v_n\rangle u_n, \quad y \in Y,$$

$$K^*Kx = \sum_{n=1}^{\infty} \sigma_n^2 \langle x, u_n\rangle u_n, \quad \forall x \in X.$$

对线性紧算子, 可以通过奇异值系统将上述优化问题的极小元表示出来.

定理 5.2.1 (Picard) 设 $K: X \to Y$ 是 Hilbert 空间上的线性紧算子, K 的奇异值系统为 $(\sigma_n; u_n, v_n)$, $y_T \in Y$, 则方程 $Kx_T = y_T$ 存在 (最小模) 最小二乘解的充要条件是

$$y_T \in N(K^*)^{\perp}, \quad \sum_{n=1}^{\infty} \frac{|\langle y_T, v_n\rangle|^2}{\sigma_n^2} < \infty.$$

此时最小二乘解可表示为

$$x_{LS} = K^{\dagger} y_T = K^*K^{-1}K^*y_T = \sum_{n=1}^{\infty} \frac{\langle y_T, v_n\rangle}{\sigma_n} u_n.$$

注 同样通过算子的奇异值系统可推得

$$x_{LS}^{\delta} = (K^*K)^{-1} K^*y^{\delta} = \sum_{n=1}^{\infty} \frac{\langle y^{\delta}, v_n\rangle}{\sigma_n} u_n$$

和

$$x^{\alpha} = (K^*K + \alpha I)^{-1} K^*y_T = \sum_{n=1}^{\infty} f_n \frac{\langle y_T, v_n\rangle}{\sigma_n} u_n,$$

其中 $f_n = \dfrac{\sigma_n^2}{\sigma_n^2 + \alpha}$.

例 5.2.1 图像恢复领域中的一个 Fredholm 积分方程[119]:

$$\int_a^b K(s,t) f(t) \mathrm{d}t = g(s),$$

这里

$$K(s,t)=(\cos s+\cos t)^2\left(\frac{\sin u}{u}\right)^2,\quad u=\pi(\sin s+\sin t),$$

$$f(t)=a_1\exp\left(-c_1(t-t_1)^2\right)+a_2\exp\left(-c_2(t-t_2)^2\right),$$

参数 a_1,a_2 等都是常数, 以下取

$$a_1=1,\quad a_2=1,\quad c_1=6,\quad c_2=2,\quad t_1=0.8,\quad t_2=-0.5,$$

其中积分区间 $[a,b]=\left[-\frac{\pi}{2},\frac{\pi}{2}\right]$.

Picard 条件要求 Fourier 系数比奇异值 σ_i 衰减得快. 从图 5.2.1 中可以看到, 奇异值最后稳定到 10^{-15} 左右 (事实上, 矩阵阶数增大时其奇异值变化仍是如此); 在不含噪声的图 5.2.1(a) 中, Fourier 系数比奇异值衰减得快, 但不明显; 在含噪声的图 5.2.1(b) 中, Fourier 系数明显衰减得要慢, 这会导致计算误差增大.

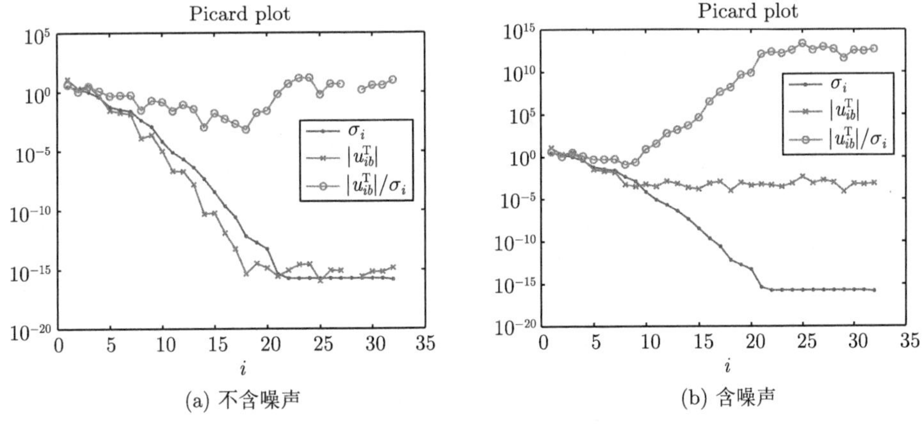

(a) 不含噪声　(b) 含噪声

图 5.2.1 区域剖分、数值解与精确解

5.2.2 Tikhonov 正则化方法

考虑算子方程 (5.2.1), 设 X,Y 是 Hilbert 空间.

引入 Tikhonov 泛函:

$$J_\alpha(x)=\|Kx-y\|_Y^2+\alpha\|x\|_X^2,\tag{5.2.9}$$

则泛函 (5.2.9) 的极小元

$$x^\alpha=R_\alpha y=(\alpha I+K^*K)^{-1}K^*y^\delta\tag{5.2.10}$$

为 Tikhonov 正则解, $\alpha > 0$ 称为正则化参数. 我们希望当 $\alpha > 0$ 选择恰当时, x^α 可作为满足精度要求的精确解的近似.

下面给出一些关于 Tikhonov 正则化方法的理论结果.

定理 5.2.2　设 X, Y 是 Hilbert 空间, $K: X \to Y$ 是有界线性算子, 则

(1) $J_\alpha(x)$ 在 X 上存在唯一的极小元 x^α;

(2) $x^\alpha \in X$ 满足

$$\alpha x^\alpha + K^* K x^\alpha = K^* y. \tag{5.2.11}$$

证明略.

定理 5.2.3　设 $K: X \to Y$ 是紧算子, $\alpha > 0$.

$(\alpha I + K^* K)$ 是有界可逆的, $R_\alpha y = (\alpha I + K^* K)^{-1} K^* y^\delta$ 是 $Kx = y$ 的一个正则化算子, $||R_\alpha|| \leqslant \dfrac{1}{2\sqrt{\alpha}}$.

对于近似右端数据 y^δ, $Kx = y^\delta$ 的 Tikhonov 正则化解由

$$\alpha x^{\alpha,\delta} + K^* K x^{\alpha,\delta} = K^* y^\delta$$

唯一确定.

当紧算子 K 的奇异系统 $(\sigma_n; u_n, v_n)$ 已知时, 可以推导出 $R_\alpha y^\delta$ 的表达式为

$$\begin{aligned} x^{\alpha,\delta} &= R_\alpha y^\delta = \left(K^* K + \alpha I\right)^{-1} K^* y^\delta \\ &= \sum_{n=1}^{\infty} \left(\left(K^* K + \alpha I\right)^{-1} K^* y^\delta, u_n \right) u_n \\ &= \sum_{n=1}^{\infty} \frac{\sigma_n}{\alpha + \sigma_n^2} \left(y^\delta, v_n\right) u_n. \end{aligned} \tag{5.2.12}$$

算子方程的正则化方法内容丰富, 查阅文献 [4–6, 99] 可获得算法及理论结果. 这些理论结果在科学技术诸多领域有着成功的发展和应用, 具体可参阅文献 [7, 94, 95, 97].

5.3　三类偏微分方程反问题与求解方法举例

本节介绍三类典型的偏微分方程反问题模型, 包括抛物型方程反问题、波动方程反问题和椭圆型方程反问题, 采用 Tikhonov 正则化方法对三类反问题进行数值求解, 数值模拟结果说明了该方法的有效性.

5.3.1 对流扩散方程反问题

1. 问题提出

河道中污染物浓度的传播与扩散过程, 可归结为一类对流扩散方程的初边值问题:

$$\begin{cases} \dfrac{\partial u}{\partial t}+c\dfrac{\partial u}{\partial x}=a\dfrac{\partial^2 u}{\partial x^2}-bu+F(x,t), & 0<x<l,0<t<T, \\ u(0,t)=u(l,t)=0, & 0<t<T, \\ u(x,0)=\varphi(x), & 0<x<l, \end{cases} \tag{5.3.1}$$

其中 $u(x,t)$ 为污染物在 t 时刻和位置 x 处的浓度, $F(x,t)$ 为河道中的污染源项, a 为河道的扩散系数, c 为河道的断面平均流速, b 为河道的自净系数. 这里考虑没有污染源, 即 $F(x,t)=0$.

2. 反问题求解

初始条件反问题的提法: 给定污染物在 $t=T$ 时刻的浓度 $u(x,T)$, 求 $\varphi(x)$.

该反问题是一类严重不适定的逆时反问题, 用 Tikhonov 正则化方法求解. 求解步骤如下.

Step 1 引入变换 $u(x,t)=v(x,t)\mathrm{e}^{\frac{cx}{2a}-\frac{c^2t}{4a}}$, (5.3.1) 转化为定解问题

$$\begin{cases} \dfrac{\partial v}{\partial t}=a^2\dfrac{\partial^2 v}{\partial x^2}-bv, & 0<x<l,0<t<T, \\ v(0,t)=v(l,t)=0, & 0<t<T, \\ v(x,0)=\psi(x), & 0<x<l, \end{cases} \tag{5.3.2}$$

其中 $\psi(x)=\varphi(x)\mathrm{e}^{-\frac{cx}{2a}}$.

Step 2 关于未知函数 $\varphi(x)$ 的反问题转化为: 根据给定测量数据 $v(x,T)$, 求 (5.3.2) 初始条件 $\psi(x)$. 利用 Fourier 变换, 得到 Cauchy 问题

$$\begin{cases} \dfrac{\partial v}{\partial t}=a^2\dfrac{\partial^2 v}{\partial x^2}-bv, & -\infty<x<+\infty,t>0, \\ v(0,t)=v(l,t)=0, & t>0, \\ v(x,0)=\psi(x), & -\infty<x<+\infty \end{cases}$$

的解为

$$v(x,t)=\mathrm{e}^{-bt}\times\frac{1}{2a\sqrt{\pi t}}\times\int_{-\infty}^{+\infty}\mathrm{e}^{-\frac{(x-\xi)^2}{4a^2t}}\times\psi(\xi)\mathrm{d}\xi. \tag{5.3.3}$$

利用延拓法, 反问题的解可表示为

$$v(x,t)=\int_0^l \psi(y)G(x,y,t)\mathrm{d}y,$$

其中 $G(x,y,t)=\mathrm{e}^{bt}\times\dfrac{1}{2a\sqrt{\pi t}}\times\sum_{n=-\infty}^{+\infty}\left[\mathrm{e}^{-\frac{(x-y-2nl)^2}{4a^2t}}-\mathrm{e}^{-\frac{(x+y-2nl)^2}{4a^2t}}\right]$.

于是反问题转化为求解第一类 Fredholm 积分方程

$$\int_0^l \psi(y)G(x,y,T)\mathrm{d}y=v(x,T). \tag{5.3.4}$$

Step 3 利用离散 Tikhonov 正则化方法求解第一类 Fredholm 积分方程 (5.3.4), 其中正则化参数由 Morozov 偏差原理和牛顿迭代法决定. 离散 Tikhonov 正则化方法过程为:

(1) 将区间 $[0,l]$ 分成 n 等份, 计算出 $v(x,T)=g(x)$ 的值, 记为 $B=(g_0,g_1,\cdots,g_n)$, 所求的 $\psi(x)$ 在节点上的值记为 $X=(\psi_0,\psi_1,\cdots,\psi_n)$.

(2) 利用梯形数值求积公式对 (5.3.4) 进行离散, 转化为线性方程组 $AX=B$, 其中 $A=(a_{ij})_{n\times n}$, $a_{ij}=G(x,y,T)\Delta y, \Delta y=\dfrac{l}{n}$.

(3) 引入 Tikhonov 正则化泛函

$$J_\alpha(X)=\frac{1}{2}||AX-B||_2^2+\frac{\alpha}{2}||X||_2^2,\quad \alpha>0,$$

其中 α 为正则化参数, 观测数据含有扰动 $v^\delta(x,T)$, 即 $||v^\delta(x,T)-v(x,T)||_2\leqslant\delta$.

从而 Tikhonov 正则化泛函的极小值问题转化为求解欧拉方程

$$(A^{\mathrm{T}}A+\alpha I)X_\alpha^\delta=A^{\mathrm{T}}B.$$

(4) 采用 Morozov 偏差原理[7] 确定正则化参数 α.

3. 数值模拟

选取河道的扩散系数 $a=1$, 自净系数 $b=1$, 精确解 $\psi(x)=\mathrm{e}^{\pi^2}\sin(\pi x), h=0.05, l=1$, $G(x,y,1)$ 取有限项逼近,

$$G(x,y,1)\approx \mathrm{e}^{-b}\times\frac{1}{2a\sqrt{\pi}}\times\sum_{n=-5}^{5}\left[\mathrm{e}^{-\frac{(x-y-2nl)^2}{4a^2}}-\mathrm{e}^{-\frac{(x+y-2nl)^2}{4a^2}}\right].$$

均方误差为

$$E=\sqrt{\frac{1}{N}\sum_{i=0}^{N}[v_{\mathrm{app}}(x_i,0)-v(x_i,0)]^2}.$$

选取初始猜测 $\alpha_0 = 10^{-13}, \delta = 10^{-5}$, 得到最优正则化参数 $\alpha^* = 5.0633\text{e}-015$, 均方误差 $E = 0.2312$, 数值模拟结果见图 5.3.1 和图 5.3.2.

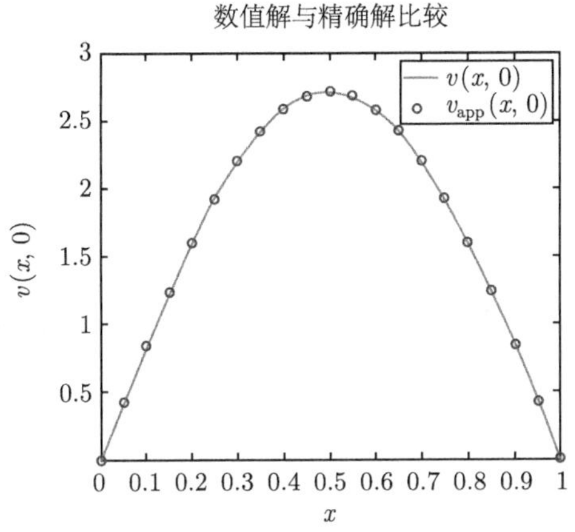

图 5.3.1 数值解与精确解图形

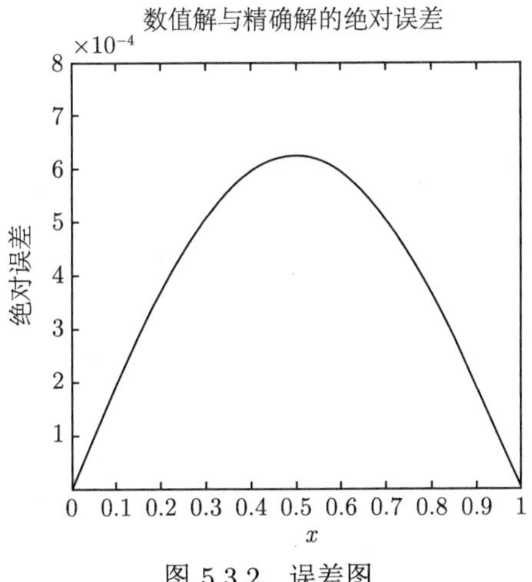

图 5.3.2 误差图

5.3.2 波动方程反问题

1. 问题提出

由初始状态引起的有限长弦的自由振动问题, 相应的微分方程定解问题表示为

$$\begin{cases} u_{tt} = a^2 u_{xx}, & 0 < x < l, 0 < t \leqslant T, \\ u(0,t) = u(l,t) = 0, & 0 < t \leqslant T, \\ u(x,0) = \varphi(x), & 0 \leqslant x \leqslant l, \\ u_t(x,0) = \psi(x), & 0 \leqslant x \leqslant l, \end{cases} \tag{5.3.5}$$

其中 $u(x,t)$ 表示质点的振动位移, a 为弦的弹性系数, $\varphi(x)$ 为弦的初始位移, $\psi(x)$ 为弦的初始速度. 这里假设初速度 $\psi(x)=0$.

波动方程的初始参数反演问题: 已知在某时刻 $t=t_0$ $(0<t_0<T)$ 测量数据 $u(x,t_0)=g(x), 0\leqslant x\leqslant l$, 求初始位移 $\varphi(x), 0\leqslant x\leqslant l$.

通过分离变量法可得 (5.3.5) 的解析解为

$$u(x,t)=\sum_{n=1}^{\infty}\left[\frac{2}{l}\int_0^l \sin\frac{n\pi}{l}\xi\varphi(\xi)\mathrm{d}\xi\cos\frac{an\pi}{l}t\right.$$
$$\left.+\frac{2}{n\pi a}\frac{2}{l}\int_0^l \sin\frac{n\pi}{l}\xi\psi(\xi)\mathrm{d}\xi\sin\frac{an\pi}{l}t\right]\sin\frac{n\pi}{l}x. \tag{5.3.6}$$

因为 $\psi(x)=0$, 从而求初始位移参数 $\varphi(x)$ 的反问题转化为求解第一类 Fredholm 积分方程

$$\int_0^l \varphi(\xi)G(x,t;\xi)\mathrm{d}\xi=g(x), \tag{5.3.7}$$

其中 $G(x,t;\xi)=\sum_{n=1}^{\infty}\dfrac{2}{l}\sin\dfrac{n\pi}{l}\xi\cos\dfrac{n\pi}{l}at_0\sin\dfrac{n\pi}{l}x$.

2. 反问题求解

按照 5.3.1 节中的求解方法, 利用 Tikhonov 正则化方法进行求解, 其中正则化参数先验给定.

3. 数值模拟

选取精确解 $\phi(x)=u(x,0)=\sin\dfrac{\pi x}{l}$, 其他参数 $a=1, h=0.025, l=1$.

数值结果如图 5.3.3 和图 5.3.4 所示, 这里分别取 $\alpha=10^{-1}, 10^{-6}, 10^{-10}$.

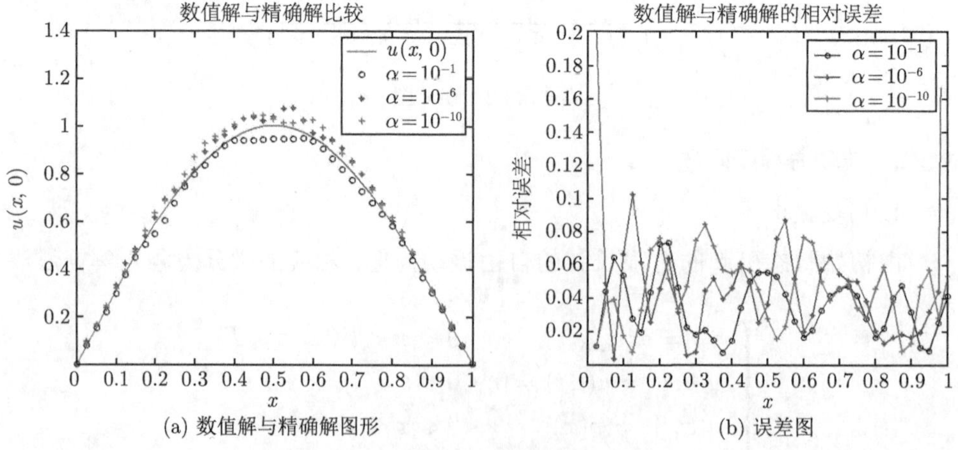

(a) 数值解与精确解图形　　(b) 误差图

图 5.3.3　数值解与精确解图和误差图

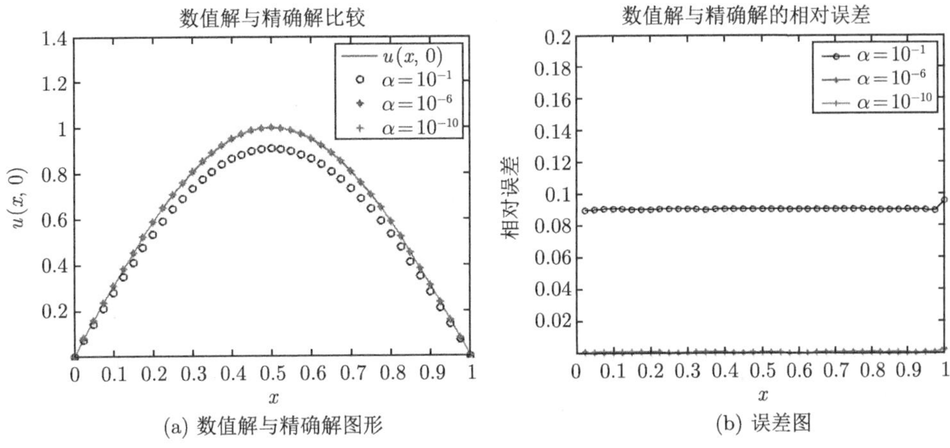

(a) 数值解与精确解图形 (b) 误差图

图 5.3.4 数值解与精确解图和误差图

从数值模拟的结果可知, 正则化参数的选取很重要, 对反问题的结果影响较大; 当误差水平给定时, 正则化参数的选取不能太大, 也不能太小.

5.3.3 Laplace 方程反问题

1. 问题提出

Laplace 方程的定解问题

$$
\begin{cases}
\Delta u = 0, & 0 < x < a, 0 < y \leqslant b, \\
u(0, y) = u(a, y) = 0, & 0 \leqslant y \leqslant b, \\
u(x, 0) = \varphi(x), & 0 \leqslant x \leqslant a, \\
u_y(x, 0) = \psi(x), & 0 \leqslant x \leqslant a.
\end{cases}
\tag{5.3.8}
$$

Laplace 方程的边界参数反演问题: 已知 $\psi(x), \phi(x), 0 \leqslant x \leqslant a$, 求 $u(x, b) = h(x), 0 \leqslant x \leqslant a$.

2. 反问题求解

通过分离变量法可得 (5.3.8) 的解析解为

$$
\begin{aligned}
u(x, y) = & \sum_{n=1}^{\infty} \frac{2}{a} \int_0^a \sin \frac{n\pi}{a} \xi \phi(\xi) \mathrm{d}\xi \frac{\sinh \dfrac{n\pi}{a}(b-y)}{\sinh \dfrac{n\pi}{a} b} \sin \frac{n\pi}{a} x \\
& + \sum_{n=1}^{\infty} \frac{2}{a} \int_0^a \sin \frac{n\pi}{a} \xi h(\xi) \mathrm{d}\xi \frac{\sinh \dfrac{n\pi}{a} y}{\sinh \dfrac{n\pi}{a} b} \sin \frac{n\pi}{a} x.
\end{aligned}
$$

从而边界参数反演问题的求解转化为关于 $h(x)$ 的第一类 Fredholm 型积分方程

$$\int_{o}^{a} G(x,\xi)h(\xi)\mathrm{d}\xi = g(x), \quad 0 \leqslant x \leqslant a \tag{5.3.9}$$

的求解问题, 其中核函数 $G(x,\xi)=\sum_{n=1}^{\infty} n\sin\dfrac{n\pi}{a}\xi\left(\sinh\dfrac{n\pi}{a}b\right)^{-1}\sin\dfrac{n\pi}{a}x$.

反问题的求解方法和 5.3.2 节方法相同.

3. 数值模拟

取精确解 $u(x,b)=\sin x$, $\varphi(x)=0$, $\psi(x)=\mathrm{e}^x, a=1, b=0.5$. 数值结果如图 5.3.5 和图 5.3.6 所示, 这里分别取 $\alpha=10^{-3}, 10^{-4}, 10^{-5}$.

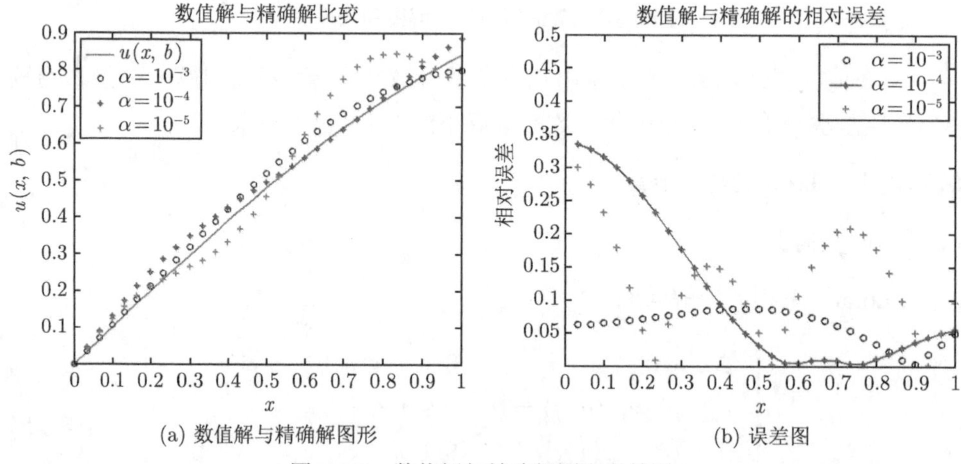

(a) 数值解与精确解图形 (b) 误差图

图 5.3.5 数值解与精确解图和误差图

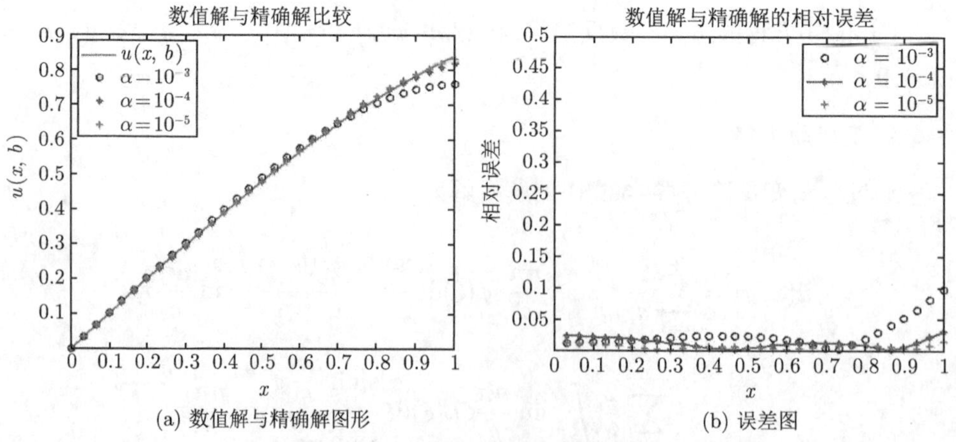

(a) 数值解与精确解图形 (b) 误差图

图 5.3.6 数值解与精确解图和误差图

5.4 评注与进一步阅读

反问题是一个应用性极强、在诸多科技领域获得成功应用的研究领域, 且已经成为数学学科中发展最快速的领域之一[94]. 本章从实际问题出发通过举例归结出若干类反问题模型, 剖析反问题的本质特征和不适定的根源, 并给出了有效求解反问题的正则化方法. 有关反问题理论与数值算法的著作或参考书, 大家可以参阅文献 [94–97].

20 世纪 50 年代开始, 反问题的研究迅速发展, 其研究领域来自各种识别、控制和设计有关的应用问题和生产、生活相关的实际需求. 特别是 1987 年, 反问题领域的专题杂志 *Inverse Problems* 创刊是反问题研究逐渐成熟的重要标志, 可参阅相关文献 [6, 98–100].

我国在反问题领域的研究起步相对较晚, 最初由数学家冯康院士在 20 世纪 80 年代提出. 近 40 年经过国内许多学者的不懈努力, 我国反问题研究取得了迅速发展, 培养了一大批反问题专家和科研团队, 出版了反问题专著, 发表了一批高质量反问题论文. 读者可参考文献 [7, 9, 14, 101–115].

在很长一段时间, 人们把注意力集中在适定问题的研究范围, 很多人认为不适定问题的研究没有任何价值, 从而忽视了对不适定问题的研究. 直到 20 世纪 50 年代中期, 人们才逐渐对不适当问题进行研究. 有关不适定问题的第一本专著是由苏联学者 A. N. Tikhonov 编写的 *Solutions of Ill-posed Problmes*, 它也成为不适定问题研究的基础专著[3].

关于不适定的问题有很多反问题的研究方法, 如正则化方法、积分方程方法、脉冲谱方法、泛函极小化方法、最优摄动量法、先验估计法、蒙特卡罗方法、深度学习方法等, 可参阅有关著作和文献 [9, 83, 108–112, 116–127]. 文献 [108] 采用了基于机器学习算法的正则化方法求解水文地质中的参数反演问题. 不同于传统求解优化问题容易造成误差偏大, 文献 [117] 利用机器学习算法改进目标泛函来平衡误差, 数值结果表明了该算法具有良好的收敛性和稳定性, 且求解效率高、容易实现.

5.5 训 练 题

习题 1 假设 $a(t)$ 为正的连续函数, $u=u(x,t)$ 满足下列定解问题:

$$\begin{cases} \dfrac{\partial u}{\partial t}=a(t)\dfrac{\partial^2 u}{\partial x^2}, & 0<x<1,\ t>0, \\ u(0,t)=u(1,t)=0, & t>0, \\ u(x,0)=\varphi(x), & 0<x<1. \end{cases}$$

(1) 若 $\varphi(x)=0$, 证明: 当 $0<x<1, t>0$ 时, $u(x,t)=0$.

(2) 若 $\varphi(x)=\sin\pi x$, 证明: $u(x,t)=\mathrm{e}^{-\pi^2\int_0^t a(\tau)\mathrm{d}\tau}\sin\pi x$ 满足上述定解问题中的方程和初边界条件.

(3) 证明: 该定解问题至多有一个解.

(4) 若 $\varphi(x)=\sin\pi x$, 令 $h(t)=u(0.5,t), t>0$. 证明: 由 h 决定的变量系数

$$a(t)=-\frac{h'(t)}{\pi^2 h(t)}.$$

习题 2 用 Tikhonov 正则化方法求解积分方程

$$\int_0^1 (1+ts)\mathrm{e}^{ts}x(s)\mathrm{d}s=y(t),\quad 0\leqslant t\leqslant 1.$$

本题已知右端函数 $y(t)$, 需求出函数 $x(s)$. 实际计算时, 可先分别设定函数 $x(s)$ 为常数型函数、连续函数、间断函数、高频函数, 求出对应的函数 $y(t)$. 然后利用已获得的 $y(t)$ 求得未知函数 $x(s)$ 的近似值, 并进行误差估计, 分析结果的精度和算法的优劣.

第 6 章　线性代数方程组模型及数值求解

线性方程组求解是科学与工程计算中一类基本而又重要的问题, 计算科学与工程中的许多实际问题可直接或间接地归结为线性方程组的求解问题. 比如, 数据拟合中的拟合系数求解、CT 扫描中的代数重构问题, 还有许多描述工程或物理现象的常微分方程或偏微分方程当采用有限差分法或者有限元离散后, 也会得到相应的线性方程组求解问题.

本章主要介绍求解线性方程租的一些数值算法, 对于方阵介绍了直接法和迭代法. 直接法主要介绍高斯消去法和三角分解法, 迭代法主要介绍 Jacobi 迭代、Gauss-Seidel 迭代以及共轭梯度法. 高斯消去法对中等规模线性方程组求解是有效的, 但是对大型稀疏系统一些特殊的迭代法更有效, 比如求解对称正定矩阵的共轭梯度法. 此外, 介绍了超定方程组和欠定方程组的最小二乘法.

6.1　线性方程组模型

模型 1: 最小二乘拟合问题

给定平面上 m 个不同的点 $(x_i, y_i), i = 1, 2, \cdots, m$, 求一个 n 次多项式函数 $P(x) = \sum_{j=0}^{n} a_j x^j$, 使得

$$E = \sum_{i=1}^{m} |y_i - P(x_i)|^2 \tag{6.1.1}$$

最小, 其中多项式次数 n 远小于 m. 方程 (6.1.1) 是关于变量 $(a_0, a_1, \cdots, a_n)$ 的函数, 要使 (6.1.1) 达到最小, 需要

$$\frac{\partial E}{\partial a_j} = 0, \quad j = 0, 1, 2, \cdots, n.$$

从而有

$$-2 \sum_{i=1}^{m} (y_i - P(x_i)) x_i^j = 0,$$

即

$$\sum_{k=0}^{n} \left(\sum_{i=1}^{m} x_i^{k+j} \right) a_k = \sum_{i=1}^{m} x_i^j y_i. \tag{6.1.2}$$

因此使 E 最小的多项式函数系数需要满足线性方程组

$$\begin{pmatrix} \sum_{i=1}^{m} 1 & \sum_{i=1}^{m} x_i & \cdots & \sum_{i=1}^{m} x_i^n \\ \sum_{i=1}^{m} x_i & \sum_{i=1}^{m} x_i^2 & \cdots & \sum_{i=1}^{m} x_i^{n+1} \\ \vdots & \vdots & & \vdots \\ \sum_{i=1}^{m} x_i^n & \sum_{i=1}^{m} x_i^{n+1} & \cdots & \sum_{i=1}^{m} x_i^{2n} \end{pmatrix} \begin{pmatrix} a_0 \\ a_1 \\ \vdots \\ a_n \end{pmatrix} = \begin{pmatrix} \sum_{i=1}^{m} y_i \\ \sum_{i=1}^{m} x_i y_i \\ \vdots \\ \sum_{i=1}^{m} x_i^n y_i \end{pmatrix}.$$

模型 2: 微分方程离散后得到线性方程组

求解如下热传导方程:

$$\begin{cases} \dfrac{\partial u}{\partial t} = \dfrac{\partial^2 u}{\partial x^2}, & \forall (t,x) \in (0,t_f) \times (0,1), \\ u(0,t) = u(1,t) = 0, & \forall t \in (0,t_f), \\ u(x,t) = u_0(x), & \forall x \in [0,1], \end{cases} \tag{6.1.3}$$

其中 t_f 代表终止时间.

使用有限差分法求解该方程, 首先将区域 $(0,t_f) \times (0,1)$ 分成 $M \times N$ 个均匀网格点

$$t_i = i\Delta t, \quad \Delta t = \frac{t_f}{M}, \qquad i = 0,1,2,\cdots,M.$$

$$x_j = j\Delta x, \quad \Delta x = \frac{1}{N}, \qquad j = 0,1,2,\cdots,N.$$

假设在点 (x_j,t_i) 的近似解为 $u_j^i \approx u(x_j,t_i)$, 使用隐格式

$$\begin{aligned} \frac{\partial u}{\partial t}(x_j,t_i) &\approx \frac{u_j^i - u_j^{i-1}}{\Delta t}, \\ \frac{\partial^2 u}{\partial t^2}(x_j,t_i) &\approx \frac{u_{j+1}^i - 2u_j^i + u_{j-1}^i}{(\Delta x)^2}, \end{aligned}$$

代入方程 (6.1.3), 于是有

$$\frac{u_j^i - u_j^{i-1}}{\Delta t} = \frac{u_{j+1}^i - 2u_j^i + u_{j-1}^i}{(\Delta x)^2}, \qquad 1 \leqslant i \leqslant m, \quad 1 \leqslant j \leqslant N-1.$$

令 $r = \dfrac{\Delta t}{(\Delta x)^2}$, 整理得

$$-ru_{j-1}^i + (1+2r)u_j^i - ru_{j+1}^i = u_j^{i-1}, \qquad 1 \leqslant j \leqslant N-1.$$

每隔一个时间步长 Δt, 都需要求解如下一个线性方程组, 从而求出 t_i 时刻的温度值 $y_j^i, j=1,2,\cdots,N-1$,

$$\begin{pmatrix} 1+2r & -r & & & \\ -r & 1+2r & -r & & \\ & \ddots & \ddots & \ddots & \\ & & & & -r \\ & & & -r & 1+2r \end{pmatrix}\begin{pmatrix} u_1^i \\ u_2^i \\ \vdots \\ u_{N-2}^i \\ u_{N-1}^i \end{pmatrix}=\begin{pmatrix} u_1^{i-1}+ru_0^i \\ u_2^{i-1} \\ \vdots \\ u_{N-2}^{i-1} \\ u_{N-1}^{i-1}+ru_N^i \end{pmatrix}.$$

模型 3: CT 重构问题

CT 是 Computed Tomography 的简称, 即计算机断层成像技术. CT 的 X 射线束位于待测物体的横截面.

X 射线源发射出极细的笔束 X 射线, 其对面放置一检测器, 可测量出 X 射线源发出射线的强度 E_0, 以及经过物体衰减以后达到检测器的 X 射线强度 E. 见图 6.1.1. 把 X 射线源与检测器通过平移或旋转改变位置, 可得到关于射线强度 E 的若干组数据. 如果物体是均匀的, 物体对 X 射线的线性衰减系数 μ 是常数. 设强度为 E_0 的射线在物体中行进距离 x 后衰减至 I, 由 Beer 定理有

$$I=E_0\mathrm{e}^{-\mu x}.$$

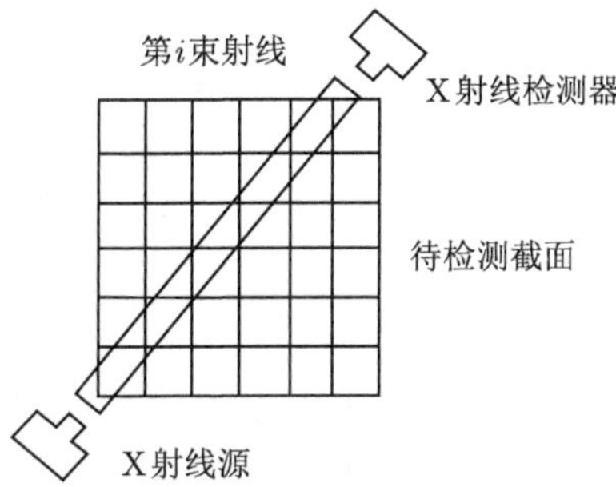

图 6.1.1　X 射线源和检测器

若待测物体在待检测的 xy 平面内不均匀, 则 $\mu=\mu(x,y)$. 此时, X 射线在某一方向沿某一路径 L 的总衰减量

$$\int_L \mu \mathrm{d}l=\ln\left(\frac{E_0}{E}\right)$$

为射线投影. 若未指明路径, 只指明方向, 即称为投影.

CT 重构就是需要根据测得的一系列 E_0 与 E 来求 $\mu(x,y)$. $\mu(x,y)$ 是一个离散的二元函数, 通过转换成 CT 数, 经数模转换器换成图像信号, 由电视屏以不同灰度等级成色彩显示出来.

将待检测物体的截面分成许多边长为 δ 的小正方形, 每个小正方形称为一个像元. 如图 6.1.2 所示. 设一束宽度为 δ 的射线, 平行于像元的边, 整个穿过像元. 组成 X 射线的光子被像元内的组织吸收, 其速率与组织 X 射线的密度成正比.

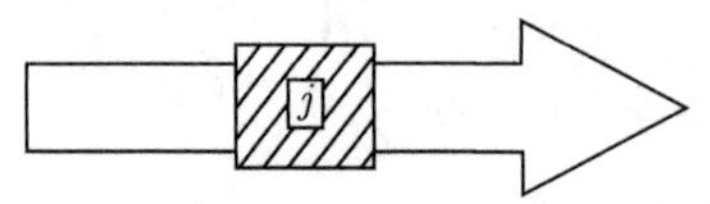

图 6.1.2　第 j 个像元

假设 x_j 为进入第 j 个像元的光子数目与离开第 j 个像元的光子数目比值的对数, b_i 为第 i 束射线未经过待检测面进入检测器的光子数目与经过待检测面进入检测器的光子数目比值的对数, 有

$$x_1 + x_2 + \cdots + x_k = b_i.$$

若总共有 M 束射线, N 个像元, 令

$$a_{ij} = \begin{cases} 1, & j = 1, 2, \cdots, N, \\ 0, & \text{其他}, \end{cases}$$

可得到一个含有 N 个未知量, M 个方程的线性方程组:

$$\sum_{j=1}^{N} a_{ij} x_j = b_i, \quad i = 1, 2, \cdots, M.$$

模型 4: 解卷积

当艺术家看到一个偶然的场景抢拍下来时, 照片有可能会有些模糊, 如果照片只有部分模糊或者模糊程度很低, 我们可以采用卷积让图像变得清晰.

一张灰度照片可以看成 $\mathbb{R}^p$ 中的一个点, p 是照片的像素点, 每个像素的强度用不同的维数保存. 如果照片是彩色的, 每个像素需要红色、绿色和蓝色的强度值, 在 $\mathbb{R}^{3p}$ 中有类似的表示. 大部分图片的模糊都是线性的, 包括高斯卷积或者一个像素和周围点的平均运算. 在图像处理中, 这些运算可以使用矩阵运算, 即使用一个矩阵 G 乘以一个清晰的 x 使其变成模糊集 Gx. 如图 6.1.3 所示.

假设照了一张模糊的照片 $x_0 \in \mathbb{R}^p$, 我们试图通过解如下最小二乘问题得到清晰的照片 $x \in \mathbb{R}^p$,

$$\min_{x\in\mathbb{R}^p}\|x_0-Gx\|_2^2.$$

如果我们知道矩阵 G, 就可以使用线性的方法利用观测值 x_0 求出 x.

实际上, 上面优化模型并不稳定, 它实际上是求解一类难的反问题. 当图片模糊后, 许多不同的照片看起来会很相似, 使得其反问题具有一定的挑战性. 一种使卷积稳定的方法是使用 Tikhonov 正则化方法, 即

$$\min_{x\in\mathbb{R}^p}\|x_0-Gx\|_2^2+\alpha\|x\|_2^2.$$

上面优化问题还需加上约束条件 $x>0$, 因为强度不可能为负值, 这是个非线性的最优化问题, 需要使用后面介绍的优化方法求解.

图 6.1.3 清晰图和模糊图

6.2 高斯消去法

本节主要介绍高斯消去法, 高斯消去法是求解线性方程组的一个很著名的算法, 该方法对求解中等规模的线性方程组很有效. 它的主要思想是把给定的方程组转化为等价的上三角方程组.

对线性方程组

$$Ax=b, \tag{6.2.1}$$

其中 $A\in\mathbb{R}^{n\times n}$ 为实方阵, $x\in\mathbb{R}^n$, $b\in\mathbb{R}^n$. 该线性方程组的增广矩阵为

$$(A|b)=\left(\begin{array}{ccccc|c} a_{11} & a_{12} & a_{13} & \cdots & a_{1n} & b_1\\ a_{21} & a_{22} & a_{23} & \cdots & a_{2n} & b_2\\ \vdots & \vdots & \vdots & & \vdots & \vdots\\ a_{n1} & a_{n2} & a_{n3} & \cdots & a_{nn} & b_n \end{array}\right). \tag{6.2.2}$$

将函数矩阵 A 变成上三角矩阵的过程称为消去过程. 为了表述高斯消去法的一般消去过程, 将原增广矩阵 (6.2.2) 记为

$$(A^{(1)}|b^{(1)})=\left(\begin{array}{ccccc|c} a_{11}^{(1)} & a_{12}^{(1)} & a_{13}^{(1)} & \cdots & a_{1n}^{(1)} & b_1^{(1)} \\ a_{21}^{(1)} & a_{22}^{(1)} & a_{23}^{(1)} & \cdots & a_{2n}^{(1)} & b_2^{(1)} \\ \vdots & \vdots & \vdots & & \vdots & \vdots \\ a_{n1}^{(1)} & a_{n2}^{(1)} & a_{n3}^{(1)} & \cdots & a_{nn}^{(1)} & b_n^{(1)} \end{array}\right). \tag{6.2.3}$$

假设 $a_{11}^{(1)}\neq 0$, 进行第一步消去, 将第一列对角线以下的元素消为 0, 计算因子

$$m_{21}=\frac{a_{21}}{a_{11}},m_{31}=\frac{a_{31}}{a_{11}},\cdots,m_{n1}=\frac{a_{n1}}{a_{11}}.$$

将 $A^{(1)}$ 的第一行乘以因子 $-m_{i1}$, 然后加到第 $i(i=2,3,\cdots,n)$ 行上去得到 (6.2.3) 的同解方程组

$$\left(A^{(1)}|b^{(1)}\right)\xrightarrow[\substack{\vdots \\ r_n-m_{n1}\times r_1}]{\substack{r_2-m_{21}\times r_1 \\ r_3-m_{31}\times r_1}}\left(\begin{array}{ccccc|c} a_{11}^{(1)} & a_{12}^{(1)} & a_{13}^{(1)} & \cdots & a_{1n}^{(1)} & b_1^{(1)} \\ 0 & a_{22}^{(2)} & a_{23}^{(2)} & \cdots & a_{2n}^{(2)} & b_2^{(2)} \\ \vdots & \vdots & \vdots & & \vdots & \vdots \\ 0 & a_{n2}^{(2)} & a_{n3}^{(2)} & \cdots & a_{nn}^{(2)} & b_n^{(2)} \end{array}\right).$$

假设 $a_{22}^{(2)}\neq 0$, 可将第二列 $a_{22}^{(2)}$ 以下的元素全部消为 0, 总共经过 $n-1$ 步, 就能把一个方阵 A 消成一个上三角矩阵.

一般地, 设对式 (6.2.3) 进行 $k-1$ 步消去, 得到

$$\left(A^{(1)}\,\middle|\,b^{(1)}\right)=\left(\begin{array}{ccccccc|c} a_{11}^{(1)} & a_{12}^{(1)} & \cdots & a_{1,k-1}^{(1)} & a_{1k}^{(1)} & \cdots & a_{1n}^{(1)} & b_1^{(1)} \\ 0 & a_{22}^{(2)} & \cdots & a_{2,k-1}^{(2)} & a_{2k}^{(2)} & \cdots & a_{2n}^{(2)} & b_2^{(2)} \\ \vdots & \vdots & & \vdots & \vdots & & \vdots & \vdots \\ 0 & 0 & \cdots & a_{k-1,k-1}^{(k-1)} & a_{k-1,k}^{(k-1)} & \cdots & a_{k-1,n}^{(k-1)} & b_{k-1}^{(k-1)} \\ 0 & 0 & \cdots & 0 & a_{kk}^{(k)} & \cdots & a_{kn}^{(k)} & b_k^{(k)} \\ \vdots & \vdots & & \vdots & \vdots & & \vdots & \vdots \\ 0 & 0 & \cdots & 0 & a_{nk}^{(k)} & \cdots & a_{nn}^{(k)} & b_n^{(k)} \end{array}\right).$$

假设 $a_{kk}^{(k)}\neq 0$, 进行第 k 步消去, 计算因子

$$m_{k+1,k}=\frac{a_{k+1,k}^{(k)}}{a_{kk}^{(k)}},m_{k+2,k}=\frac{a_{k+2,k}^{(k)}}{a_{kk}^{(k)}},\cdots,m_{nk}=\frac{a_{nk}^{(k)}}{a_{kk}^{(k)}}.$$

将 $A^{(k)}$ 的第 k 行乘以因子 $-m_{ik}$, 然后加到第 $i(i=k+1,k+2,\cdots,n)$ 行上去

$$\left(A^{(k)}\left|b^{(k)}\right.\right) \xrightarrow[\substack{\vdots \\ r_n - m_{nk}\times r_k}]{\substack{r_{k+1}-m_{k+1,k}\times r_k \\ r_{k+2}-m_{k+2,k}\times r_k}} \left(\begin{array}{cccccccc|c} a_{11}^{(1)} & a_{12}^{(1)} & \cdots & a_{1k}^{(1)} & a_{1,k+1}^{(1)} & \cdots & a_{1n}^{(1)} & & b_1^{(1)} \\ 0 & a_{22}^{(2)} & \cdots & a_{2k}^{(2)} & a_{2,k+1}^{(2)} & \cdots & a_{2n}^{(2)} & & b_2^{(2)} \\ \vdots & \vdots & & \vdots & \vdots & & \vdots & & \vdots \\ 0 & 0 & \cdots & a_{kk}^{(k)} & a_{k,k+1}^{(k)} & \cdots & a_{kn}^{(k)} & & b_k^{(k)} \\ 0 & 0 & \cdots & 0 & a_{k+1,k+1}^{(k+1)} & \cdots & a_{k+1,n}^{(k+1)} & & b_{k+1}^{(k+1)} \\ 0 & 0 & \cdots & 0 & a_{k+2,k+1}^{(k+1)} & \cdots & a_{k+2,n}^{(k+1)} & & b_{k+2}^{(k+1)} \\ \vdots & \vdots & & \vdots & \vdots & & \vdots & & \vdots \\ 0 & 0 & \cdots & 0 & a_{n,k+1}^{(k+1)} & \cdots & a_{nn}^{(k+1)} & & b_n^{(k+1)} \end{array}\right),$$

其中

$$a_{ij}^{(k+1)} = a_{ij}^{(k)} - m_{ik}a_{kj}^{(k)}, \qquad k+1 \leqslant i \leqslant n, \quad k+1 \leqslant j \leqslant n;$$

$$b_i^{(k+1)} = b_i^{(k)} - m_{ik}b_k^{(k)}, \qquad k+1 \leqslant i \leqslant n.$$

上述做法经过 $n-1$ 步, 可得列式 (6.2.3) 的同解方程组

$$(A^{(n)}|b^{(n)}) = \left(\begin{array}{ccccc|c} a_{11}^{(1)} & a_{12}^{(1)} & \cdots & a_{1,n-1}^{(1)} & a_{1n}^{(1)} & b_1^{(1)} \\ & a_{22}^{(2)} & \cdots & a_{2,n-1}^{(2)} & a_{2n}^{(2)} & b_2^{(2)} \\ & & \ddots & \vdots & \vdots & \vdots \\ & & & a_{n-1,n-1}^{(n-1)} & a_{n-1,n}^{(n-1)} & b_{n-1}^{(n-1)} \\ & & & & a_{nn}^{(n)} & b_n^{(n)} \end{array}\right). \tag{6.2.4}$$

记

$$U = \begin{pmatrix} a_{11}^{(1)} & a_{12}^{(1)} & \cdots & a_{1,n-1}^{(1)} & a_{1n}^{(1)} \\ & a_{22}^{(2)} & \cdots & a_{2,n-1}^{(2)} & a_{2n}^{(2)} \\ & & \ddots & \vdots & \vdots \\ & & & a_{n-1,n-1}^{(n-1)} & a_{n-1,n}^{(n-1)} \\ & & & & a_{nn}^{(n)} \end{pmatrix}, \qquad y = \begin{pmatrix} b_1^{(1)} \\ b_2^{(2)} \\ \vdots \\ b_{n-1}^{(n-1)} \\ b_n^{(n)} \end{pmatrix},$$

得到线性方程组

$$Ux = y. \tag{6.2.5}$$

从最后一个方程, 求出

$$x_n = \frac{b_n^{(n)}}{a_{nn}^{(n)}},$$

将其代入方程组 (6.2.5) 的倒数第二个方程, 求出

$$x_{n-1} = \frac{b_{n-1}^{(n-1)} - a_{n-1,n}^{(n-1)}b_n^{(n)}}{a_{n-1,n-1}^{(n-1)}}.$$

一般地

$$x_i = \frac{b_i^{(i)} - \sum_{j=i+1}^{n} a_{ij}^{(i)} b_j^{(j)}}{a_{ii}^{(i)}}. \tag{6.2.6}$$

上述求解过程称为回代过程.

在计算机运算中, 做一次乘除法、开方运算所花费的时间远超过做一次加减法所需时间, 因此, 在估计某个方法所需运算量时, 只需估计乘除法运算量.

高斯消去法第一步消去过程所需乘除法运算次数为

$$(n-1)(n+1).$$

第 k 步消去乘除法运算次数为

$$(n-k)(n-k+2).$$

消去过程总的乘除法运算次数为

$$\begin{aligned} S_1 = \sum_{k=1}^{n-1}(n-k)(n-k+2) &= \sum_{k=1}^{n-1}(n-k)^2 + 2\sum_{k=1}^{n-1}(n-k) \\ &= \frac{(n-1)n(2n-1)}{6} + 2\frac{(n-1)n}{2} \\ &= \frac{n^3}{3} + \frac{n^2}{2} - \frac{5}{6}n. \end{aligned}$$

回代过程所需乘除法运算次数为

$$S_2 = 1 + 2 + 3 + \cdots + n = \frac{n(n+1)}{2}.$$

总运算量为

$$S = S_1 + S_2 = \frac{n^3}{3} + n^2 - \frac{n}{3}.$$

当 n 很大时, 往往略去 n 的低次项, 所以高斯消去法的运算量为 $\frac{n^3}{3}$ 数量级.

高斯消去法能顺利进行的条件是 $a_{kk}^{(k)} \neq 0 (k=1,2,\cdots,n-1)$, 如果发现 $a_{kk}^{(k)}=0$, 只要矩阵 A 非奇异, 可将 $a_{kk}^{(k)}$ 以下第一个不为零的元素所在行和第 k 行交换, 再在第 k 列中使用高斯消去法.

6.3 三角分解法

6.3.1 三角分解的紧凑格式

高斯消去法第一步消元过程, 从矩阵运算的观点看, 相当于系数矩阵 $A^{(1)}$ 左乘一个下三角矩阵

$$L_1 = \begin{pmatrix} 1 & & & & \\ -m_{21} & 1 & & & \\ -m_{31} & 0 & 1 & & \\ \vdots & \vdots & \ddots & \ddots & \\ -m_{n1} & 0 & \cdots & 0 & 1 \end{pmatrix}.$$

第 k 步消元, 相当于矩阵 $A^{(k)}$ 左乘一个下三角矩阵

$$L_k = \begin{pmatrix} 1 & & & & & & & \\ & 1 & & & & & & \\ & & \ddots & & & & & \\ & & & 1 & & & & \\ & & & -m_{k+1,k} & 1 & & & \\ & & & -m_{k+2,k} & 0 & 1 & & \\ & & & \vdots & \vdots & \ddots & \ddots & \\ & & & -m_{nk} & 0 & \cdots & 0 & 1 \end{pmatrix}.$$

高斯消去法就是连续对系数矩阵 $A^{(1)}$ 左乘下三角矩阵 $L_1, L_2, \cdots, L_{n-1}$, 即

$$L_{n-1}L_{n-2}\cdots L_1A^{(1)} = A^{(n)}. \tag{6.3.1}$$

由于 $\det(L_k) = 1$, 所以 L_k 可逆, 且

$$L_k^{-1} = \begin{pmatrix} 1 & & & & & & & \\ & 1 & & & & & & \\ & & \ddots & & & & & \\ & & & 1 & & & & \\ & & & m_{k+1,k} & 1 & & & \\ & & & m_{k+2,k} & 0 & 1 & & \\ & & & \vdots & \vdots & \ddots & \ddots & \\ & & & m_{nk} & 0 & \cdots & 0 & 1 \end{pmatrix}.$$

由 (6.3.1),

$$A^{(1)}=(L_{n-1}L_{n-2}\cdots L_1)^{-1}A^{(n)}=L_1^{-1}L_2^{-1}\cdots L_{n-1}^{-1}A^{(n)}.$$

令 $L=L_1^{-1}L_2^{-1}\cdots L_{n-1}^{-1}$, 则

$$L=\begin{pmatrix}1&&&&\\m_{21}&1&&&\\m_{31}&m_{32}&1&&\\\vdots&\vdots&&\ddots&\\m_{n1}&m_{n2}&\cdots&m_{n,n-1}&1\end{pmatrix}.$$

于是

$$A=LU. \tag{6.3.2}$$

分解式 (6.3.2) 称为矩阵 A 的 LU 分解. 非奇异矩阵 A 满足条件 $a_{kk}^{(k)}\neq 0(k=1,2,\cdots,n-1)$ 时, 可做 LU 分解, 且 LU 分解唯一. 用高斯消去法得到 A 的 LU 分解计算烦琐, 我们可直接由 A 的元素根据矩阵乘法定出 L,U 的元素.

设 $A=LU$, 有如下形式

$$\begin{pmatrix}a_{11}&a_{12}&\cdots&a_{1n}\\a_{21}&a_{22}&\cdots&a_{2n}\\\vdots&\vdots&&\vdots\\a_{n1}&a_{n2}&\cdots&a_{nn}\end{pmatrix}=\begin{pmatrix}1&&&&\\l_{21}&1&&&\\l_{31}&l_{32}&1&&\\\vdots&\vdots&&\ddots&\\l_{n1}&l_{n2}&\cdots&l_{n,n-1}&1\end{pmatrix}\begin{pmatrix}u_{11}&u_{12}&\cdots&u_{1n}\\&u_{22}&\cdots&u_{2n}\\&&\ddots&\vdots\\&&&u_{nn}\end{pmatrix}. \tag{6.3.3}$$

根据矩阵乘法法则, 比较等式两边第一行元素, 有

$$u_{1j}=a_{1j},\quad j=1,2,\cdots,n.$$

再比较等式两边第一列的元素, 有

$$a_{i1}=l_{i1}u_{11},\quad i=2,3,\cdots,n.$$

于是有

$$l_{i1}=\frac{a_{i1}}{u_{11}},\quad i=2,3,\cdots,n.$$

接下来比较等式 (6.3.3) 两边第二行元素, 有

$$l_{21}u_{1j}+u_{2j}=a_{2j},\quad j=2,3,\cdots,n.$$

于是

$$u_{2j} = a_{2j} - l_{21}u_{1j}, \quad j = 2, 3, \cdots, n.$$

比较等式 (6.3.3) 两边第二列的元素, 有

$$l_{i1}u_{12} + l_{i2}u_{22} = a_{i2}, \quad i = 3, 4, \cdots, n.$$

于是

$$l_{i2} = \frac{a_{i2} - l_{i1}u_{12}}{u_{22}}, \quad i = 3, 4, \cdots, n.$$

一般地, 假设 U 的第一行到 $k-1$ 行的元素以及 L 第一列到 $k-1$ 列的元素已经确定下来. 下面来确定 U 的第 k 行元素 $u_{kk}, u_{k,k+1}, \cdots, u_{kn}$ 以及 L 的第 k 列元素 $l_{kk}, l_{k,k+1}, \cdots, l_{kn}$, 比较 (6.3.3) 左右两边矩阵第 k 行的元素, 有

$$\sum_{p=1}^{n} l_{kp}u_{pj} = \sum_{p=1}^{k-1} l_{kp}u_{pj} + u_{kj} = a_{kj}, \quad j = k, k+1, \cdots, n.$$

所以

$$u_{kj} = a_{kj} - \sum_{p=1}^{k-1} l_{kp}u_{pj}, \quad j = k, k+1, \cdots, n.$$

比较 (6.3.3) 两边矩阵第 k 列的元素有

$$\sum_{p=1}^{n} l_{ip}u_{pk} = \sum_{p=1}^{k-1} l_{ip}u_{pk} + l_{ik}u_{kk} = a_{ik}, \quad i = k+1, k+2, \cdots, n,$$

得

$$l_{ik} = \frac{a_{ik} - \sum\limits_{p=1}^{k-1} l_{ip}u_{pk}}{u_{kk}}, \quad i = k+1, k+2, \cdots, n.$$

这样不需要经过高斯消去法, 直接通过比较 (6.3.3) 式左右两边矩阵元素将 LU 分解求出的方法称为 Doolittle 分解, 在使用该算法计算 LU 分解时, 先确定 U 的第一行, 再确定 L 的第一列, 接下来确定 U 的第二行, L 的第二列, 以此类推.

矩阵的三角分解, 能把原来求解线性方程组

$$Ax = b$$

的问题转化为如下两个三角方程组的求解问题

$$\begin{cases} Ly = b, \\ Ux = y. \end{cases}$$

6.3.2 Cholesky 分解

当矩阵 A 为对称正定矩阵时, 矩阵的 LU 分解会有更特殊的形式. 如果一个矩阵 A 满足 $A=A^{\mathrm{T}}$, 且对任意非零向量 x, 有 $x^{\mathrm{T}}Ax>0$, 称矩阵 A 为对称正定矩阵. 对称正定矩阵有许多很好的性质, 如对称正定矩阵的所有顺序主子矩阵均为对称正定矩阵, 对称正定矩阵所有对角线元素均大于 0, 所有特征值均大于 0.

将矩阵 A 的 LU 分解写成

$$A=LU, \tag{6.3.4}$$

其中

$$L=\begin{pmatrix} 1 & & & & \\ l_{21} & 1 & & & \\ l_{31} & l_{32} & 1 & & \\ \vdots & \vdots & \vdots & \ddots & \\ l_{n1} & l_{n2} & l_{n3} & \cdots & 1 \end{pmatrix}, \quad U=\begin{pmatrix} u_{11} & u_{12} & u_{13} & \cdots & u_{1n} \\ & u_{22} & u_{23} & \cdots & u_{2n} \\ & & u_{33} & \cdots & u_{3n} \\ & & & \ddots & \vdots \\ & & & & u_{nn} \end{pmatrix}.$$

令

$$D=\begin{pmatrix} u_{11} & & & & \\ & u_{22} & & & \\ & & u_{33} & & \\ & & & \ddots & \\ & & & & u_{nn} \end{pmatrix}, \quad \widetilde{U}=\begin{pmatrix} 1 & \dfrac{u_{12}}{u_{11}} & \dfrac{u_{13}}{u_{11}} & \cdots & \dfrac{u_{1n}}{u_{11}} \\ & 1 & \dfrac{u_{23}}{u_{22}} & \cdots & \dfrac{u_{2n}}{u_{22}} \\ & & 1 & \cdots & \dfrac{u_{3n}}{u_{33}} \\ & & & \ddots & \vdots \\ & & & & 1 \end{pmatrix},$$

则 A 的 LU 分解可写成

$$A=LD\widetilde{U}.$$

由于 A 为对称矩阵,

$$LD\widetilde{U}=(LD\widetilde{U})^{\mathrm{T}},$$

即

$$LD\widetilde{U}=\widetilde{U}^{\mathrm{T}}DL^{\mathrm{T}}.$$

两边同时左乘 L^{-1}, 右乘 $(L^{T})^{-1}$, 则有

$$D\widetilde{U}(L^{\mathrm{T}})^{-1}=L^{-1}\widetilde{U}^{\mathrm{T}}D. \tag{6.3.5}$$

(6.3.5) 左边为上三角矩阵, 右边为下三角矩阵, 因此

$$\widetilde{U}(L^{\mathrm{T}})^{-1} = L^{-1}\widetilde{U}^{\mathrm{T}} = I.$$

所以

$$\widetilde{U} = L^{\mathrm{T}}.$$

因此当 A 为对称正定矩阵时, A 的三角分解可写为

$$A = LDL^{\mathrm{T}}.$$

因为 A 正定, L 为单位下三角矩阵, 因此 D 也为正定矩阵, 其对角线元素均大于 0. 记

$$D^{\frac{1}{2}} = \begin{pmatrix} \sqrt{d_1} & & & \\ & \sqrt{d_2} & & \\ & & \ddots & \\ & & & \sqrt{d_n} \end{pmatrix},$$

则

$$A = LD^{\frac{1}{2}}D^{\frac{1}{2}}L^{\mathrm{T}}.$$

令 $G = LD^{\frac{1}{2}}$, 有

$$A = GG^{\mathrm{T}}. \tag{6.3.6}$$

因此当 A 为对称正定矩阵时, A 能分解成 (6.3.6) 的形式, 其中 G 为下三角矩阵, 该分解称为 Cholesky 分解. 我们同样可根据 A 的元素及矩阵乘法运算确定 G 的元素. 读者可自行推导计算公式.

6.4 迭 代 法

本节将介绍求解线性方程组的另一类解法——迭代法. 迭代法的主要思想是把

$$Ax = b, \tag{6.4.1}$$

其中

$$A = \begin{pmatrix} a_{11} & a_{12} & \cdots & a_{1n} \\ a_{21} & a_{22} & \cdots & a_{2n} \\ \vdots & \vdots & & \vdots \\ a_{n1} & a_{n2} & \cdots & a_{nn} \end{pmatrix}, \qquad x = \begin{pmatrix} x_1 \\ x_2 \\ \vdots \\ x_n \end{pmatrix}, \qquad b = \begin{pmatrix} b_1 \\ b_2 \\ \vdots \\ b_n \end{pmatrix},$$

变形成同解方程

$$x = Bx + g. \tag{6.4.2}$$

(6.4.2) 的好处在于易构造迭代格式

$$x^{(k+1)} = Bx^{(k)} + g, \quad k = 0, 1, 2, \cdots, \tag{6.4.3}$$

矩阵 B 称为迭代阵. 给定初始值 $x^{(0)}$, 如果

$$\lim_{k\to\infty} x^{(k+1)} = x^*,$$

则 x^* 为方程 (6.4.1) 的近似解. 当迭代阵 B 的谱半径

$$\rho(B) = \max\{|\lambda| \mid \lambda\text{为 } B \text{ 的特征值}\}$$

小于 1 时, 迭代格式 (6.4.3) 收敛, 且 $\rho(B)$ 越小, 收敛速度越快. 本节主要介绍常用的三种迭代方法: Jacobi 迭代法、Gauss-Seidel 迭代法和超松弛迭代法. 求解对称正定矩阵的共轭梯度法, 我们将在最优化算法中介绍.

6.4.1 Jacobi 迭代法

由方程组 (6.4.1) 的第 i 个方程计算出 $x_i, i = 1, 2, \cdots, n$, 得到一个同解的方程组

$$\begin{cases} x_1 = -\dfrac{1}{a_{11}}(a_{12}x_2 + a_{13}x_3 + \cdots + a_{1n}x_n - b_1), \\ x_2 = -\dfrac{1}{a_{22}}(a_{21}x_1 + a_{23}x_3 + \cdots + a_{2n}x_n - b_2), \\ \qquad\qquad \cdots\cdots \\ x_n = -\dfrac{1}{a_{nn}}(a_{n1}x_1 + a_{n2}x_2 + \cdots + a_{n,n-1}x_{n-1} - b_n). \end{cases}$$

构造迭代格式

$$\begin{cases} x_1^{(k+1)} = -\dfrac{1}{a_{11}}(a_{12}x_2^{(k)} + a_{13}x_3^{(k)} + \cdots + a_{1n}x_n^{(k)} - b_1), \\ x_2^{(k+1)} = -\dfrac{1}{a_{22}}(a_{21}x_1^{(k)} + a_{23}x_3^{(k)} + \cdots + a_{2n}x_n^{(k)} - b_2), \\ \qquad\qquad \cdots\cdots \\ x_n^{(k+1)} = -\dfrac{1}{a_{nn}}(a_{n1}x_1^{(k)} + a_{n2}x_2^{(k)} + \cdots + a_{n,n-1}x_{n-1}^{(k)} - b_n). \end{cases} \tag{6.4.4}$$

给定初始向量 $x^{(0)} = (x_1^{(0)}, x_2^{(0)}, \cdots, x_n^{(0)})$, 利用式 (6.4.4) 可得到一个向量序列 $\{x^{(k)}\}$. 该迭代格式称为 Jacobi 迭代.

令

$$L=\begin{pmatrix}0 & & & & \\ a_{21} & 0 & & & \\ a_{31} & a_{32} & 0 & & \\ \vdots & \vdots & \ddots & \ddots & \\ a_{n1} & a_{n2} & \cdots & a_{n,n-1} & 0\end{pmatrix},\qquad D=\begin{pmatrix}a_{11} & & & & \\ & a_{22} & & & \\ & & a_{33} & & \\ & & & \ddots & \\ & & & & a_{nn}\end{pmatrix},$$

$$U=\begin{pmatrix}0 & a_{12} & a_{13} & \cdots & a_{1n} \\ & 0 & a_{23} & \cdots & a_{2n} \\ & & 0 & \cdots & a_{3n} \\ & & & \ddots & \vdots \\ & & & & a_{n-1,n} \\ & & & & 0\end{pmatrix},$$

则

$$A=L+D+U.$$

Jacobi 迭代法的矩阵形式为

$$x^{(k+1)}=-D^{-1}(L+U)x^{(k)}+D^{-1}b,$$

其中 $-D^{-1}(L+U)$ 为 Jacobi 迭代法的迭代阵.

6.4.2 Gauss-Seidel 迭代法

在 Jacobi 迭代 (6.4.4) 中, 当计算分量 $x_2^{(k+1)}$ 时, 用新计算的量 $x_1^{(k+1)}$ 代替 $x_1^{(k)}$, 在计算分量 $x_3^{(k+1)}$ 时用 $x_1^{(k+1)}, x_2^{(k+1)}$ 分别代替 $x_1^{(k)}, x_2^{(k)}$, 以此类推, 得到求解线性方程组的 Gauss-Seidel 迭代法, 其迭代格式如下

$$\begin{cases} x_1^{(k+1)}=-\dfrac{1}{a_{11}}(a_{12}x_2^{(k)}+a_{13}x_3^{(k)}+\cdots+a_{1n}x_n^{(k)}-b_1), \\ x_2^{(k+1)}=-\dfrac{1}{a_{22}}(a_{21}x_1^{(k+1)}+a_{23}x_3^{(k)}+\cdots+a_{2n}x_n^{(k)}-b_2), \\ \qquad\qquad\cdots\cdots \\ x_n^{(k+1)}=-\dfrac{1}{a_{nn}}(a_{n1}x_1^{(k+1)}+a_{n2}x_2^{(k+1)}+\cdots+a_{n,n-1}x_{n-1}^{(k+1)}-b_n). \end{cases} \tag{6.4.5}$$

Jacobi 迭代法在每次迭代过程中需存储两个 n 维向量, 而 Gauss-Seidel 迭代法只需要存储一个 n 维向量.

Gauss-Seidel 迭代法的矩阵形式为

$$x^{(k+1)} = -(L+D)^{-1}Ux^{(k)} + (L+D)^{-1}b,$$

其中 $-(L+D)^{-1}U$ 为 Gauss-Seidel 迭代法的迭代阵.

6.4.3 超松弛迭代法

为加快收敛速度, 在 Gauss-Seidel 迭代中引入参数 ω 就能得到超松弛收敛. Gauss-Seidel 分量形式为

$$\begin{aligned} x_i^{(k+1)} &= -\frac{1}{a_{ii}}\left(\sum_{j=1}^{i-1} a_{ij}x_j^{(k+1)} + \sum_{j=i+1}^{n} a_{ij}x_j^{(k)} - b_i\right) \\ &= x_i^{(k)} - \frac{1}{a_{ii}}\left(\sum_{j=1}^{i-1} a_{ij}x_j^{(k+1)} + \sum_{j=i}^{n} a_{ij}x_j^{(k)} - b_i\right), \\ &\qquad i = 1, 2, \cdots, n. \end{aligned}$$

引入参数 ω, 有

$$\begin{aligned} x_i^{(k+1)} &= x_i^{(k)} - \frac{\omega}{a_{ii}}\left(\sum_{j=1}^{i-1} a_{ij}x_j^{(k+1)} + \sum_{j=i}^{n} a_{ij}x_j^{(k)} - b_i\right) \\ &= (1-\omega)x_i^{(k)} - \frac{\omega}{a_{ii}}\left(\sum_{j=1}^{i-1} a_{ij}x_j^{(k+1)} + \sum_{j=i+1}^{n} a_{ij}x_j^{(k)} - b_i\right). \end{aligned} \tag{6.4.6}$$

参数 ω 称为松弛因子, 主要是为了加速迭代收敛速度. 当 $\omega > 1$ 时, (6.4.6) 称为超松弛迭代法. 超松弛迭代阵形式为

$$x^{(k+1)} = (1-\omega)x^{(k)} - \omega D^{-1}(Lx^{(k+1)} + Ux^{(k)} - b).$$

整理得

$$x^{(k+1)} = (D+\omega L)^{-1}[(1-\omega)D - \omega U]x^{(k)} + \omega(D+\omega L)^{-1}b.$$

超松弛迭代法的迭代阵为 $(D+\omega L)^{-1}[(1-\omega)D - \omega U]$.

6.5 超定方程组的最小二乘解

6.5.1 矩阵的条件数

考虑系数矩阵为方阵的线性代数方程组

$$Ax = b \tag{6.5.1}$$

和右端有扰动的方程组

$$A(x+\delta x)=b+\delta b. \tag{6.5.2}$$

容易得到

$$\frac{\|\delta x\|}{\|x\|}\leqslant\|A\|\cdot\|A^{-1}\|\cdot\frac{\|\delta b\|}{\|b\|}. \tag{6.5.3}$$

若 A 和 b 都有扰动, 此时

$$(A+\delta A)(x+\delta x)=b+\delta b, \tag{6.5.4}$$

有

$$\frac{\|\delta x\|}{\|x\|}\leqslant\frac{\|A\|\|A^{-1}\|}{1-\|A\|\cdot\|A^{-1}\|\dfrac{\|\delta A\|}{\|A\|}}\left(\frac{\|\delta A\|}{\|A\|}+\frac{\|\delta b\|}{\|b\|}\right). \tag{6.5.5}$$

从上式可以看出, 即使 A 和 b 的相对误差很小, 当 $\|A\|\|A^{-1}\|$ 很大时, x 的相对误差可能会很大.

对于方阵 A, 称

$$k(A)=\|A\|\|A^{-1}\|$$

为矩阵 A 的条件数. 当 $\det(A)\neq 0$, 但 $\det(A)$ 接近于 0 时, A 为病态矩阵. 条件数越大, 说明病态程度越高.

6.5.2 奇异值分解

下面介绍矩阵的奇异值分解.

假设矩阵 $A\in\mathbb{R}^{m\times n}$, 则必存在正交矩阵 $U=(u_1,u_2,\cdots,u_m)\in\mathbb{R}^{m\times m}$, $V=(v_1,v_2,\cdots,v_n)\in\mathbb{R}^{n\times n}$ 和对角矩阵 $\widetilde{\Sigma}\in\mathbb{R}^{m\times n}$ 使得

$$A=U\widetilde{\Sigma}V^{\mathrm{T}},$$
$$\widetilde{\Sigma}=\begin{pmatrix}\Sigma & 0\\ 0 & 0\end{pmatrix},$$

其中 $\Sigma=\mathrm{diag}(\sigma_1,\sigma_2,\cdots,\sigma_r)$ 且 $\sigma_1\geqslant\sigma_2\geqslant\cdots\geqslant\sigma_r\geqslant 0$.

以上分解过程得到的 $\{\sigma_i,u_i,v_i\}$ 称为 A 的奇异值系统, 其中 σ_i 称为 A 的奇异值, u_i 为 A 的左奇异向量, v_i 为 A 的右奇异向量, 即

$$\begin{cases}Av_i=\sigma_i u_i,\\ A^{\mathrm{T}}u_i=\sigma_i v_i\end{cases} \tag{6.5.6}$$

或

$$A^{\mathrm{T}}Av_i=\sigma_i^2 v_i,\quad i=1,2,\cdots,\min\{m,n\}. \tag{6.5.7}$$

特别地, 当 $A\in\mathbb{R}^{n\times n}$ 为非奇异矩阵时, A 的奇异值分解为

$$A=U\Sigma V^{\mathrm{T}}=\sum_{i=1}^{n}\sigma_i u_i v_i^{\mathrm{T}}.$$

因此 $Ax=b$ 有唯一解

$$x=A^{-1}b=(U\Sigma V^{\mathrm{T}})^{-1}b=V\Sigma^{-1}U^{\mathrm{T}}b=\sum_{i=1}^{n}\frac{u_i^{\mathrm{T}}b}{\sigma_i}v_i.$$

从该展开式可见, 当 σ_i 很小时, A 或 b 的微小变化必导致 x 较大的变化. 也就是说对病态方程组 $Ax=b$, 因存在某些 σ_i 很小 (如 $\sigma_i=10^{-i}$, 当 $i=20$ 时, $\sigma_{20}=10^{-20}$), 当扰动数据有微小误差 (如 δb 为 $10^{-2},10^{-3},10^{-4}$), 求解 $A(x+\delta x)=b+\delta b$ 得到的近似解误差会被放大:

$$x+\delta x=\sum_{i=1}^{n}\frac{u_i^{\mathrm{T}}\cdot(b+\delta b)}{\sigma_i}v_i=x+\underbrace{\sum_{i=1}^{n}\frac{u_i^{\mathrm{T}}\cdot\delta b}{\sigma_i}v_i}_{\text{被放大}}.$$

例如, 当系数矩阵接近奇异矩阵时, 从上式可明显看出, 解 x 对右端向量的扰动很敏感.

6.5.3 超定方程的最小二乘解

考虑如下问题: 求向量 $x\in\mathbb{R}^n$, 使得

$$Ax=b,$$

其中 $A\in\mathbb{R}^{m\times n},b\in\mathbb{R}^m$ 且 $m>n$.

当方程个数大于未知量个数时, 称方程组 $Ax=b$ 是超定的. 如图 6.5.1 所示.

当系数矩阵的秩不等于增广矩阵的秩时, 超定方程组不存在经典解. 应用问题中往往有解 (即现象后面必有规律), 数学模型只是应用问题的近似表达, 故需要拓广解的概念, 提出广义解.

对超定方程组, 我们可考虑选取适当的 p, 极小化 $\|Ax-b\|_p$. 不同的范数给出不同意义下的最优解, 吻合不同的应用背景. 因为 2 范数比其他范数具有更好的性质, 选取 2 范数, 即为最小二乘问题: 求 x, 使 $\|Ax-b\|_2$ 最小.

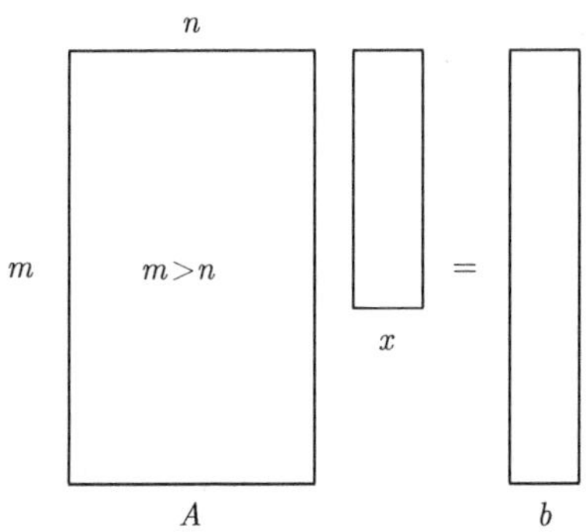

图 6.5.1 超定方程组矩阵形式

最小化 $\|Ax-b\|_2$ 等价于最小化 $\|Ax-b\|_2^2$. 如图 6.5.2 所示. 由

$$\|Ax-b\|_2^2 = x^{\mathrm{T}}A^{\mathrm{T}}Ax - 2b^{\mathrm{T}}Ax + \|b\|_2^2, \tag{6.5.8}$$

可知, 上述表达式取得最小值的必要条件是对 x 求导后为 0, 即

$$2A^{\mathrm{T}}Ax - 2A^{\mathrm{T}}b = 0$$

或

$$A^{\mathrm{T}}Ax = A^{\mathrm{T}}b.$$

因此, 如果 A 是列满秩的, 则存在一个唯一的最小二乘解, 它是对称正定线性方程组

$$A^{\mathrm{T}}Ax_{LS} = A^{\mathrm{T}}b$$

的解. 这个方程称为法方程组. 求解法方程组, 有

$$x_{LS} = (A^{\mathrm{T}}A)^{-1}A^{\mathrm{T}}b = A^{+}b \tag{6.5.9}$$

其中 $A^{+} = (A^{\mathrm{T}}A)^{-1}A^{\mathrm{T}}$ 称为 A 的广义逆 (Moore-Penrose inverse).

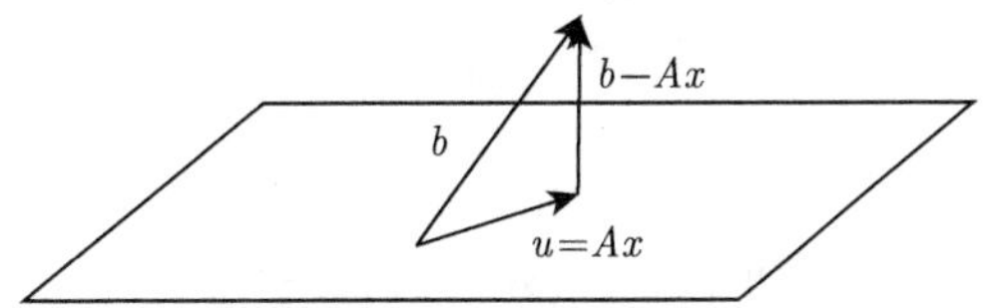

图 6.5.2 最小二乘解的几何解释

下面介绍求解法方程组的三种方法.

第一种方法: 采用 Cholesky 分解. 求解过程如下:

(1) 求 $A^{\mathrm{T}}A$ 的 Cholesky 分解, $A^{\mathrm{T}}A = LL^{\mathrm{T}}$, L 为下三角矩阵;

(2) 采用向前迭代求解线性方程组 $Ly = A^{\mathrm{T}}x$;

(3) 采用向后回代求解线性方程组 $L^{\mathrm{T}}x = y$.

该方法求解法方程组计算解的精度依赖于条件数的平方.

第二种方法: 采用奇异值分解. 由矩阵 A 的约化的奇异值分解, 有 $A = U\Sigma V^{\mathrm{T}}$, 其中正交矩阵 $U \in \mathbb{R}^{m\times n}, V \in \mathbb{R}^{n\times n}$, 对角矩阵 $\Sigma = \mathrm{diag}(\sigma_1, \sigma_2, \cdots, \sigma_n) \in \mathbb{R}^{n\times n}, \sigma_i > 0$. 根据法方程组, 得

$$V\Sigma U^{\mathrm{T}}U\Sigma V^{\mathrm{T}}x = V\Sigma U^{\mathrm{T}}b,$$

因此,

$$V\Sigma\Sigma V^{\mathrm{T}}x = V\Sigma U^{\mathrm{T}}b.$$

由于 V 为正交矩阵, Σ 为元素全为正的对角矩阵, 因此 $V\Sigma$ 可逆, 于是有

$$\begin{aligned} &\Sigma V^{\mathrm{T}}x = U^{\mathrm{T}}b, \\ &\sigma_i v_i^{\mathrm{T}}x = u_i^{\mathrm{T}}b, \quad i = 1, 2, \cdots, n. \end{aligned}$$

所以最小二乘解为

$$x_{LS} = \sum_{i=1}^{n} \frac{u_i^{\mathrm{T}}b}{\sigma_i} v_i. \tag{6.5.10}$$

注 若矩阵非列满秩, 即 $r(A) = r < n$, 此时方程 $Ax = b$ 的最小二乘解为

$$x_{LS} = \sum_{i=1}^{r} \frac{u_i^{\mathrm{T}}b}{\sigma_i} v_i.$$

第三种方法: 采用 QR 分解. 根据约化的 QR 分解, $A = QR$, 其中 $Q \in \mathbb{R}^{m\times m}$ 为正交矩阵,

$$R = \begin{pmatrix} R_1 \\ 0 \end{pmatrix},$$

$R_1 \in \mathbb{R}^{n\times n}$ 为上三角矩阵, 有

$$A^{\mathrm{T}}A = (QR)^{\mathrm{T}}QR = R^{\mathrm{T}}R,$$

于是法方程组变为

$$R^{\mathrm{T}}Rx = A^{\mathrm{T}}b = (QR)^{\mathrm{T}}b = R^{\mathrm{T}}Q^{\mathrm{T}}b,$$

由于 $A^{\mathrm{T}}A$ 为对称正定矩阵, 则 R^{T} 具有正的对角元, 因此 R^{T} 可逆, 于是有

$$Rx = Q^{\mathrm{T}}b, \tag{6.5.11}$$

使用向后回代就能够求出超定方程的最小二乘解.

当矩阵 A 的条件数很大时, 直接求解法方程组比使用 QR 算法或者 SVD 算法求解要损失双倍的精度.

下面给出超定方程组最小二乘问题的灵敏性分析理论结果.

定理 6.5.1 假设 x 和 $\hat{x}$ 分别为线性方程组 $Ax=b$ 和 $(A+\delta A)x=b+\delta b$ 的最小二乘解, 其中 $A,\delta A\in\mathbb{R}^{m\times n},\delta b\in\mathbb{R}^{m}$ 且 $m\geqslant n$. 令残量 $r=b-Ax$. 如果

$$\varepsilon=\max\left(\frac{\|\delta A\|_2}{\|A\|_2},\frac{\|\delta b\|_2}{\|b\|_2}\right)<\frac{1}{\kappa_2(A)},$$

则

$$\frac{\|\hat{x}-x\|_2}{\|x\|_2}\leqslant\varepsilon\left(\frac{2\kappa_2(A)}{\cos\theta}+(\tan\theta)(\kappa_2(A))^2\right)+O(\varepsilon^2), \tag{6.5.12}$$

其中 $\sin\theta=\dfrac{\|r\|_2}{\|b\|_2}$, 即 θ 为向量 $r=b-Ax$ 和 Ax 的夹角 $\left(0<\theta<\dfrac{\pi}{2}\right)$, $\kappa_2(A)$ 指条件数取 2 范数.

从该定理可以知道, 当 θ 很小时, 残量也小, 敏感性主要依赖于 A 的条件数 $\kappa_2(A)$; 当 θ 不接近于 $\dfrac{\pi}{2}$, 而 $\kappa_2(A)$ 很大时, 扰动敏感性主要依赖于 $(\kappa_2(A))^2$; 当 θ 接近于 $\dfrac{\pi}{2}$ 时, 解接近于 0, 但由扰动问题求出的最小二乘解 $\hat{x}$ 不会为 0, 且 $\dfrac{\|\hat{x}-x\|_2}{\|x\|_2}$ 会很大.

当方程组个数少于未知量个数时, 称为欠定方程组, 对于欠定方程组的最小二乘解及其求解方法, 感兴趣的读者可以参阅文献 [131].

6.5.4 病态方程组的正则化方法

先举例说明病态方程组解的大误差来源于系数矩阵. 比如求解一元一次方程

$$10^{-6}x=y,$$

则

$$x=10^{6}y.$$

若 $y=1$, 则真解 $x=10^6$. 现给定 $\delta=0.01$, 求解扰动后的方程

$$10^{-6}(x+\delta x)=y+\delta y,$$

则 $x+\delta x=10^6\times 1.01=10^6+10^4=x+10^4$, 这导致了解的巨大误差. 因此研制稳定化算法至关重要.

下面介绍两种正则化方法及正则化参数选取策略. 首先我们来介绍 Tikhonov 正则化方法.

假设 $\alpha>0$, 定义方程组 $Ax=b$ 正则化解 x_α 为下列优化问题的解

$$x_\alpha=\arg\min_x\left\{\|Ax-b\|_2^2+\alpha\|x\|_2^2\right\},$$

其对应的法方程组为

$$(A^{\mathrm{T}}A+\alpha I)x_\alpha=A^{\mathrm{T}}b.$$

易得其 Tikhonov 正则化解为

$$x_\alpha=\sum_{i=1}^n f_i\frac{u_i^{\mathrm{T}}b}{\sigma_i}v_i,$$

其中 $f_i=\dfrac{\sigma_i^2}{\sigma_i^2+\alpha}$ 为过滤因子.

我们注意到当 $\alpha\to 0$ 时, $f_i\to 1$, 故 $x_\alpha\to x$; 对很小的奇异值 σ_i,

$$f_i=\frac{\sigma_i^2}{\sigma_i^2+\alpha}\approx\frac{\sigma_i^2}{\alpha},$$

$$f_i\frac{u_i^{\mathrm{T}}b}{\sigma_i}\approx\frac{\sigma_i}{\alpha}u_i^{\mathrm{T}}b.$$

从而当适当选取 α 时, Tikhonov 正则化方法却为一种稳定化算法.

令 $y^\delta=y+\delta y$. 定义 Tikhonov 正则化解:

$$\begin{aligned}
x_\alpha^\delta&=\arg\min_{x\in\mathbb{R}}\left\{(10^{-6}x-y^\delta)^2+\alpha x^2\right\}\\
&\Leftrightarrow(10^{-6}\times 10^{-6}+\alpha)x_\alpha^\delta=10^{-6}y^\delta\\
&\Rightarrow x_\alpha^\delta=\frac{10^{-6}y^\delta}{\alpha+10^{-6}\times 10^{-6}}=\frac{1.01\times 10^{-6}}{\alpha+10^{-12}}.
\end{aligned}$$

选正则化参数 α, 使得 $x_\alpha^\delta=x$, 则得 $\alpha=10^{-14}$.

一般 x 未知, 若有先验界, $|x|\leqslant E$, 则

$$\begin{aligned}
|x_\alpha^\delta-x|&=\left|\frac{10^{-6}y^\delta}{10^{-12}+\alpha}-x\right|\\
&=\left|\frac{10^{-6}y^\delta}{10^{-12}+\alpha}-\frac{10^{-6}y}{10^{-12}+\alpha}+\frac{10^{-12}x}{10^{-12}+\alpha}-x\right|\\
&\leqslant\frac{\delta}{2\sqrt{\alpha}}+E\frac{\sqrt{\alpha}}{2}10^6.
\end{aligned}$$

取 $\dfrac{\delta}{2\sqrt{\alpha}} = E\dfrac{\sqrt{\alpha}}{2}10^6$, 若能知道 $E = x = 10^6$, 注意到 $\delta = 0.01$, 则可得 $\alpha = 10^{-14}$. 这是正则化参数的最优选取.

若 $r(A) < n$, Tikhonov 正则化解仍唯一存在, 且为

$$x_\alpha = \sum_{i=1}^{r} f_i \cdot \frac{u_i^{\mathrm{T}} b}{\sigma_i} v_i.$$

当 A 为对称半正定阵, 可使用 Lavrentiev 正则化方法. Lavrentiev 正则解 x_α 定义为下面线性代数方程组的解

$$Ax_\alpha + \alpha x_\alpha = b.$$

由 SVD 分解, 易知

$$U\Sigma U^{\mathrm{T}} x_\alpha + \alpha x_\alpha = b,$$

得

$$\Sigma U^{\mathrm{T}} x_\alpha + \alpha U^{\mathrm{T}} x_\alpha = U^{\mathrm{T}} b,$$

即

$$\sigma_i u_i^{\mathrm{T}} x_\alpha + \alpha u_i^{\mathrm{T}} x_\alpha = u_i^{\mathrm{T}} b, \quad i = 1, 2, \cdots, n,$$

因此

$$x_\alpha^\delta = \sum_{i=1}^{n} \frac{\sigma_i}{\sigma_i + \alpha} \cdot \frac{u_i^{\mathrm{T}} b^\delta}{\sigma_i} u_i.$$

该方法又称为阻尼奇异值分解 (damped singular value decomposition, DSVD).

例 6.5.1 图像去模糊化 对已有图形 lena (图 6.5.3) 进行模糊化处理. 由原始图形得到矩阵 F, 对 F 作用算子 K 并加上随机噪声, 给定矩阵 A 和 B, 得到矩阵

$$G = BFA' + 0.001\mathrm{rand}(256, 256),$$

从而完成原图片的模糊化处理 (图 6.5.4).

图 6.5.3 原有图 lena

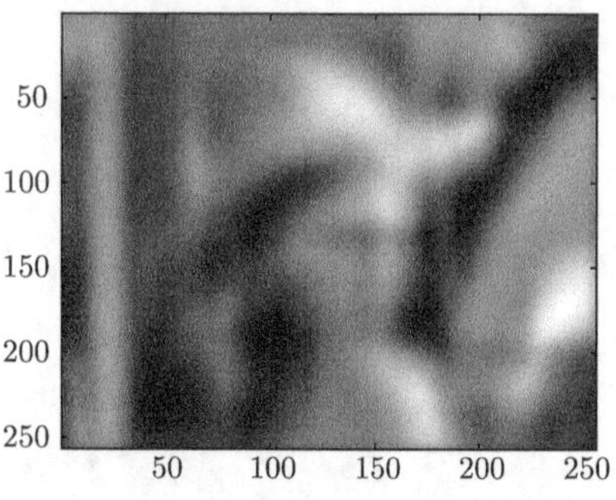

图 6.5.4 模糊化处理图

图片模糊化处理中加的随机噪声使我们很难由模糊化图片得到原始图片. 我们使用 Tikhonov 正则化方法将模糊的图像恢复为原来清晰的图像. 图 6.5.5 为选取不同正则化因子得到的图片.

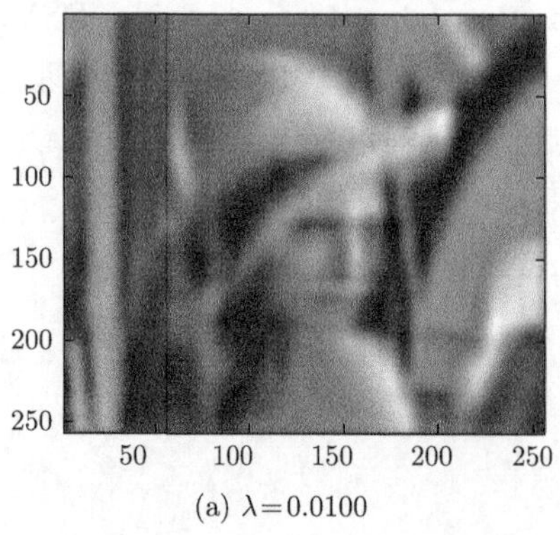

(a) $\lambda=0.0100$

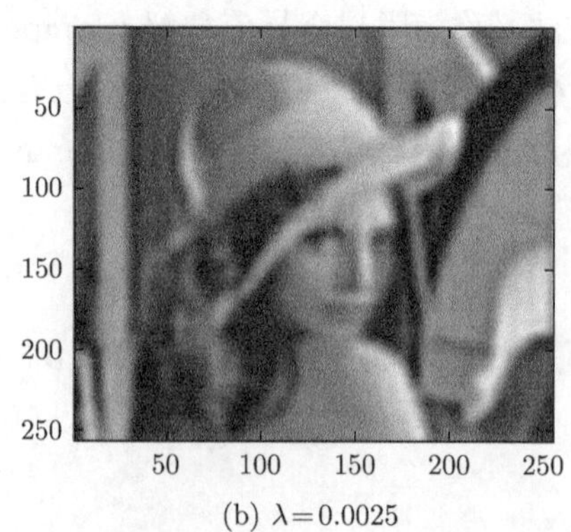

(b) $\lambda=0.0025$

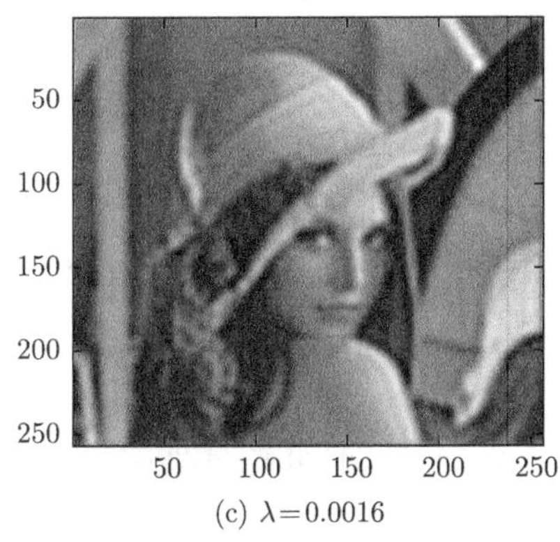

(c) $\lambda=0.0016$

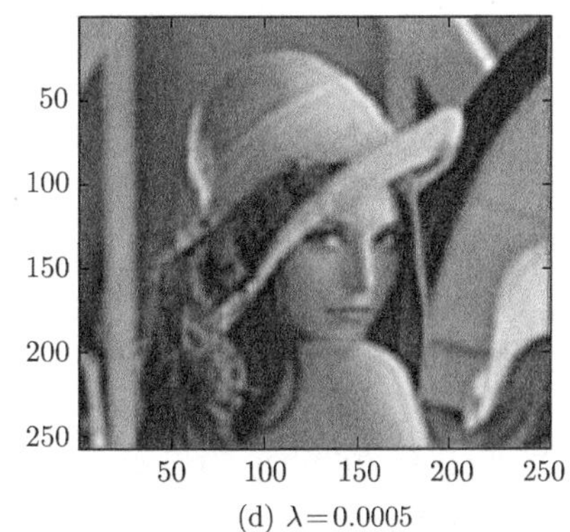

(d) $\lambda=0.0005$

图 6.5.5 Tikhonov 正则化方法

6.6 评注与进一步阅读

本章中, 介绍了求解线性方程组的直接法, 包括高斯消去法和三角分解法. 两种方法本质上是一样的, 但实际计算过程却不相同. 高斯消去法不稳定, 需要使用列主元和全主元高斯消去法控制计算过程中舍入误差的增长, 使得算法稳定.

关于迭代法, 本章主要介绍了 Jacobi 迭代、Gauss-Seidel 迭代和超松弛迭代法. 对同一线性方程组, Jacobi 迭代和 Gauss-Seidel 迭代可能同时收敛, 也可能同时发散, 也可能一个收敛, 一个发散. 当两者同时收敛时, 一般 Jacobi 迭代比 Gauss-Seidel 迭代收敛速度慢. 超松弛收敛法中, 对于对称正定矩阵, 可求出其最佳松弛因子.

本章介绍的方法主要适用于中等规模的矩阵, 而很多实际问题中会导出大规模线性方程组的求解问题, 比如油藏数值模拟、数值天气预报中, 需要不断求解偏微分方程组的数值解, 因此会不断导出含有几万、几十万甚至上百万个未知量的线性代数方程组, 这就需要有收敛速度快且稳定的求解线性代数方程组的算法.

现代求解大规模线性代数方程组的迭代法一般是基于 Krylov 子空间的方法. 当系数矩阵对称正定时, 有共轭梯度法、双正交共轭梯度法. 为了加快其收敛速度, 有各种预处理的共轭梯度法. 当系数矩阵对称不正定时, 有 Lanczos 算法、极小残量 (MRES) 法. 当系数为非对称矩阵时, 有 Arnoldi 算法、广义极小残量 (GMRES) 算法、Hermite 和反 Hermite 分裂 (HSS) 算法及正定反 Hermite 分裂算法, 读者可参阅书 [131,133–135].

6.7 训 练 题

图 6.7.1 中的细长杆位于两墙之间. 墙的温度均为常数. 热量流经细长杆, 同时向杆内以及周围的空气中传播. 当系统达到稳态时, 根据热量守恒, 系统所满足的微分方程为

$$\frac{\mathrm{d}^2T}{\mathrm{d}x^2} - h_e(T - T_a) = 0, \tag{6.7.1}$$

其中 T 为温度 (℃), x 为沿着杆的距离 (m), h_e 为杆和空气之间的传热系数 ($\mathrm{W/(m^2 \cdot K)}$), T_a 为空气的温度 (℃).

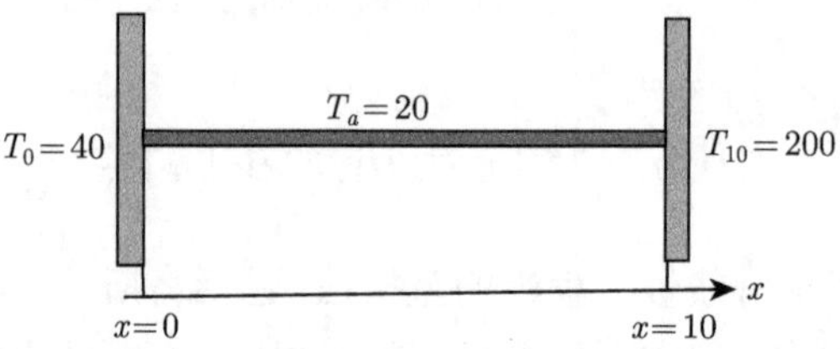

图 6.7.1 细长杆的传热

若 $h_e = 0.01, T_a = 20, T_0 = 40, T_{10} = 200$. 微分方程(6.7.1)的解为

$$T = 73.4523\mathrm{e}^{0.1x} - 53.4523\mathrm{e}^{-0.1x} + 20.$$

假设杆被分成 10 等份, 结点处的温度分别记为 $T_i, i = 0, 1, 2, \cdots, 10$. 通过有限差分法

$$\frac{T_{i+1} - 2T_i + T_{i-1}}{\Delta x^2} - h_e(T_i - T_a) = 0, \quad i = 1, 2, \cdots, 9,$$

整理得

$$-\frac{1}{\Delta x^2}T_{i+1} + \left(\frac{2}{\Delta x^2} + h_e\right)T_i - \frac{1}{\Delta x^2}T_{i-1} = h_eT_a, \quad i = 1, 2, \cdots, 9. \tag{6.7.2}$$

将 $\Delta x = 1$ 代入

$$-T_{i+1} + 2.01T_i - T_{i-1} = 0.2, \quad i = 1, 2, \cdots, 9,$$

得到含有 9 个未知量的 9 个方程.

请写出方程的矩阵形式, 并利用本章中介绍的方法进行求解, 将求得的近似解与解析解进行比较, 做误差分析.

第 7 章　最优化模型及数值求解

参数最优选择、路径最优设置、资源最优配置、方案最优确定在数学上均可归结为函数、泛函的极值或最值问题.

本章主要介绍最优化模型及其求解的数值算法. 数值算法中对一维问题介绍了黄金分割法, 多维搜索经典的方法介绍了模式搜索法、共轭梯度法, 随机算法介绍了粒子群方法和模拟退火算法. 最后, 介绍了 K-均值法.

7.1　最优化模型

模型 1: 分子构象

蛋白质分子的功能遵循其结构, 分子形状的卷曲和折叠构成一个具有特定构象的蛋白质. 控制氨基酸形成蛋白质构象的作用力主要是一些弱的作用力, 比如静电吸引和范德华瓦耳斯力. 范德华瓦耳斯力是分子间的吸引力, 对蛋白质分子的构象有重要作用.

目前, 预测蛋白质构象的方法是找到氨基酸总构形的最小势能. Lennard-Johes 势函数表达式为

$$U(r)=\frac{1}{r^{12}}-\frac{2}{r^{6}},$$

r 代表两个原子之间的距离. 当 $r>1$ 时原子间的作用力为吸引力, 当 $r<1$ 时原子间作用力主要表现为斥力. 假设有一个由 n 个原子组成的原子簇, 原子的位置分别为 $(x_1,y_1,z_1),(x_2,y_2,z_2),\cdots,(x_n,y_n,z_n)$. 分子构象需要最小化每对原子间的 Lennard-Johes 势之总和

$$U=\sum_{i<j}\left(\frac{1}{r_{ij}^{12}}-\frac{2}{r_{ij}^{6}}\right).$$

模型 2: 极大似然估计

在机器学习中, 参数估计包括对一组随机试验结果进行检验, 并运用某一类具体的概率分布对其进行解释. 例如, 对班里的每一名学生进行测量身高, 得到数据集 (学生 i, 身高 h_i). 如果学生足够多的话, 可以对全体学生身高的分布采用正态分布模型

$$f(h;\mu,\sigma)=\frac{1}{\sigma\sqrt{2\pi}}\mathrm{e}^{\frac{-(h-\mu)^2}{2\sigma^2}}. \tag{7.1.1}$$

这里 μ 是均值, σ 是标准差.

在这个正态分布下, 对每个学生观测高度 h_i 的极大似然估计是由 $f(h_i;\mu,\sigma)$ 给定的. 假设学生 i 与学生 j 的高度在概率上是相互独立的, 观测到的整个高度集的极大似然估计与下列乘积成比例

$$P(\{h_1,h_2,\cdots,h_n\};\mu,\sigma)=\prod_{i=1}^{n}\frac{1}{\sigma\sqrt{2\pi}}\mathrm{e}^{\frac{-(h_i-\mu)^2}{2\sigma^2}}. \tag{7.1.2}$$

估计函数 f 中参数 μ 和 σ 的常用方法是固定 h_i, 把 P 看成 μ 和 σ 的函数极大化 P, 这就叫做参数 μ 和 σ 的极大似然估计. 我们常用 P 的对数函数

$$\log(P(\{h_1,h_2,\cdots,h_n\};\mu,\sigma)) \tag{7.1.3}$$

作为最优化的目标函数, 这个函数与原函数有相同的最大值, 但是其具有更好的数学性质.

模型 3: 黛多问题

古罗马诗人维吉尔, 在他的史诗《埃涅伊德》中写道: 公元前 1193—前 1184 年, 泰雅国的公主黛多为了逃避同胞哥哥的追杀, 带着随从乘船西渡, 来到现在被称作迦太基的地方, 见这儿地势险要又可控制地中海交通要塞, 遂决定在此建城. 然而她的举动触犯了当地人的习俗, 当地人禁止外来人占有超过一张牛皮大小的地方. 聪慧的黛多成功地运用这条法律, 把牛皮裁剪成一根根又细又薄的皮条, 用皮条围圈, 使她得到了想要的领地, 从而建立了迦太基城.

黛多问题, 从数学上讲, 就是给定周长, 要求曲线所围图形面积最大. 用数学语言描述, 即为如下求带约束条件的极大泛函问题

$$\sup\int_0^{\xi}y(x)\mathrm{d}x,$$

约束条件为

$$\xi\geqslant 0,\quad y(0)=0,\quad \int_0^{\xi}\sqrt{1+y'(x)^2}\mathrm{d}x=l,$$

其中 ξ 是曲线终点, $y(x)$ 代表曲线的位置.

模型 4: 最优命令

考虑一个带二次准则的线性偏微分方程组, 主要用来指导机器人、太空飞船或者交通工具等使其尽可能按照预先给定的轨道运行. 机器人在 t 时刻的状态可用函数 $y(t)\in\mathbb{R}^N$(通常指位置和速度) 来表示. 机器人遵循命令函数 $v(t)\in\mathbb{R}^M$(通常包含机器的功率、轮子的方向等) 行动. 在外力 $f(t)\in\mathbb{R}^N$ 的作用下, 根据动力

学定律可得到如下一个常微分方程组 (为简单假设为线性的)

$$\begin{cases} \dfrac{\mathrm{d}y}{\mathrm{d}t} = Ay + Bv + f, \quad 0 \leqslant t \leqslant T, \\ y(0) = y_0, \end{cases}$$

其中 $y(0) \in \mathbb{R}^N$ 代表系统的初始状态, $A \in \mathbb{R}^{N\times N}$ 和 $B \in \mathbb{R}^{N\times M}$ 代表两个常数矩阵. $z(t)$ 表示目标轨道, Z_T 为最终位置. 为了使控制物体尽可能逼近预定轨道又使控制费用最低, 引入三个正的对称矩阵 R, Q, D, 其中 R 是对称正定矩阵. 定义如下一个二次准则

$$J(v) = \int_0^T Rv(t)\cdot v(t)\mathrm{d}t + \int_0^T Q(y-z)(t)\cdot(y-z)(t)\mathrm{d}t + D(y(T)-z_T)(y(T)-z_T). \tag{7.1.4}$$

要求解的问题为

$$\inf_{v(t)\in K, 0\leqslant t\leqslant T} J(v). \tag{7.1.5}$$

本章对一些常用的优化问题求解方法进行介绍, 含直接搜索方法和随机搜索方法. 直接搜索方法是指不需目标函数的导数信息, 而仅采用函数值信息进行搜索的方法, 包括一维搜索的黄金分割法、多维搜索的模式搜索法等[13]. 随机搜索方法是指利用概率方法产生随机可行解, 通过对该随机可行解函数值的比较和迭代求得函数的近似最优解的方法, 包括粒子群算法、模拟退火算法等.

7.2 无约束优化问题的直接搜索算法

7.2.1 黄金分割法

一元函数 $F(x)$ 的极值问题即一维最优化问题. 求解一维优化问题的方法称为一维搜索法, 它是优化问题中最简单、最基本的方法. 它不仅可以解决单变量目标函数的最优化问题, 而且在求多变量目标函数的极值时, 可通过反复多次的一维搜索来实现.

求解优化问题的基本迭代格式: 从一个已知点 $x^{(k)}$ 出发 ($x^{(k)}$ 由上次迭代获得, 起始点为 $x^{(0)}$), 沿某一优化方法所规定的使目标函数值下降的搜索方向 $d^{(k)}$, 选择一个步长因子 α^k, 求得下一个新迭代点 $x^{(k+1)}$:

$$x^{(k+1)} = x^{(k)} + \alpha^k d^{(k)},$$

并且满足

$$F(x^{(k+1)}) \leqslant F(x^{(k)}),$$

即新的迭代点必须能够使目标函数值有所下降. 如此重复, 直到求出目标函数的最优解为止. 理想步长 α^k 可以通过

$$F(\alpha) = F(x^{(k)} + \alpha^k d^{(k)})$$

的极小点获得, 使得目标函数达到最小

$$\min F(x^{(k)} + \alpha^k d^{(k)}),$$

这种在第 k 次迭代中求理想步长 α^k 的过程, 就是一维搜索过程. 黄金分割法 (golden section method) 是最为经典的一维搜索方法之一.

黄金分割法适用于单峰函数, 其定义如下.

定义 7.2.1 设 $F(x)$ 是定义在闭区间 $[a,b]$ 上的一维实函数, 若存在 $x^* \in [a,b]$, 使得 $F(x)$ 在 $[a,x^*]$ 上严格递减, 在 $[x^*,b]$ 上严格递增, 则称 $[a,b]$ 为函数 $F(x)$ 的单峰区间, $F(x)$ 是 $[a,b]$ 上的**单峰函数**.

单峰函数有一个很好的性质: 通过计算区间 $[a,b]$ 内两个不同点的函数值, 可以确定一个包含极小点的子区间.

黄金分割法的思想: 对单峰函数通过取试探点并进行函数值比较, 使包含极小点的搜索区间不断缩短, 当区间缩短到一定程度时, 区间上各点的函数值均接近于极小值, 从而该区间上各点都可以看作极小点的近似.

黄金分割法的计算步骤:

Step 1 选取初始数据, 确定初始搜索区间 $[a_1,b_1]$ 和精度要求 $\delta > 0$, 计算最初两个试探点 λ_1, μ_1,

$$\lambda_1 = a_1 + \frac{3-\sqrt{5}}{2}(b_1 - a_1),$$

$$\mu_1 = a_1 + \frac{\sqrt{5}-1}{2}(b_1 - a_1),$$

计算 $F(\lambda_1)$ 和 $F(\mu_1)$, 令 $k=1$.

Step 2 比较函数值, 若 $F(\lambda_k) > F(\mu_k)$, 则转 Step 3; 若 $F(\lambda_k) \leqslant F(\mu_k)$, 则转 Step 4.

Step 3 若 $b_k - \lambda_k \leqslant \delta$, 则停止计算, 输出 μ_k. 否则, 令

$$a_{k+1} := \lambda_k, \quad b_{k+1} := b_k, \quad \lambda_{k+1} := \mu_k,$$

$$F(\lambda_{k+1}) := F(\mu_k), \quad \mu_{k+1} := a_{k+1} + \frac{\sqrt{5}-1}{2}(b_{k+1} - a_{k+1}),$$

计算 $F(\mu_{k+1})$, 转 Step 5.

Step 4　若 $\mu_k - a_k \leqslant \delta$, 则停止计算, 输出 λ_k. 否则, 令

$$a_{k+1} := a_k, \quad b_{k+1} := \mu_k, \quad \mu_{k+1} := \lambda_k,$$

$$F(\mu_{k+1}) := F(\lambda_k), \quad \lambda_{k+1} := a_{k+1} + \frac{3-\sqrt{5}}{2}(b_{k+1} - a_{k+1}),$$

计算 $F(\lambda_{k+1})$, 转 Step 5.

Step 5　$k := k+1$, 转 Step 2.

7.2.2　模式搜索法

模式搜索法 (pattern search method) 由 Hooke 和 Jeeves 于 1961 年提出, 它主要用于求解变量不多且导数信息缺失的多维极值问题. 主要思想是寻找具有较小函数值的“山谷”, 并使迭代序列沿着“山谷”逼近极小值点. 它包括两种移动方式, 即探测移动和模式移动. 探测移动主要是沿着坐标轴方向, 寻找新的迭代点. 模式移动是沿着相邻迭代点连线方向（“山谷”）进行搜索. 两种移动方式交替进行, 如图 7.2.1 所示.

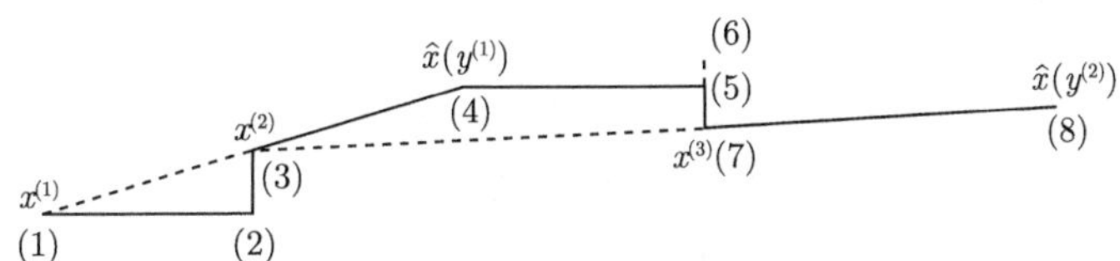

图 7.2.1　模式搜索示意图

模式搜索法的计算步骤:

Step 1　给定初始点 $x^{(1)}$, n 个坐标方向 $e_1, \cdots, e_n$, 初始步长 δ, 加速因子 $\theta \geqslant 1$, 缩减率 $\beta \in (0,1)$, 允许误差 $\epsilon > 0$, 令

$$y^{(1)} = x^{(1)}, \quad k = 1, \quad j = 1.$$

Step 2　若 $F(y^{(j)} + \delta e_j) < F(y^{(j)})$, 则令

$$y^{(j+1)} = y^{(j)} + \delta e_j,$$

转 Step 4; 否则转 Step 3.

Step 3　若 $F(y^{(j)} - \delta e_j) < F(y^{(j)})$, 则令

$$y^{(j+1)} = y^{(j)} - \delta e_j,$$

转 Step 4; 否则令

$$y^{(j+1)} = y^{(j)},$$

转 Step 4.

Step 4　若 $j < n$, 则 $j := j + 1$, 转 Step 2; 否则, 转 Step 5.

Step 5　若 $F(y^{(n+1)}) < F(x^{(k)})$, 则转 Step 6; 否则, 转 Step 7.

Step 6　令 $x^{(k+1)} = y^{(n+1)}$, 令

$$y^{(1)} = x^{(k+1)} + \theta(x^{(k+1)} - x^{(k)}),$$

令 $k := k + 1,\ j = 1$, 转 Step 2.

Step 7　若 $\delta \leqslant \epsilon$, 则停止迭代, 得点 $x^{(k)}$; 否则, 令

$$\delta := \beta\delta, \quad y^{(1)} = x^{(k)}, \quad x^{(k+1)} = x^{(k)},$$

令 $k := k + 1,\ j = 1$, 转 Step 2.

例 7.2.1　下面模式搜索法求解问题

$$\min \quad f(x) = 100(x_2 - x_1^2)^2 + (1 - x_1)^2$$

的最小值.

取初始点 $x^{(0)} = (-1.2, 1.0)$, 坐标方向 $e_1 = (1,0)^{\mathrm{T}}, e_2 = (0,1)^{\mathrm{T}}$, 初始步长 $\delta = 0.6$, 加速因子 $\theta = 1.1$, 衰减因子 $\beta = 0.5$.

原问题的最优解为 $(1,1)^{\mathrm{T}}$, 使用模式搜索法得到的近似解为 $x = (0.9637, 0.9287)^{\mathrm{T}}$.

7.3　共轭梯度法

共轭梯度法 (conjugate gradient method) 可用来求解系数矩阵为对称正定的线性方程组, 也可以用来求解非线性优化问题. 共轭梯度法收敛速度较快, 在实际问题中有广泛的应用.

首先我们从泛函的角度来介绍共轭梯度法. 若 $A: X \to Y$ 为有界、线性、正定、自共轭算子, X 和 Y 为 Hilbert 空间. 求解算子方程

$$Au = f$$

可等价于求

$$\min \quad \frac{1}{2}(Au, u) - (f, u)$$

的极小值点.

具体计算步骤为:

给定初始值 $u_0, q_0 = r_0 = f - Au_0$;

第 k 步, $k = 1, 2, 3, \cdots$,

$$\begin{aligned}
&\alpha_{k-1} = (r_{k-1}, r_{k-1})/(Aq_{k-1}, q_{k-1}),\\
&u_k = u_{k-1} + \alpha_{k-1}q_{k-1},\\
&r_k = r_{k-1} - \alpha_{k-1}Aq_{k-1},\\
&\beta_k = (r_k, r_k)/(r_{k-1}, r_{k-1}),\\
&q_k = r_k + \beta_k q_{k-1}.
\end{aligned}$$

下面给出求解对称正定矩阵的共轭梯度法. 当线性方程组 A 的系数矩阵为对称正定矩阵时, 求解方程组 $Ax = b$ 的共轭梯度法为:

给定初始值 $x_0, q_0 = r_0 = b - Ax_0$;

第 k 步, $k = 1, 2, 3, \cdots$,

$$\begin{aligned}
&\alpha_{k-1} = (r_{k-1}, r_{k-1})/(Aq_{k-1}, q_{k-1}),\\
&x_k = x_{k-1} + \alpha_{k-1}q_{k-1},\\
&r_k = r_{k-1} - \alpha_{k-1}Aq_{k-1},\\
&\beta_k = (r_k, r_k)/(r_{k-1}, r_{k-1}),\\
&q_k = r_k + \beta_k q_{k-1}.
\end{aligned}$$

7.4 随机算法

7.4.1 粒子群方法

粒子群优化 (particle swarm optimization, PSO) 算法是在 1995 年由 Eberhart 博士和 Kennedy 博士提出的, 是一种群体智能算法. 基本思想是对鸟群在觅食过程中的迁徙和聚集行为的模拟, 它通过个体之间的协作来搜寻最优解. 该算法在设计过程中使用了如下心理学假设: 在寻求一致的认知过程中, 个体往往记住自身的信念, 并同时考虑同事们的信念. 当其察觉同事的信念较好的时候, 将进行适应性的调整.

在粒子群算法中, 每个可行解都表现为一个粒子. 首先是初始化一群随机粒子, 然后通过迭代计算找到最优解. 在每次迭代中, 粒子通过跟踪两个 “极值” 来更新自己: 一个是粒子本身所找到的最优解, 即个体极值称为 P^{best}; 另一个是整个种群目前找到的最优解, 即全局极值 G^{best}. 在更新每个粒子位置的过程中, 粒子最大速率被限制为 $V_{\max}$, 粒子的坐标也被限制在所考虑的范围之内.

粒子速度和位置的更新公式为

$$V = w \cdot V + c_1 \cdot \text{rand}() \cdot (P^{\text{best}} - x) + c_2 \cdot \text{rand}() \cdot (G^{\text{best}} - X), \quad (7.4.1)$$

$$X = X + V, \quad (7.4.2)$$

其中 V 是粒子的速度; w 是一个加权系数, 其值一般取为 0.1 到 0.9 之间的数; X 是粒子当前的位置; rand() 是一个 0 到 1 之间的随机数; c_1 和 c_2 被称作学习因子, 它一般取 2, 在社会学中 c_1 和 c_2 分别代表自我总结和向群体中优秀个体学习的能力.

标准粒子群算法的流程:

Step 1 初始化一群粒子 (群体规模为 m), 包括随机的位置和速度;

Step 2 评价每个粒子的适应度 (函数值);

Step 3 对每个粒子, 将它的适应值和它经历过的最好位置 P^{best} 作比较, 如果较好, 则将其作为当前的最好位置 P^{best};

Step 4 对每个粒子, 将它的适应值和全局所经历的最好位置 G^{best} 作比较, 如果较好, 则重新设置 G^{best} 的索引号;

Step 5 根据方程(7.4.1)和(7.4.2) 变化粒子的速度和位置;

Step 6 如未达到结束条件 (通常为足够好的适应值或达到一个预设最大迭代数目 $G_{\max}$), 回到 Step 2.

7.4.2 模拟退火算法

模拟退火 (simulated annealing, SA) 算法最早的思想是由 N. Metropolis 等于 1953 年提出, 是一种启发式随机搜索算法. 其原理来源于固体退火, 将固体加温至充分高, 再让其徐徐冷却. 加温时, 固体内部粒子随温度上升变为无序状, 内能增大, 而徐徐冷却时粒子渐趋有序, 在每个温度都达到平衡态, 最后在常温时达到基态, 内能减为最小.

模拟退火算法的思想: 开始给出一个试探解, 然后随机从它的邻域中产生另一个解, 这个新解要受到 Metropolis 提出的规则限制. 这样目标函数在设定的范围内变化, 该变化过程由一个参数 t 控制, t 的作用类似于物理过程中的温度. 对于控制参数 t 的每一个取值, 模拟退火算法持续进行 “产生-判断-接受 (或舍去)” 多次迭代计算, 这个计算过程对应着固体在某一恒定温度下趋于热平衡的过程. 在控制参数 t 逐渐减小并趋于 0 时, 系统越来越趋于平衡态. 最后所考虑的系统状态就对应于优化问题的全局最优解, 这个过程也称为冷却过程. 由于固体退火过程要求缓慢降温, 这样才能使得固体在每一温度下都达到热平衡状态, 而最终处于平衡状态. 因此控制参数 t 要通过缓慢的衰减, 才能确保模拟退火算法最终达到优化问题的整体最优解.

标准模拟退火算法的流程:

Step 1 设计参数取值范围, 给定一个初始的参数值 x_0, 然后计算该值的目标函数取值 $F(x_0)$;

Step 2 在 x_0 附近产生一个随机的扰动后得到新的参数值 x, 同时把相应的目标函数值 $F(x)$ 计算出来;

Step 3 计算出新旧参数对应的目标函数差值 $\Delta F = F(x) - F(x_0)$;

Step 4 如果 ΔF 小于 0, 则 $x_0 = x$. 若 ΔF 大于 0, 则 x_0 被更新 $(x_0 = x)$ 过的概率为 p, 其中 $p = \exp(-\Delta F/t)$, 这里 t 表示温度值;

Step 5 在同一温度 t 下, 多次重复执行上面的步骤;

Step 6 缓慢地降低温度 t, 直至达到收敛条件为止.

7.5 评注与进一步阅读

最优化在科学、工程、经济、工业等领域都有重要应用. 自然界中存在许多优化现象. 比如物理系统总是倾向于保持最小能量状态, 在一个孤立的化学系统中分子相互作用直到最小化它们的总势能. 光线遵循最小化其行程时间的路径. 人类一直在做优化决策. 投资者寻求投资组合以实现高回报率, 同时避免过度风险. 制造商在他们产品的生产过程中实现最高效率. 工程师通过调整参数最优化产品性能.

最优化是个古老的课题. 从 17 世纪开始, 人们就对最优化问题进行了探讨和研究. 在牛顿发明微积分的时期, 就已提出极值问题以及求解极值问题的 Lagrange 乘数法. 后来 Cauchy 研究函数沿什么方向下降最快又提出梯度法. 随着计算机的高速发展, 最优化理论和算法也不断发展, 至今已出现线性规划、整数规划、非线性规划、动态规划、几何规划、网络流、随机规划等许多分支.

本章只简单地介绍了几种经典算法, 求解约束和无约束优化问题的算法还有内点算法、不精确的牛顿迭代法、信任域方法、单纯形法、罚函数法、求解大规模问题的交替方向法等, 读者可参阅书 [137,138,140−143]. 智能算法除了本章介绍的粒子群算法、模拟退火算法, 还有遗传算法、蚁群算法等, 可参阅书 [139].

7.6 训 练 题

习题 1 作用在飞机螺旋桨上的总阻力可以通过下式估计

$$f = \underbrace{0.01\sigma v^2}_{\text{摩擦阻力}} + \underbrace{\frac{0.95}{\sigma}\left(\frac{w}{v}\right)^2}_{\text{升力引起阻力}}$$

其中, f 为阻力, σ 为飞行高度与海平面之间的大气密度比, w 为重量, v 为速度. 当速度增加时, 对阻力的两个部分受到的影响是不同的. 摩擦阻力是随速度的增加而增加的, 但由升力引起的阻力却随速度的增加而下降.

(1) 如果 $\sigma = 0.6$ 和 $w = 16000$, 用黄金分割法求最小阻力及阻力最小时的速度值.

(2) 另外, 进行敏感性分析时, 如果 $\sigma = 0.6$ 确定当 w 为 $10000 \sim 20000$ 时的过程中, 最优值是如何变化的, 请用黄金分割法进行求解.

习题 2 化学工程师经常会遇到设计容器来运输液体和气体的问题. 假如要设计一个小圆柱形桶, 这个桶要放在小型载货卡车上用来运输有毒废物, 总体目标是最小化这个桶的成本. 要求桶的尺寸不超过卡车货仓的尺寸. 由于桶是用来运输有毒废物的, 厚度有一定标准.

假设桶由一个圆柱形圆筒和两个焊接在两端的金属板组成. 桶的成本包括: ① 材料花费, 主要基于重量; ② 焊接花费, 基于焊接的长度, 包括金属板和圆筒连接处的内部和外部缝隙的焊接.

桶的容积 $V_0 = 0.8\text{m}^3$, 厚度为 $d = 0.03\text{m}$, 密度为 $\rho = 8000\text{kg/m}^3$. 货仓长度为 $L = 2\text{m}$, 宽度为 $D = 1\text{m}$. 材料成本为 4.5元/kg, 焊接成本为 20元/m.

请构造相应的优化模型, 并使用粒子群算法进行求解.

7.7 优化算法的应用: K-Means 聚类

给定一组无标签数据, 如图 7.7.1,

$$X = \{x_i\}_{i=1}^m, \quad x_i \in \mathbb{R}^n.$$

我们希望找到一个标准将数据分为几类. K-Means 算法是一个典型的无监督学习算法, 算法中的 K 代表类簇个数, Means 代表类簇内数据对象的均值 (这种均值是一种对类簇中心的描述), 因此, K-Means 算法又称为 K 均值算法. 对于给定

的数据集, 按照数据点之间的距离大小, 将数据划分为不相交的 K 个簇

$$\mathcal{C}_1, \cdots, \mathcal{C}_K \subset X.$$

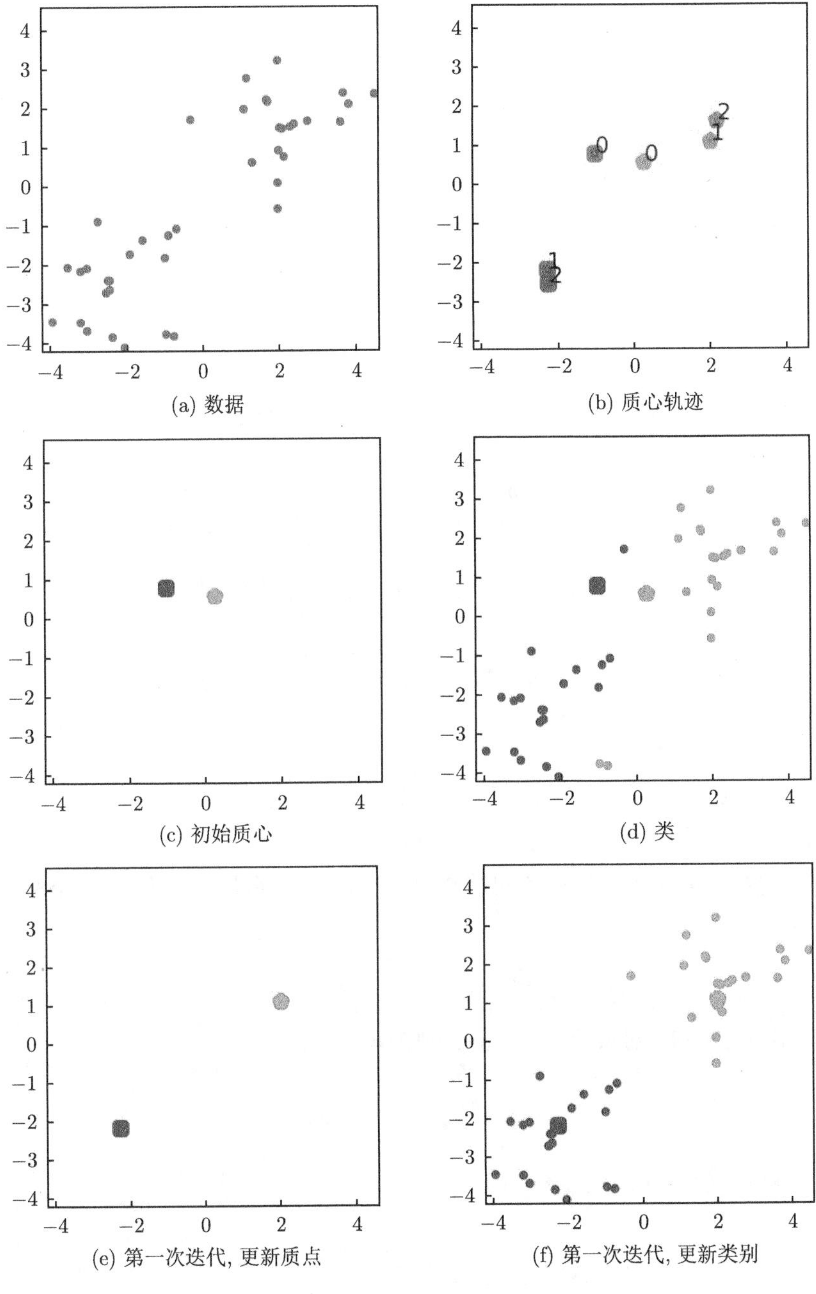

(a) 数据　(b) 质心轨迹

(c) 初始质心　(d) 类

(e) 第一次迭代, 更新质点　(f) 第一次迭代, 更新类别

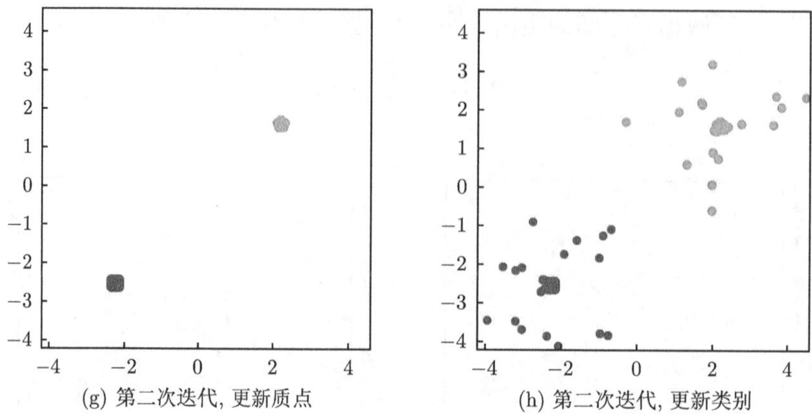

(g) 第二次迭代, 更新质点

(h) 第二次迭代, 更新类别

图 7.7.1 K-Means 聚类

每一个簇 $\mathcal{C}_k$ 中包含若干个数据点, 我们希望让簇内的点尽量紧密地连在一起, 而让簇间的距离尽量的大. 最常用的距离是欧氏距离. 对于任意的簇 $\mathcal{C}_k$, 记

$$c_k = \arg\min_{c} \sum_{x\in\mathcal{C}_k} \|x-c\|^2 = \frac{1}{|\mathcal{C}_k|}\sum_{x\in\mathcal{C}_k} x \tag{7.7.1}$$

为簇的中心点. 给定中心点 c_k, 对于任意 $x \in X$ 分类的标准为

$$\min_{k\in\{1,\cdots,K\}} \|x-c_k\|^2. \tag{7.7.2}$$

K-Means 算法总结为:

(1) 初始化常数 K, 随机选取初始点为质心.

(2) 重复计算下一过程, 直到质心不再改变.

(a) 计算样本与每个质心之间的相似度 (7.7.2), 将样本归类到最相似的类中获得

$$\mathcal{C}_k, \quad k=1,\cdots,K.$$

(b) 根据 (7.7.1) 对每个 $\mathcal{C}_k$ 重新计算质心, 获得

$$c_k, \quad k=1,\cdots,K.$$

(3) 输出最终的质心以及每个类

$$c_k, \quad \mathcal{C}_k, \quad k=1,\cdots,K.$$

图 7.7.1(a) 为初始的数据集, 假设 $K=2$. 随机选择了两个点作为中心, 即图中的方块质心和五边形质心. 然后分别求样本中所有点到这两个质心的距离, 并标记每个样本的类别为和该样本距离最小的质心的类别. 经过计算得到了所有样本点第一轮迭代后的类别. 对当前标记为方块质心和五边形质心的点分别求其新的质心, 如图 7.7.1(e) 所示, 新的质心的位置已经发生了变动. 图 7.7.1(f) 和图 7.7.1(g), 重复了我们在图 7.7.1(d) 和图 7.7.1(e) 的过程, 即将所有点的类别标记为距离最近的质心的类别并求新的质心. 最终我们得到的两个类别如图 7.7.1(h).

为了分析算法的收敛性, 我们从向量化的角度建立 K-Means 算法的模型. 把所有的中心点作为列向量建立矩阵:

$$C=[c_1,\cdots,c_K]\in\mathbb{R}^{n\times K}.$$

引入标准正交基

$$e_k=(\underbrace{0,\cdots,0}_{k-1},1,0,\cdots,0)^{\mathrm{T}}\in\mathbb{R}^K.$$

将 x_1 分配到 k 类, 等价于

$$Ce_k\approx x_1$$

构造分配矩阵

$$W=[w_1,w_2,\cdots,w_m]\in\mathbb{R}^{K\times m},\quad w_i\in\{e_1,\cdots,e_K\}.$$

记数据集为

$$X=[x_1,x_2,\cdots,x_m]\in\mathbb{R}^{n\times m}.$$

聚类问题可以写为

$$\min_{C,W}\|CW-X\|^2,\quad \text{s.t.}\quad w_i\in\{e_1,\cdots,e_K\}.$$

如果我们想直接求上式的最小值并不容易, 这是一个 NP 难的问题, 采用交替迭代的方法求解. 记

$$f(W,C)=\|CW-X\|^2.$$

有

$$\begin{aligned}W^{t+1}&=\arg\min_{w_i\in\{e_1,\cdots,e_K\}}f(W,C^t),\\C^{t+1}&=\arg\min_{C}f(W^{t+1},C).\end{aligned}$$

因此

$$f(W^{t+1}, C^t) \leqslant f(W^t, C^t),$$
$$f(W^{t+1}, C^{t+1}) \leqslant f(W^{t+1}, C^t),$$

函数列

$$f(W^t, C^t) \geqslant 0 \quad (t = 1, 2, \cdots)$$

单调下降且有界. 从而算法收敛. 但当数据非凸时, 算法可能会收敛到局部最小值.

第 8 章　数据驱动建模

数据科学植根于数学、统计学、计算机科学等学科, 其主要内容有二: 一是用数据的方法来研究科学, 由此产生了生物信息学、天体信息学、数字地球等学科; 二是用科学的方法来研究数据, 产生了统计学、机器学习、数据挖掘、数据库等学科. 这些学科都是数据的重要组成部分, 当我们把它们有机融合在一起, 就形成了整个数据科学的全貌.

数据驱动的数学建模是数据科学不可缺少的重要组成部分和问题解决方案中不可缺少的重要步骤. 本章介绍数据模型例子及回归、分类、聚类、支持向量机等方法. 为更好地阐述机理建模, 介绍了随机反问题及正则化方法.

8.1　数据建模之函数逼近、回归方法

8.1.1　函数逼近

问题　给定数据集 $D=\{(x_i,y_i):i=1,2,\cdots,l\}, x_i,y_i\in\mathbb{R}$ 分别为输入数据和输出数据. 如何从数据集 D 中通过学习获得 y 与 x 的函数关系 $y=f(x)$ 呢?

思路　构造解函数空间 X, 其基为 $\{\varphi_1(x),\varphi_2(x),\cdots,\varphi_n(x)\}$, 使得

$$X=\overline{\mathrm{Span}}\{\varphi_1(x),\varphi_2(x),\cdots,\varphi_n(x)\}$$

在 X 中选取基函数的线性组合来逼近未知函数 $f(x)$, 即

$$f(x)\approx\sum_{j=1}^{n}c_j\varphi_j(x).$$

进一步, 我们考虑:

(1) 给出 $\sum_{j=1}^{n}c_j\varphi_j(x)$ 逼近 $f(x)$ 的尺度标准;

(2) 按上述标准确定未知系数 $(c_1,c_2,\cdots,c_n)^{\mathrm{T}}$.

方法 1　多项式逼近 (当 $n=l$ 时).

令

$$X_l=\overline{\mathrm{Span}}\{1,x,\cdots,x^{l-1}\},\qquad \mathrm{dim}X_l=l.$$

对任意 l 次多项式 $P_l(x) \in X_l$, 有

$$P_l(x) = \sum_{j=1}^{l} c_j x^{j-1},$$

希望

$$y_i = f(x_i) = P_l(x_i), \qquad i = 1, 2, \cdots, l,$$

即

$$y_i = \sum_{j=1}^{l} c_j x_i^{j-1}, \qquad i = 1, 2, \cdots, l.$$

写成矩阵形式为

$$\begin{pmatrix} 1 & x_1 & x_1^2 & \cdots & x_1^{l-1} \\ 1 & x_2 & x_2^2 & \cdots & x_2^{l-1} \\ \vdots & \vdots & \vdots & & \vdots \\ 1 & x_l & x_l^2 & \cdots & x_l^{l-1} \end{pmatrix} \begin{pmatrix} c_1 \\ c_2 \\ \vdots \\ c_l \end{pmatrix} = \begin{pmatrix} y_1 \\ y_2 \\ \vdots \\ y_l \end{pmatrix}. \tag{8.1.1}$$

若该矩阵满秩, 则方程(8.1.1) 有唯一解 $(c_1, c_2, \cdots, c_l)^{\mathrm{T}}$.

方法 2　插值多项式逼近 (当 $n = l$ 时).

构造插值多项式 $\varphi_j(x)$ 满足条件:

$$\varphi_j(x) = \begin{cases} 1, & x = x_j, \\ 0, & x \neq x_j, \end{cases}$$

故可取

$$\varphi_j(x) = \sum_{\substack{i=1 \\ i \neq j}}^{l} \frac{x - x_i}{x_j - x_i}.$$

于是解空间 $X_l = \overline{\mathrm{Span}}\{\varphi_1(x), \varphi_2(x), \cdots, \varphi_l(x)\}, \dim X_l = l$. 对 $\forall P_l \in X_l$, 有

$$P_l(x) = \sum_{j=1}^{l} c_j \varphi_j(x).$$

利用数据集, 得到

$$y_i = f(x_i) = P_l(x_i) = \sum_{j=1}^{l} c_j \varphi_j(x_i), \qquad i = 1, 2, \cdots, l,$$

它的矩阵形式是

$$\begin{pmatrix} \varphi_1(x_1) & \varphi_2(x_1) & \cdots & \varphi_l(x_1) \\ \varphi_1(x_2) & \varphi_2(x_2) & \cdots & \varphi_l(x_2) \\ \vdots & \vdots & & \vdots \\ \varphi_1(x_l) & \varphi_2(x_l) & \cdots & \varphi_l(x_l) \end{pmatrix} \begin{pmatrix} c_1 \\ c_2 \\ \vdots \\ c_l \end{pmatrix} = \begin{pmatrix} y_1 \\ y_2 \\ \vdots \\ y_l \end{pmatrix}. \tag{8.1.2}$$

若该矩阵满秩, 则方程(8.1.2) 有唯一解 $(c_1, c_2, \cdots, c_l)^{\mathrm{T}}$.

注 进一步发展的低次多项式逼近, 请参考样条逼近, 此处由于篇幅限制, 略去.

方法 3 最小二乘法 (当 $n \neq l$ 时).

在解空间 $X_n = \overline{\mathrm{Span}}\{\varphi_1(x), \cdots, \varphi_n(x)\}$ 中, 寻找一个函数 $f^*(x)$, 使得

$$f^*(x) = \arg\min_{f \in X} J(f),$$

其中 $J(f)$ 可取为

$$J(f) = \sum_{i=1}^{l} |f(x_i) - y_i|^2.$$

未知函数 $f \in X_n$ 可表示为

$$f(x) = \sum_{j=1}^{n} c_j \varphi_j(x).$$

记

$$c = (c_1, c_2, \cdots, c_n)^{\mathrm{T}};$$

$$A = \sum_{i=1}^{l} a(x_i), \quad a(x_i)_{n \times n} = \begin{pmatrix} \varphi_1(x_i) \\ \varphi_2(x_i) \\ \vdots \\ \varphi_n(x_i) \end{pmatrix} \begin{pmatrix} \varphi_1(x_i) & \varphi_2(x_i) & \cdots & \varphi_n(x_i) \end{pmatrix};$$

$$b = (b_1, b_2, \cdots, b_n)^{\mathrm{T}}, \quad b_j = \sum_{i=1}^{l} y_i \varphi_j(x_i);$$

$$d = \sum_{i=1}^{l} y_i^2.$$

则 $J(f)$ 转化为

$$\begin{aligned}J(c) &= \sum_{i=1}^{l}\left|\sum_{j=1}^{n} c_j\varphi_j(x_i) - y_i\right|^2 \\ &= c^{\mathrm{T}}Ac - 2c^{\mathrm{T}}b + d.\end{aligned}$$

由 $\dfrac{\partial J(c)}{\partial c_k} = 0,\ k = 1, 2, \cdots, n$ 可知

$$Ac = b.$$

当 A 满秩时, c 由 A 与 b 唯一决定, $c = A^{-1}b$.

8.1.2 回归分析

问题 给定数据集 $D = \{(x^i, y_i) : x^i \in \mathbb{R}^d, y_i \in \mathbb{R}, i = 1, 2, \cdots, l\}$. 如何从数据集 D 中通过学习获得 y 与 $x = (x_1, x_2, \cdots, x_d)^{\mathrm{T}}$ 的函数关系 $y = f(x)$. 这里 $x^i = (x_1^i, x_2^i, \cdots, x_d^i)^{\mathrm{T}}$ 表示输入数据, $y_i \in \mathbb{R}$ 表示输出数据.

思路 寻找线性函数作为 $f(x)$ 的逼近,

$$\begin{aligned}y = f(x) &\approx w_1x_1 + w_2x_2 + \cdots + w_dx_d + b \\ &= w^{\mathrm{T}}x + b, \qquad w = (w_1, w_2, \cdots, w_d)^{\mathrm{T}},\end{aligned} \tag{8.1.3}$$

使得

$$\sum_{i=1}^{l}|w^{\mathrm{T}}x^i + b - y_i|^2$$

尽可能小; 或者寻找一个单调可微函数 $g(y)$,

$$g(y) \approx w^{\mathrm{T}}x + b, \tag{8.1.4}$$

使得

$$\sum_{i=1}^{l}|w^{\mathrm{T}}x^i + b - g(y_i)|^2$$

尽可能小. 前者称为线性回归, 后者称为非线性回归.

进一步, 我们要考虑如何确定 (w, b) 和单调可微函数 g.

模型 1 线性回归模型 (linear regression model).

令 $f(x) = w^{\mathrm{T}}x + b$, 记

$$J(w, b) = \sum_{i=1}^{l}|w^{\mathrm{T}}x^i + b - y_i|^2, \tag{8.1.5}$$

$$(w^*, d^*) = \arg\min_{(w,b)} J(w, b). \tag{8.1.6}$$

Case 1 当 $d=1$ 时, 由 $\dfrac{\partial J}{\partial w}=0, \dfrac{\partial J}{\partial b}=0$ 可得

$$w^* = \sum_{i=1}^{l} y_i(x^i - \overline{x}) \Bigg/ \left[\sum_{i=1}^{l}(x^i)^2 - \frac{1}{l}\left(\sum_{i=1}^{l} x^i\right)^2\right],$$

$$b^* = \frac{1}{l}\sum_{i=1}^{l}(y_i - w^* x^i),$$

其中, $\overline{x}$ 为 $x^1, x^2, \cdots, x^l$ 的平均值.

Case 2 当 $d=2,3,\cdots$ 时, 记 $\widehat{w}=(w_1, w_2, \cdots, w_d, b)^{\mathrm{T}}$,

$$X = \begin{pmatrix} (x^1)^{\mathrm{T}} & 1 \\ (x^2)^{\mathrm{T}} & 1 \\ \vdots & \vdots \\ (x^l)^{\mathrm{T}} & 1 \end{pmatrix} \in \mathbb{R}^{l\times(d+1)},$$

$$y = (y_1, y_2, \cdots, y_l)^{\mathrm{T}},$$

则

$$\widehat{w}^* = \arg\min_{\widehat{w}\in\mathbb{R}^{d+1}} (y - X\widehat{w})^{\mathrm{T}}(y - X\widehat{w}).$$

令 $J(\widehat{w}) = (y - X\widehat{w})^{\mathrm{T}}(y - X\widehat{w})$, 则

$$\nabla J(\widehat{w}) = 2X^{\mathrm{T}}(X\widehat{w} - y).$$

令上式为 0, 如果 $X^{\mathrm{T}}X$ 满秩, 则

$$\widehat{w}^* = (X^{\mathrm{T}}X)^{-1}X^{\mathrm{T}}y; \tag{8.1.7}$$

如果 $X^{\mathrm{T}}X$ 不是满秩矩阵, 此时出现多个解或者无解的情形. 这时应由学习算法的归纳偏好决定其解, 常见的做法是引入正则化 (regularization) 项.

模型 2 对数线性回归模型 (log-linear regression model).

若数据集 $\{(x^i, y_i)\}_{i=1}^{l}$ 不符合线性规律, 但符合指数增长规律, 则令

$$\ln y = w^{\mathrm{T}}x + b. \tag{8.1.8}$$

由此可类似思路 (8.1.3), 按数据集 $\{(x^i, \ln y_i)\}_{i=1}^{l}$ 确定 w 和 b.

模型 3　广义线性回归模型 (generalized linear regression model).

若数据集 $\{(x^i, g(y_i))\}_{i=1}^l$ 满足线性规律, 这里 $g(\cdot)$ 是一个单调可微函数, 则令

$$g(y) = w^{\mathrm{T}}x + b. \tag{8.1.9}$$

类似可确定 w 和 b.

8.2　数据分类方法

分类问题是一种典型的有监督学习问题, 分类方法是机器学习中的基本方法.

机器学习是一门研究机器获取新知识和新技能, 并识别现有知识的学问, 是研究人工智能的科学. 机器指的是计算机, 包括电子计算机、中子计算机、光子计算机和神经计算机.

分类问题发生在几乎所有领域, 如驾驶员开车是否分心、银行贷款用户是否会违约、病人肿瘤是良性还是恶性、在线用户对某新产品的喜好程度是否高、电子邮件是正常邮件还是垃圾邮件、学习者创造力特征是否显著、产品质量是否合格、头疼发热病人是感冒还是流感、商业评论正面负面中性、数字 0~9 识别等等.

基于数据如何分类? 首先要有数据, 数据包括训练集和测试集; 然后基于训练集, 学习训练集中输入–输出间的函数关系, 可以是线性关系或者非线性关系, 获得分类器; 利用测试集, 对学得的函数关系进行检验, 评估分类器的效果.

如何获得分类器? 常用的分类方法有逻辑 (logistic) 回归、K 近邻方法、决策树方法、Bayes 方法、支持向量机 (support vector machine) 方法以及各种深度学习算法.

如何评价分类器的效果? 常用的指标有: 正确率 (accuracy)、F-值 (F-measure)、精度 (precision)、召回率 (recall) 等.

8.2.1　二分类方法

作为回归分析的应用之一, 数据分类 (classification) 方法源于此. 二分类任务中, 输出数据为 $\{0,1\}$, 而数据集 $\{(x^i, y_i)\}_{i=1}^l$ 中 $y_i \in \mathbb{R}, i = 1, 2, \cdots, l$, 并按照线性回归模型来理解.

利用 Logistic 函数将输出数据映射为 $\{0,1\}$ 和 $(0,1)$, 并将这些输出解释为属于正类 $z = 1$ 的概率、负类 $z = 0$ 的概率. 利用最大似然估计法将逻辑回归模型中的参数决定下来, 从而实现分类. 利用 Logistic 函数的分类方法适用于二分类; 对于多分类问题, 可以采用 Softmax 函数.

一般地说, 阶跃函数将数据 $\{y_i, i=1,2,\cdots,l\}$ 映射为 $\{0,1\}$, 但是它不连续. 故使用 Sigmoid 函数将 $\mathbb{R}$ 映射到 $(0,1)$ 中, 即

$$z=g(y)=\frac{1}{1+\mathrm{e}^{-y}}, \qquad y\in\mathbb{R}.$$

显然 $g(y)$ 是单调可微的, 其逆为 $y=\ln\dfrac{z}{1-z}, z\in(0,1)$.

令

$$y=\ln\frac{z}{1-z}=w^{\mathrm{T}}x+b, \tag{8.2.1}$$

即

$$z=\frac{1}{1+\mathrm{e}^{-(w^{\mathrm{T}}x+b)}}. \tag{8.2.2}$$

下一步确定 w 和 b.

方法 1 利用 $\{(x^i, g(y_i))\}_{i=1}^{l}$ 来确定 (w,b). 具体内容和步骤见 8.1 节.

方法 2 随机方法. 具体步骤如下.

Step 1 将式(8.2.2)中的 z 视为类后验概率估计 $P(z=1|x)$, 则式(8.2.1)重写成

$$\ln\frac{P(z=1|x)}{P(z=0|x)}=w^{\mathrm{T}}x+b. \tag{8.2.3}$$

于是可得

$$P(z=1|x)=\frac{\mathrm{e}^{w^{\mathrm{T}}x+b}}{1+\mathrm{e}^{w^{\mathrm{T}}x+b}},$$
$$P(z=0|x)=\frac{1}{1+\mathrm{e}^{w^{\mathrm{T}}x+b}}.$$

Step 2 由极大似然估计 (w,b).

由数据集 $\{(x^i,y_i)\}_{i=1}^{l}, z_i=\dfrac{1}{1+\mathrm{e}^{-y_i}}$. 令

$$\mathcal{L}(w,b)=\prod_{i=1}^{l}(P(z_i=1|x^i;w,b))^{z_i}(P(z_i=0|x^i;w,b))^{1-z_i},$$

对它取对数, 称为对数似然函数:

$$l(w,b)=\ln\mathcal{L}(w,b)=\sum_{i=1}^{l}z_i\ln P(z_i=1|x^i;w,b)+(1-z_i)\ln P(z_i=0|x^i;w,b). \tag{8.2.4}$$

下面求出对数似然函数的极大值点. 记 $\beta=(w^{\mathrm{T}},b)^{\mathrm{T}}, \widehat{x}=(x^{\mathrm{T}},1)^{\mathrm{T}}$, 则

$$w^{\mathrm{T}}x+b=\beta^{\mathrm{T}}\widehat{x}.$$

式(8.2.4)可写成

$$l(\beta)=\sum_{i=1}^{l}\left(z_i\beta^{\mathrm{T}}\widehat{x}^i-\ln(1+\mathrm{e}^{\beta^{\mathrm{T}}\widehat{x}^i})\right). \tag{8.2.5}$$

上式中, $l(\beta)$ 是高阶可微凸函数. 故可由梯度下降法或牛顿迭代法求出最优解

$$\beta^*=\arg\max_{\beta}\{l(\beta)\},$$

或者

$$\beta^*=\arg\min_{\beta}\{-l(\beta)\}.$$

8.2.2 决策树方法

何为决策树？一棵决策树 (decision tree) 由一个根结点、若干个内部结点、若干个叶结点构成.

设有一训练集 (样本集合)

$$D=\{(x_i,y_i)\mid i=1,2,\cdots,l\},$$

数据分量 x_i 对应于 D 的 d 个属性, 记为集合

$$A=\{a=(a_{i_1},a_{i_2},\cdots,a_{i_d})\in\mathbb{R}^d\mid(i_1,i_2,\cdots,i_d)\text{ 是}1,2,\cdots,d\text{ 的一个排列}\},$$

y_i 为标签.

如何依据数据集及其属性、标签生成决策树呢？

基本方法是将 A 的属性 $a=(a_1,a_2,\cdots,a_d)$ 中的分量按照一种最优排序策略置于决策树的根结点、内部结点上, 并进行测试, 而叶结点自然成为标签 (决策结果). 与此相对应, 根结点包含了样本全集, 每个内部结点包含的样本集根据属性测试结果被划分到下一级结点中.

由此观之, 从根结点到每个叶结点的路径构成了一个判定测试序列, 它遵循的是直观、简单的“分而论之”策略. 以二分类为例, 图示决策树学习的基本流程, 见图 8.2.1.

图 8.2.1 中, $\{i_1,i_2,\cdots,i_d\}$ 是 $\{1,2,\cdots,d\}$ 的 d 个元素的任意一个排列. 问题是: 如何选取这个排列, 有最优的排列吗？由此我们考虑最优划分属性的选择原则.

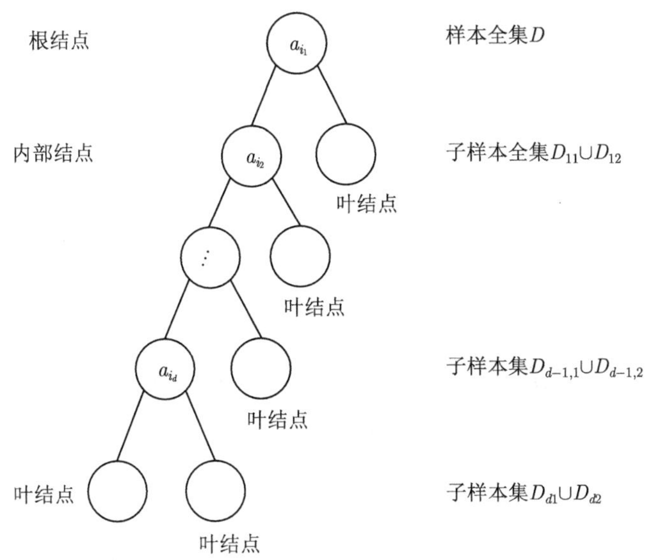

图 8.2.1 决策树学习的基本流程

决策树学习的最重要的目的是产生一棵泛化能力强的决策树, 这里泛化能力强是指处理未见示例能力强. 由此, 我们希望决策树的分支结点所包含的样本尽可能属于同一类别, 让结点的“纯度” (purity) 越来越高.

如何刻画“纯度”? 下面给出样本集的纯度定义, 这里用信息熵 (information entropy) 来描述.

设样本集 D 分类为 $D=D_1\cup D_2\cup\cdots\cup D_m$, $|D|=l$. 又设 $|D_k|=x_k$, $k=1,2,\cdots,m$, $\sum_{k=1}^m x_k=l$. 记 $p_k=\dfrac{x_k}{l}$, 它表示第 k 类样本子集 D_k 中元素所占比例, $\sum_{k=1}^m p_k=1$, $0\leqslant p_k\leqslant 1$.

规定 $p=0$ 时, $p\log_2 p=0$. 定义 D 的信息熵

$$\mathrm{Ent}(D)=-\sum_{k=1}^m p_k\log_2 p_k.$$

显然, 有:

(1) 当 D 为空集时, $\mathrm{Ent}(D)=0$. 当 D 为非空集时, $\mathrm{Ent}(D)>0$.

(2) $\mathrm{Ent}(D)$ 越小, D 的纯度越大. 纯度越大, 分类越好. 事实上, 全部样本均为同类时, $\mathrm{Ent}(D)=0$.

(3) $\mathrm{Ent}(D)$ 的最大值为 $\log_2 m$. 事实上, 当 $p_1=p_2=\cdots=p_m=\dfrac{1}{m}$ 时, $\max\mathrm{Ent}(D)=-\sum_{k=1}^m\dfrac{1}{m}\log_2\dfrac{1}{m}=\log_2 m$.

下面利用样本集信息熵来选择最优属性排列 $a=(a_{i_1},\cdots,a_{i_j},\cdots,a_{i_d})$. 在第 j 次分类时, 产生了 j 个分支结点, $j=1,2,\cdots,d$, 此时记 D^j 为第 j 个分支结点包含 D 中所有在属性 a_{i_j} 取值的样本, 由此可计算出 D^j 的熵 $\mathrm{Ent}(D^j)$, $j=1,2,\cdots,d$. 对其赋予权重, 并计算信息增益 (information gain):

$$\mathrm{Gain}(D,a)=\sum_{j=1}^{d}\frac{|D^j|}{|D|}\mathrm{Ent}(D^j).$$

由上述信息增益表达式可见, 信息增益越大, 用属性排列 a 对 D 划分所获得的纯度提升越大, 故我们希望找到最优属性排列 a^*, 使得

$$a^*=\arg\min_{a\in A}\mathrm{Gain}(D,a).$$

由此可见, 决策树的生成是一个迭代过程, 在某些情况下会发生迭代返回, 比如当前结点包含的样本全部属于同一类, 无需继续划分; 又如当前属性为空, 无法划分; 再如当前结点包含的样本集合为空, 不能划分.

另外, 上述决策树生成过程是按照信息增益提高、纯度提升进行的, 要求结点分裂后, 不纯度下降最快 (纯度增大最快), 此时结点的纯度度量方法是信息熵. 除此之外, 纯度度量方法还有其他指数, 如 Gini 指数 (Gini index)、误分率 (misclassification error) 等, 具体可参考有关文献 [125–127].

8.3　支持向量机方法

8.3.1　Rosenblatt 感知器

20 世纪 50 年代末, F. Rosenblatt 提出一种从样本学习的机器, 称为 Rosenblatt 感知器.

利用样本序列

$$(x_1,y_1),(x_2,y_2),\cdots,(x_l,y_l)$$

进行学习, 以获得函数集中的一个逼近函数:

$$f(x,w)=\mathrm{sign}\left\{\sum_{p=1}^{n}w^p\psi_p(x)\right\}. \tag{8.3.1}$$

这里 $\mathrm{sign}(u)\in\{-1,1\}$ 为一个指示函数, 若 x_i 属于第一类, 则 $y_i=1$; 若 x_i 不属于第一类, 则 $y_i=-1$.

如何获取函数 f 中的系数 $w=(w^1,\cdots,w^n)^{\mathrm{T}}$? 采取如下循环过程:

Step 0 取 $f(x,0), w(0)=(0,0,\cdots,0)^{\mathrm{T}}$.

Step $\boldsymbol{k}$ 利用训练集中的元素 (x_k,y_k), $k=1,2,\cdots,l$, 可选取

$$w(k)=\begin{cases} w(k-1), & y_k(w(k-1),\Psi_k)>0, \\ w(k-1)+y_k\Psi_k, & y_k(w(k-1),\Psi_k)\leqslant 0. \end{cases}$$

这里 $\Psi_k=(\psi_1(x_k),\psi_2(x_k),\cdots,\psi_n(x_k))^{\mathrm{T}}$, $(\cdot,\cdot)$ 表示内积. 只有当样本 (x_i,y_i) 被所构造的超平面错分时, 才改变系数 $w(k-1)$.

构造特征空间 $U=\mathrm{Span}\{\psi_1(x),\psi_2(x),\cdots,\psi_n(x)\}$, $\psi_1(x),\psi_2(x),\cdots,\psi_n(x)$ 线性无关, $\dim U=n$. 则感知器就是构造出的过该空间原点的分类超平面

$$f(u,w)=\mathrm{sign}\{(u,w)\},\quad u\in U.$$

于是在该空间 U 中, 估计未知序列的规则如下

$$w(k)=\begin{cases} w(k-1), & y_k(w(k-1),u_k)>0, \\ w(k-1)+y_ku_k, & y_k(w(k-1),u_k)\leqslant 0, \end{cases} \tag{8.3.2}$$

其中 u_k 是特征空间 U 中的第 k 步向量 $u_k=(\psi_1(x_k),\psi_2(x_k),\cdots,\psi_n(x_k))^{\mathrm{T}}$, $k=1,2,\cdots,l$.

一般地, 考虑特征空间 U 中的一个无限样本序列

$$\widehat{U}\times\widehat{Y}\triangleq\{(u_1,y_1),(u_2,y_2),\cdots\}, \tag{8.3.3}$$

假设存在向量 w_0, 使得对任意的 $\rho_0>0$, 成立不等式

$$\min_{(u,y)\in\widehat{U}\times\widehat{Y}}\frac{y(w_0,u)}{|w_0|}\geqslant\rho_0. \tag{8.3.4}$$

则在这个假设下可以推知如下定理.

定理 8.3.1 (Novikoff) 设 (1) 已知无限样本序列(8.3.3), 且 $|u_i|<D$; (2) 存在系数为 w_0 的超平面, 它正确分类了训练样本序列的元素, 并满足条件(8.3.4). 则利用(8.3.2), 由感知器构造出来的一个超平面可以正确分类该无限序列中的所有样本.

为了构造出这样的超平面, 感知器最多进行

$$M=\left[\frac{D^2}{\rho_0^2}\right]$$

次修正, 其中 $[a]$ 表示不超过 a 的最大整数.

实际数据分析问题中, 训练集 $(u_1,y_1),(u_2,y_2),\cdots,(u_l,y_l)$ 是有限的. 此时要构造一个最小化风险的超平面, 将训练集无误差地分开, 需找到向量 w_0, 使得

$$w_0=\arg\min R_{\text{emp}}(w)=\frac{1}{l}\sum_{j=1}^{l}(y_j-\text{sign}\{y_j-(u_j,w)\})^2.$$

方法 1 指示函数的 Sigmoid 逼近.

记损失函数

$$Q(u,y,w)=(y-\text{sign}(y-(u,w)))^2.$$

它不具有连续性, 不能施行导数运算. 故引入 Sigmoid 函数 $S(a)$: $S(a)$ 是一个满足 $S(-\infty)=-1,S(\infty)=1$ 的光滑单调函数. 如 $S(a)=\tanh a=\dfrac{\sinh a}{\cosh a}=\dfrac{\mathrm{e}^a-\mathrm{e}^{-a}}{\mathrm{e}^a+\mathrm{e}^{-a}}$. 现用 Sigmoid 函数

$$\overline{f}(u,w)=S\Big((u,w)\Big)$$

逼近指示函数 $\text{sign}(y-(u,w))$.

于是梯度

$$\begin{aligned}\text{grad}Q(u,y,w)&=\text{grad}[y-S((u,w))]^2\\&=-2[y-S((u,w))]S'((u,w))u.\end{aligned}$$

同样用最速下降法计算

$$\min R_{\text{emp}}(w)=\frac{1}{l}\sum_{j=1}^{l}[y_j-S((u_j,w))]^2,$$

此时梯度

$$\text{grad}R_{\text{emp}}(w)=-\frac{2}{l}\sum_{j=1}^{l}[y_j-S((u_j,w))]S'((u_j,w))u_j,$$

故可构造如下迭代过程:

$$w_k=w_{k-1}-\gamma_k\text{grad}R_{\text{emp}}(w_{k-1}),$$

其中 γ_k 满足

$$\begin{cases} \gamma_k \geqslant 0, \\ \lim\limits_{k\to\infty} \gamma_k = 0, \\ \sum\limits_{k=1}^{\infty} \gamma_k = \infty, \\ \sum\limits_{k=1}^{\infty} \gamma_k^2 < \infty. \end{cases}$$

方法 2 势函数法与径向基函数 (radial basis function, RBF) 法.

势函数 $\Phi(|u|)$ 类似于物理学中的势: $\Phi(|u|)$ 单调, $\Phi(0) = 1$, $\lim\limits_{u\to\infty} \Phi(|u|) = 0$. 如取 $\Phi(|u|) = \mathrm{e}^{-\gamma|u|}$.

对 $f(x, \alpha) = \mathrm{sign}\left\{\sum_{i=1}^{l} \alpha_i \Phi(|x - x_i|)\right\}$, 需从数据

$$(x_1, y_1), (x_2, y_2), \cdots, (x_l, y_l)$$

中估计该函数关系. 如果 $f(x^*, \alpha) > 0$, 则 x^* 就属于第一类; 否则属于第二类.

记

$$f_{k-1}(x) = \sum_{i=1}^{k} \alpha_i \Phi(|x - x_i|),$$

则

$$f_k(x) = \begin{cases} f_{k-1}(x), & y_k f_{k-1} > 0; \\ f_{k-1}(x) + y_k \Phi(|x - x_k|), & y_k f_{k-1} \leqslant 0. \end{cases}$$

由此给出如下迭代格式:

$$f_k(x) = f_{k-1}(x) + 2\gamma_k [y_k - f_{k-1}(x_k)] \Phi(|x - x_k|),$$

其中 γ_k 满足

$$\begin{cases} \lim\limits_{k\to\infty} \gamma_k = 0, \\ \sum\limits_{k=1}^{\infty} \gamma_k = \infty, \\ \sum\limits_{k=1}^{\infty} \gamma_k^2 < \infty. \end{cases}$$

故在径向基函数 (RBF) 集上求解

$$\min R_{\mathrm{emp}}(\alpha) = \sum_{j=1}^{l} \left(y_j - \sum_{j=1}^{l} \alpha_j \Phi(|x_j - x_i|) \right)^2.$$

在适当条件下, $A = (a_{ij}), a_{ij} = \Phi(|x_i - x_j|)$ 正定, 故上述极小化向量解唯一.

8.3.2 支持向量机的思想与方法

支持向量机 (support vector machine, SVM) 实现了下列思想: 通过事先选择好的某个非线性变换, 将输入信息 x 映射到高维特征空间 Z; 在该特征空间中, 构造最优分类平面.

困难 (1) 概念性困难: 如何找到一个推广能力好的超平面? 特征空间的维数非常高. (2) 技术性困难: 如何处理如此高的高维空间, 克服“维数灾难”?

方法 **Step 1** 以 $\left(\dfrac{D_{l+1}}{\rho_{l+1}}\right)^2$ 的一个小期望来构造分类超平面, 则所构分类超平面的推广能力是好的.

Step 2 如何处理高维特征空间的技术问题? 利用 Hilbert-Schmidt 理论与 Mercer 定理.

将 $x \in \mathbb{R}^n$ 映射到一个 Hilbert 空间, 坐标为

$$z_1(x), z_2(x), \cdots, z_n(x), \cdots.$$

定义

$$(z_1, z_2) \triangleq \sum_{r=1}^{\infty} a_r z_r(x_1) z_r(x_2), \qquad a_r \geqslant 0.$$

$$K(u, v) \triangleq \sum_{k=1}^{\infty} a_k z_k(u) z_k(v), \qquad a_k > 0.$$

则

(1) Mercer 定理: $K(u,v)$ 在 $L_2(C)$ 中连续对称, 等价于对任意 $g \in L_2(C)$,

$$\int_C \int_C K(u,v) g(u) g(v) \mathrm{d}u \mathrm{d}v \geqslant 0,$$

其中 C 为 $\mathbb{R}^n$ 中的一个紧子集.

(2) (z_1, z_2) 是内积等价于 $K(x_1, x_2)$ 的对称函数.

Step 3 构造支持向量机.

在高维特征空间中生成内积, 可以构造决策函数

$$f(x, \alpha) = \operatorname{sign}\left(\sum_{\text{支持向量}\alpha} y_i \alpha_i K(x, x_i) + b\right),$$

故它在特征空间 $\{z_1(x), \cdots, z_n(x), \cdots\}$ 中表示为

$$f(x, \alpha) = \operatorname{sign}\left(\sum_{\text{支持向量}\alpha} y_i \alpha_i \sum_{r=1}^{\infty} z_r(x_i) z_r(x) + b\right).$$

样本集可分情况 $y_i f(x_i,\alpha)=1.$

为找出 α, 故需找出泛函的最大元

$$\alpha^*=\arg\max W(\alpha)=\sum_{i=1}^{l}\alpha_i-\frac{1}{2}\sum_{i,j=1}^{l}\alpha_i\alpha_j y_i y_j K(x_i,x_j),$$

使得 $\sum_{i=1}^{l}\alpha_i y_i=0,\alpha_i\geqslant 0,i=1,\cdots,l.$

样本集不可分情况 需找出最优软间断解 α^*, 即

$$\alpha^*=\arg\max W(\alpha),$$

使得 $\sum_{i=1}^{l}\alpha_i y_i=0,0\leqslant\alpha_i\leqslant C.$

给定间隔 $\rho=\dfrac{1}{A}$, 令

$$f(x,\alpha)=\operatorname{sign}\left(\frac{A}{\sqrt{\sum_{i,j=1}^{l}\alpha_i\alpha_j y_i y_j K(x_i,x_j)}}\sum_{i=1}^{l}\alpha_i y_i K(x_i,x)+b\right),$$

故需求 α^*, 使

$$\alpha^*=\arg\max W(\alpha)=\sum_{i=1}^{l}\alpha_i-A\sqrt{\sum_{i,j=1}^{l}\alpha_i\alpha_j y_i y_j K(x_i,x_j)},$$

使得 $\sum_{i=1}^{l}\alpha_i y_i=0,0\leqslant\alpha_i\leqslant 1.$

上述构造一类决策函数的学习方法称为 SVM.

举一反三 模式识别问题中:

(1) 多项式支持向量机, $K(x,x_i)=((x,x_i)+1)^d$;

(2) 径向基函数支持向量机, $K_\gamma(|x-x_i|)$ 正定单调趋于 0, 如

$$K_\gamma(|x-x_i|)=\mathrm{e}^{-\gamma|x-x_i|^2};$$

(3) 两层神经网络支持向量机, $K(x,x_i)=S((x,x_i))$, 其中 $S(\cdot)$ 为 Sigmoid 函数.

举一反三 (续) 转导推理的支持向量机.

给定训练集 $(x_1,y_1),\cdots,(x_l,y_l),y\in\{-1,1\}$ 和测试数据 $x^*,\cdots,x_k^*$, 试从线性函数集

$$y=(x,\psi)+b$$

中找到一个函数, 使它在测试集上误差最小化.

该问题转化为: 可提供测试错误的一个分类结果

$$y_1^*, y_2^*, \cdots, y_k^*,$$

使得联合序列

$$(x_1, y_1), \cdots, (x_l, y_l), (x_1^*, y_1^*), \cdots, (x_k^*, y_k^*)$$

可以以最大的间隔被分开, 即需找到一个最优超平面

$$y = (x, \psi_0^*) + b_0,$$

$$\psi_0^* = \psi_0(y_1^*, \cdots, y_b^*).$$

由此, 问题再转化为: 需找出这样的分类结果 $y_1^*, \cdots, y_k^*$, 使得

$$y_i[(x_i, \psi^*) + b] \geqslant 1, \qquad i = 1, \cdots, l,$$

$$y_j^*[(x_j^*, \psi^*) + b] \leqslant -1, \qquad j = 1, \cdots, k$$

且

$$\Phi(\psi_0(y_1^*, \cdots, y_k^*)) = \min_{\psi^*} \frac{1}{2}||\psi^*||^2.$$

找出最优超平面的方法: 令

$$f(x) = \operatorname{sign}\left[\sum_{i=1}^{l} \alpha_i y_i (x, x_i) + \sum_{j=1}^{k} \alpha_j^* y_j (x, x_j^*) + b\right],$$

求解最大值问题,

$$\begin{aligned}\max W_{y_1^*, \cdots, y_k^*}(\alpha, \alpha^*) = \sum_{i=1}^{l} \alpha_i + \sum_{j=1}^{k} \alpha_j^* - \frac{1}{2}\Bigg[&\sum_{i,r=1}^{l} y_i y_r \alpha_i \alpha_r (x_i, x_r) \\ &+ \sum_{j,r=1}^{k} \alpha_j^* y_j^* \alpha_r^* y_r^* (x_j^*, x_r^*) + 2\sum_{j=1}^{l}\sum_{r=1}^{k} y_j y_r^* \alpha_j \alpha_r^* (x_j, x_r^*)\Bigg],\end{aligned}$$

使得

$$\begin{cases} 0 \leqslant \alpha_i \leqslant C, \\ 0 \leqslant \alpha_j^* \leqslant C^*, \\ \displaystyle\sum_{i=1}^{l} y_i \alpha_i + \sum_{j=1}^{k} y_j^* \alpha_j^* = 0. \end{cases}$$

8.3.3 解线性算子方程的支持向量机方法

考虑线性算子方程

$$Af(t) = F(x), \tag{8.3.5}$$

其中 $A : E_1 \to E_2$ 是一对一算子, E_1, E_2 均为 Hilbert 空间.

给定的数据集 $(x_1, F_1), \cdots, (x_l, F_l)$ 往往是有误差的. 如何利用该数据集求解方程(8.3.5)的解 f? 下面应用支持向量机方法求解.

求解思路 考虑最小化泛函

$$f^* = \arg\min R_\gamma(f, F) = \rho^2(Af, F) + \gamma W(f)$$

在一个紧集 $\Theta = \{f \in E_1 | W(f) \leqslant C\}$($C$ 为一未知常数) 上求解. 此处取 $W(f) = (Pf, Pf)$, P 为非生成算子, $\gamma > 0$ 是正则化参数.

自共轭算子 P^*P 的特征值均为正, 记为 $\lambda_1, \cdots, \lambda_n, \cdots$, 相对应的特征函数为 $\varphi_1(t), \cdots, \varphi_n(t), \cdots$, 即

$$P^*P\varphi_i = \lambda_i \varphi_i, \quad i = 1, 2, \cdots,$$

则(8.3.5)的解 $f(t)$ 可按特征函数展开为

$$f(t) = \sum_{k=1}^{\infty} \frac{w_k}{\sqrt{\lambda_k}} \varphi_k(t).$$

记 $\phi_k(t) = \dfrac{\varphi_k(t)}{\sqrt{\lambda_k}}$, $\Theta = \mathrm{Span}\{\phi_k(t), k = 1, 2, \cdots\}$. 于是对任意 $f \in \Theta$, 有

$$f(t) := f(t, w) = \sum_{r=1}^{\infty} w_r \phi_r(t) = (w, \Phi(t)),$$

其中 $w = (w_1, w_2, \cdots, w_N, \cdots)^{\mathrm{T}}, \Phi(t) = (\varphi_1(t), \cdots, \varphi_N(t), \cdots)^{\mathrm{T}}$.

记 $A\phi_r(t) = \psi_r(x), \Psi(x) = (\psi_1(x), \cdots, \psi_N(x), \cdots)^{\mathrm{T}}$.

$$\begin{aligned} F(x) := F(x, w) = Af(t, w) &= \sum_{r=1}^{\infty} w_r A\phi_r(t) \\ &= \sum_{r=1}^{\infty} w_r \psi_r(x) = (w, \Psi(x)). \end{aligned}$$

因此我们考虑基于数据的泛函最小值问题

$$\min R_\gamma(f, F) = \frac{1}{l} \sum_{i=1}^{l} [L(Af(t)|_{x_i} - F_i)] + \gamma(Pf, Pf), \tag{8.3.6}$$

其中 $L(Af-F)$ 为损失函数. 进一步它化为

$$\min R_\gamma(f,F)=\frac{1}{l}\sum_{i=1}^{l}L\left(A\left(\sum_{k=1}^{\infty}\frac{w_k}{\sqrt{\lambda_k}}\varphi_k(t)\right)\bigg|_{x_i}-F_i\right)+\gamma\sum_{k=1}^{\infty}w_k^2,$$

即

$$\min R_\gamma(w,F)=\frac{1}{l}\sum_{i=1}^{l}L((w,\Psi(x_i))-F_i)+\gamma(w,w).$$

因此当取定损失函数 L, 如绝对值或绝对值平方形式时, 求解(8.3.5) 转化为

$$w^*=\arg\min R_\gamma(w,F)=\frac{1}{l}\sum_{i=1}^{l}|F(x_i,w)-F_i|^k+\gamma(w,w),\quad k=1,2.\quad(8.3.7)$$

从而(8.3.5)的解为

$$f^*(t)=(w^*,\Phi(t)).$$

将像空间 $A\Theta$ 中的生成核函数定义为

$$K(x_i,x_j)=\sum_{r=0}^{\infty}\psi_r(x_i)\psi_r(x_j).\tag{8.3.8}$$

交叉核函数定义为

$$K(x_i,t)=\sum_{r=1}^{\infty}\psi_r(x_i)\phi_r(t).\tag{8.3.9}$$

假定算子方程(8.3.5)的右端一致收敛. 用二次优化支持向量技术求解(8.3.7), 由此可找到支持向量 x_i 和对应的系数 $\alpha_i^*-\alpha_i$, $i=1,\cdots,N$. 从而 $w=\sum_{i=1}^{N}(\alpha_i^*-\alpha_i)\Psi(x_i)$. 因此 $f(t,\alpha,\alpha^*)=\sum_{i=1}^{N}(\alpha_i^*-\alpha_i)K(x_i,t)$.

综上, 利用 SVM 方法求解算子方程, 步骤如下:

(1) 在像空间 $A\Theta$ 中定义相应的回归问题;

(2) 利用 SVM 构造该回归问题的核函数 $K(x_i,x_j)$;

(3) 构造交叉核函数 $K(x_i,t)$;

(4) 利用核函数 $K(x_i,x_j)$ 和 SVM 求解回归问题, 即找出向量 $x_i^*,i=1,\cdots,N$ 和对应的系数 $\beta_i=\alpha_i^*-\alpha_i,i=1,\cdots,N$;

(5) 定义解 $f(t)=\sum_{r=1}^{N}\beta_rK(x_r,t)$, 即为所求.

注　注意到 $Af=F$ 不适定. 当右端有误差

$$|F(x_i)-F_i|\leqslant\varepsilon_i,\quad i=1,\cdots,l$$

时, 如何利用数据 $(x_1, F_1, \varepsilon_1), \cdots, (x_l, F_l, \varepsilon_l)$, 采用正则化技术求解方程(8.3.5), 此问题转化为求解极值问题

$$\min R(f) = ||Af - F_l||^2 + \gamma_l W(f),$$

其中 γ_l 是正则化参数, $W(f)$ 是正则化泛函. Morozov 差异性原理的基本思想由 $||Af - F_l|| \leqslant \varepsilon$ 确定 γ_l.

例 8.3.1 求解积分方程 (密度估计问题)

$$\int_0^1 \theta(x-t)p(t)\mathrm{d}t = F(x). \tag{8.3.10}$$

已知 $F(x_i), i = 1, 2, \cdots, l$, 而不知道分布函数 $F(x)$. 需要给出未知函数 $p(t)$ 的表达式.

解 Step 1 由测量数据 $(x_i, F(x_i))(i = 1, 2, \cdots, l)$ 估计逼近精度.

构造经验风险函数

$$F_l(x) = \frac{1}{l}\sum_{i=1}^{l}\theta(x - x_i).$$

边界条件 $(0,0)$ 和 $(1,1)$: $F(0) = 0, F(1) = 1$. 则对任意 x^*, 随机值 $F_l(x^*)$ 是无偏的, 其标准差为

$$\sigma^* = \sqrt{\frac{1}{l}F(x^*)(1 - F(x^*))} \leqslant \frac{1}{2\sqrt{l}}.$$

故用 $F_l(x_i)$ 近似 $F(x_i)$ 值的逼近精度为

$$\varepsilon_i = c\sigma_i = c\sqrt{\frac{1}{l}F(x_i)(1 - F(x_i))}, \quad c\text{为常数}.$$

当 $F(x)$ 未知时, 用

$$\varepsilon_i^* = \sqrt{\frac{1}{l}(F_l(x_i) + \delta)(1 - F_l(x_i) + \delta)}$$

来逼近 $\varepsilon_i^*, 0 < \delta \ll 1$.

因此构造了三元组

$$(x_1, F_l(x_1), \varepsilon_1), \cdots, (x_l, F_l(x_l), \varepsilon_l). \tag{8.3.11}$$

Step 2 寻找含无限个节点的样条函数的展开式作为(8.3.10)的解, 即

$$p(t) = \int_0^1 g(\tau)(t-\tau)_+^d \mathrm{d}\tau + \sum_{k=0}^{d} a_k t^k,$$

其中函数 $g(\tau)$ 和参数 a_k 待求.

由数据(8.3.11), $F(x)$ 写成

$$\begin{aligned}F(x)&=\int_0^1 g(\tau)\left[\int_0^x (t-\tau)_+\mathrm{d}t\right]\mathrm{d}\tau+\int_0^x (a_1t+a_0)\mathrm{d}t\\&=\int_0^1 g(\tau)\left[\frac{(x-\tau)_+^2}{2}\right]\mathrm{d}\tau+\frac{a_1x^2}{2}+a_0x;\\K(x_i,x_j)&=\frac{1}{4}\int_0^1 (x_i-\tau)_+^2(x_j-\tau)_+^2\mathrm{d}\tau+\frac{x_i^2x_j^2}{4}+x_ix_j\\&=\frac{1}{4}\int_0^{x_i\wedge x_j}(x_i-\tau)^2(x_j-\tau)^2\mathrm{d}\tau+\frac{x_i^2x_j^2}{4}+x_ix_j\\&=\frac{1}{12}|x_i-x_j|^2(x_i\wedge x_j)^3+\frac{1}{8}|x_i-x_j|(x_i\wedge x_j)^4\\&\quad+\frac{1}{20}(x_i\wedge x_j)^5+\frac{1}{4}x_i^2x_j^2+x_ix_j,\\K(x_i,t)&=\frac{1}{2}\int_0^1 (x_i-\tau)_+^2(t-\tau)_+\mathrm{d}\tau+\frac{x_it}{2}+x_i,\end{aligned}$$

其中 $x_i\wedge x_j$ 表示两者中取最小.

从而 $F(x)=\sum_{k=1}^N \beta_k^0 K(x_k,x)$, 其中 β_k^0 已经确定. 故

$$p(t)=\sum_{k=1}^N \beta_k^0 K(x_k,t)$$

即为所求.

基于机器学习方法和反问题的正则化思想, 构造稳定化的泛函, 进一步研究泛极值问题, 是数据科学与人工智能领域常用且有效的数学思想、理论和方法.

机器学习的思想是让计算机根据设计的算法, 从数据中“自主学习”. 有关机器学习算法的内容可参阅文献 [125–127].

8.4　数据聚类算法

数据聚类 (clustering) 旨在试图将数据集中的样本分为通常不相交的子集, 每个子集称为一个簇 (cluster). 每个样本集 $D=(x_1,x_2,\cdots,x_m)$, 包含 m 个无标记样本. 每个样本 $x_i=(x_{i1},x_{i2},\cdots,x_{in})^{\mathrm{T}}$ 是 n 维向量, 每个分量代表样本的特征或属性.

因此研究聚类算法, 是将 D 分为 k 个不相交的簇 $\{C_l|l=1,2,\cdots,k\}$, 且 $C_l\cap C_{l'}=\varnothing$(当 $l\neq l'$时), $\bigcup_{l=1}^{k}C_l=D$.

聚类主要用于研究数据内在的分布结构, 也可用于作为其他学习任务的前续过程, 故基于不同的学习策略, 可设计出多类型的聚类算法.

考虑聚类结果的簇划分 $C=\{C_1,C_2,\cdots,C_k\}$, 定义

$$\begin{aligned}
\operatorname{avg}(C)&=\frac{2}{|C|(|C|-1)}\sum_{1\leqslant i<j\leqslant|C|}\operatorname{dist}(x_i,x_j),\\
d_{\text{iam}}(C)&=\max_{1\leqslant i<j\leqslant|C|}\operatorname{dist}(x_i,x_j),\\
d_{\min}(C_i,C_j)&=\min_{\substack{x_i\in C_i\\x_j\in C_j}}\operatorname{dist}(x_i,x_j),\\
d_{\text{cen}}(C_i,C_j)&=\operatorname{dist}(\mu_i,\mu_j),
\end{aligned}$$

其中 $\operatorname{dist}(\cdot,\cdot)$ 为两个样本之间的距离; $\operatorname{avg}(C)$ 为簇 C 内样本间的平均距离; $d_{\text{iam}}(C)$ 表示簇 C 内样本间的最远距离; $d_{\min}(C_i,C_j)$ 为两簇 C_i 与 C_j 间的最近样本间距离; μ_i 代表簇 C_i 的中心点 $\mu_i=\dfrac{1}{|C|}\sum_{1\leqslant j\leqslant|c_i|}x_j$; $d_{\text{cen}}(C_i,C_j)$ 为两簇 C_i 与 C_j 中心点间的距离.

由此刻画聚类性能度量的内部指标:

$$\text{DBI}^{①}=\frac{1}{k}\sum_{i=1}^{k}\max_{j\neq i}\frac{\operatorname{avg}(C_i)+\operatorname{avg}(C_j)}{d_{\text{cen}}(\mu_i,\mu_j)},$$

$$\text{DI}^{②}=\min_{1\leqslant i\leqslant k}\left\{\min_{j\neq i}\left(\frac{d_{\min}(C_i,C_j)}{\max\limits_{1\leqslant l\leqslant k}d_{\text{iam}}(C_l)}\right)\right\}.$$

显然, DBI 的值越小越好, 而 DI 的值越大越好.

给定样本 x_i 与 x_j, Minkowski 距离为

$$\operatorname{dist}(x_i,x_j)=\sqrt[p]{\sum_{k=1}^{n}|x_{ik}-y_{jk}|^p},\quad p\geqslant 1,$$

特别地, 当 $p=2$ 时, 转化为 Euclidean 距离; 当 $p=1$ 时, 转化为 Manhattan 距离.

① Davies-Bouldin index.

② Dunn index.

参照一个参考簇划分 $C^* = \{C_1^*, C_2^*, \cdots, C_s^*\}$, 将 C 与 C^* 的簇标记向量分别为 λ 与 λ^*.

定义

$$\begin{aligned}
a &= [SS], \quad SS = \{(x_i, x_j) | \lambda_i = \lambda_j, \lambda_i^* = \lambda_j^*, i < j\},\\
b &= [SD], \quad SD = \{(x_i, x_j) | \lambda_i = \lambda_j, \lambda_i^* \neq \lambda_j^*, i < j\},\\
c &= [DS], \quad DS = \{(x_i, x_j) | \lambda_i \neq \lambda_j, \lambda_i^* = \lambda_j^*, i < j\},\\
d &= [DD], \quad DD = \{(x_i, x_j) | \lambda_i \neq \lambda_j, \lambda_i^* \neq \lambda_j^*, i < j\}
\end{aligned}$$

和 Jaccard 系数

$$\mathrm{JC} = \frac{a}{a+b+c},$$

Fowlkes-Mallows 系数

$$\mathrm{FMI} = \sqrt{\frac{a}{a+b}\frac{a}{a+c}},$$

Rand 系数

$$\mathrm{RI} = \frac{2(a+d)}{m(m-1)}.$$

称上述系数为聚类性能度量的外部指标. 显然, 上述系数的取值均在 $[0,1]$ 上, 值越大越好.

下面简述三类常见的聚类算法.

聚类算法 1　K 均值算法.

定义 8.4.1　对 D 的簇划分 $C = \{C_1, C_2, \cdots, C_k\}$,

$$E = \sum_{i=1}^{k} \sum_{x \in C_i} ||x - \mu_i||_2^2, \tag{8.4.1}$$

其中 μ_i 为 C_i 的均值向量 $\mu_i = \frac{1}{|C_i|}\sum_{x \in C_i} x$.

显然 E 越小, 簇内样本相似度越高. 于是

$$\min_C E \tag{8.4.2}$$

刻画了簇内样本围绕均值向量的紧密程度.

困难　最小化问题(8.4.2) 求解并不容易, 是一个 NP 难的问题. 常见的算法往往是迭代法.

聚类算法 2　密度聚类算法.

从样本密度角度考虑样本之间的可连续性, 并基于可连续样本不断扩展聚类簇, 以获得最终的聚类结果.

DBSCAN(density-based spatial clustering of applications with noise) 算法的基本思想是基于邻域参数 $(\epsilon, \text{MinPts})$ 来刻画样本分布的紧密程度.

对数据集 $D=\{x_1,x_2,\cdots,x_m\}$, 定义

(1) ϵ 邻域: $N_\epsilon(x_j)=\{x_i\in D|\text{dist}(x_i,x_j)\leqslant\epsilon\},\forall x_j\in D$.

(2) 核心对象: 若 $|N_\epsilon(x_j)|\geqslant \text{MinPts}$, 则 x_j 就是一个核心对象.

(3) 密度直达: 若 x_j 位于 $N_\epsilon(x_i)$, x_i 为核心对象, 则 x_j 由 x_i 密度直达.

(4) 密度可达: 对 x_i 与 x_j, 若存在样本 $p_1,p_2,\cdots,p_m$, 使得 $p_1=x_i,p_m=x_j$, 且 p_{i+1} 由 p_i 密度直达, 则称 x_j 由 x_i 密度可达.

(5) 密度相连: 对 x_i 与 x_j, 若存在 x_k, 使得 x_i 与 x_j 均可由 x_k 密度可达, 则称 x_i 与 x_j 密度相连.

基于上述定义, DBSCAN 算法将“簇”定义为: 由密度可达关系导出的最大的密度相连样本集合. 也就是说, 对给定的邻域参数 $(\epsilon, \text{MinPts})$, 簇 $C\subseteq D$ 满足如下性质:

$$
\begin{aligned}
&C\neq\phi;\\
&x_i\in C,x_j\in C\Rightarrow x_i\text{与}x_j\text{密度相连};\\
&x_i\in C,x_j\text{由}x_i\text{密度可达}\Rightarrow x_j\in C.
\end{aligned}
$$

问题 如何从 D 中找出符合上述三条性质的 C 呢?

思路 若 x 为核心对象, x 密度可达的所有样本组成的集合为 $X=\{x'\in D|x'$ 由 x 密度可达$\}$, 则 X 满足三条性质. 关键需要找出核心对象, 称为“种子”(seed). DBSCAN 算法通过迭代格式来实现.

聚类算法 3 层次聚类 (hierarchical clustering) 算法.

该算法旨在不同层次对数据集进行划分, 形成树形的聚类结构. 数据集的划分可采用“自底向上”的聚合策略, 也可采用“自顶而下”的分拆策略.

AGNES(agglomerative nesting) 算法是自底向上聚合策略的层次聚类算法: 先将数据集中的每个样本看作初始聚类簇, 然后在算法运行的每一步中找出距最近的两个聚类簇进行合并, 不断重复该过程, 直至达到预设的聚类簇个数.

为此需要计算两个簇类间的距离. 定义

最小距离: $d_{\min}(C_i,C_j)=\min\limits_{x\in C_i,z\in C_j}\text{dist}(x,z)$;

最大距离: $d_{\max}(C_i,C_j)=\max\limits_{x\in C_i,z\in C_j}\text{dist}(x,z)$;

平均距离: $d_{\text{avg}}(C_i,C_j)=\dfrac{1}{|C_i||C_j|}\sum_{x\in C_i}\sum_{z\in C_j}\text{dist}(x,z)$.

当利用 $d_{\min}, d_{\max}, d_{\text{avg}}$ 计算时, AGNES 算法分别称为单链接算法、全链接算法、均链接算法.

AGNES 算法的实现通过迭代格式进行.

综上, 聚类算法适用于大数据分析, 能处理不同的数据类型, 且能应付异常数据. 常用的算法有 K 均值算法、密度聚类算法、层次聚类算法等. K 均值算法中最小化问题求解比较困难, 往往采用迭代法; 密度聚类算法与其他算法的根本区别在于基于密度进行聚类, 而不是各类距离; 层次聚类算法可采用"自底向上"聚合和"自顶向下"两种策略开展数据聚类.

8.5 数据分类与聚类算例

本节给出信用数据分类、物流数据聚类算例. 读者可以做更多的数据建模与计算的例子.

8.5.1 信用数据分类

德国信用数据 (https://onlinecourses.science.psu.edu/stat857/node/215) 分为训练集和测试集两部分. 训练集包含 500 个用户的样本单元, 其中 358 个为可信用户, 142 个为不可信用户. 测试集包含 500 个用户的样本单元, 其中 345 个为可信用户, 155 个为不可信用户. 数据集中共有 22 个变量, 包括编号、是否可信、月龄和支付方式等, 无缺失数据. 是否可信得分为 1 和 0 两种, 1 代表可信, 0 代表不可信. 值得注意的是, 变量 occupation 列全为 1, 对分类标准无影响, 实际分析时可删除此列.

这里采取决策树算法对用户的信用进行判断. 具体算法如下:

Step 1 选定一个最佳预测变量, 将全部样本单元分为两类, 实现两类中的纯度最大化, 即一类中可信样本单元尽可能多, 另一类中不可信样本单元尽可能多.

Step 2 对每一个子类别继续执行 Step 1.

Step 3 重复 Step 1—Step 2, 直到子类别中所含的样本单元数过少, 或者没有分类法将不纯度减少到一个给定阈值以下. 最终集中的子类别即终端结点. 根据每一终端结点中样本单元的类别数众数来判别这一终端结点的所属类别.

Step 4 对任一样本单元执行决策树, 得到其终端结点, 即可根据 Step 3 得到模型预测的所属类别.

运用 R 软件中 rpart 包的 rpart() 函数构造决策树, 但由于决策树过大, 需要对决策树进行剪枝, 调用 prune() 函数即可实现剪枝操作. 表 8.5.1 给出了生成决策树时不同大小的树对应的预测误差, 可用于辅助设定最终树的大小.

表 8.5.1 不同大小树的预测误差

复杂度参数	分支数	对应的误差	交叉验证误差	交叉验证误差的标准差
0.05322581	0	1	1	0.06672041
0.04516129	4	0.7870968	0.9677419	0.06610936
0.02258065	5	0.7419355	0.7935484	0.06213074
0.01505376	8	0.6580645	0.8000000	0.06230000
0.01290323	11	0.6129032	0.8387097	0.06327845
0.01000000	13	0.5870968	0.8387097	0.06327845

对于所有交叉验证误差在最小交叉验证误差的一个标准差范围内的树, 最小的树即为最优的树. 在这里, 最小交叉验证误差为 0.7935484, 对应的标准差为 0.06213074, 因此最优树的交叉验证误差范围为 $(0.7935484 - 0.06213074, 0.7935484 + 0.06213074)$. 此范围内最小的树为有 5 个分支数的树, 图 8.5.1 为生成的最优决策树.

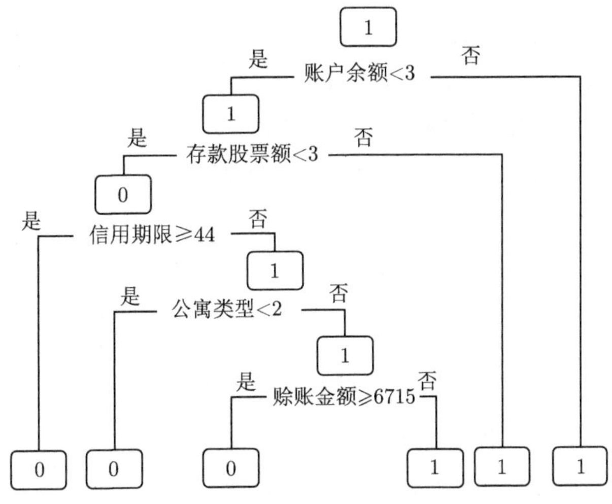

图 8.5.1 最优决策树

根据最优决策树模型判断测试集中用户的可信度, 正确率达到 73.4%, 有 26.6% 的用户判断错误.

8.5.2 物流数据聚类

随着我国经济水平的迅速发展和信息技术的普遍应用, 物流需求也日益提升. 一物流公司在全国各地共设有 800 多家分公司, 每家分公司每日的人均接单量各不相同, 现给出每家分公司所在的经纬度和每日的人均接单量 (表 8.5.2). 请根据给出的数据信息, 简要分析物流公司每日的人均接单量与其所处的地理位置有何关系.

表 8.5.2 物流数据

分公司编号	所处纬度	所处经度	每日人均接单量
001	22.56614225	113.9808368	66
002	22.68620526	113.9405252	65.5
003	22.57651183	113.957198	65.5
⋮	⋮	⋮	⋮
0833	22.81467597	113.8277312	85
0834	23.06367398	113.7711884	65.5
0835	23.12329431	113.1103823	85

问题分析 由于本例的数据量过于繁杂, 800 多家分公司无法直接入手进行分析, 所以考虑先采用聚类算法将物流分公司进行分类, 再研究其所处的地理位置对公司每日的人均接单量有何影响.

聚类即根据 800 多家物流分公司所处的地理位置及每日人均接单量, 将其分为不同的簇. 聚类准则是使属于同一簇的个体间距离尽可能小, 不同簇个体间距离尽可能大, 基于这一准则和不同的学习策略, 可设计出多种类型的聚类算法. 结合本例的数据特征和问题背景, 选取层次聚类算法中自底向上的算法进行求解和分析.

问题求解 采用层次聚类中自底向上的算法将 800 多家物流分公司进行聚类分析:

Step 1 将每个样本点分别看成一初始聚类簇, 计算两两之间的距离;

Step 2 选择距离最小的两个样本点合并为一个聚类簇;

Step 3 重新计算各个聚类簇之间的平均距离;

Step 4 将平均距离最小的两个聚类簇合并;

Step 5 重复 Step3 和 Step 4, 直至达到预设的聚类簇个数.

用 MATLAB 编程实现上述算法, 根据数据特征和实际情况, 最初预设将 800 多家物流分公司分为 13 个聚类簇, 但实施后发现会有某几个聚类簇的元素过少, 出现只有几个样本点的情况. 经过进一步调整和试验, 发现将 800 多家分公司分为 10 个聚类簇最为合理, 图 8.5.2 所示散点图为各个物流分公司的分类结果, 横坐标为公司所处的纬度, 纵坐标为公司所处的经度.

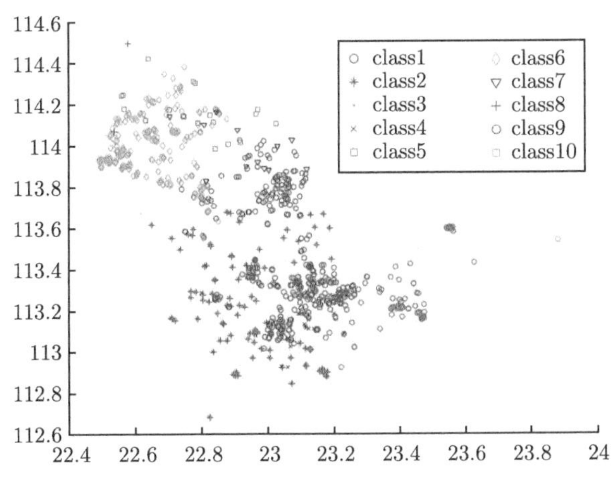

图 8.5.2 数据聚类图

由散点图可以看出, 800 多家物流分公司总共分为 10 类, 其中第 1、6、8 类分布比较集中. 每日人均接单量较低的类主要集中于深圳市、佛山市、东莞市, 这 3 个市人口数量多及经济较为繁华, 可能引起物流行业的较大竞争, 导致接单量不高. 若要进一步具体研究物流分公司每日的人均接单量与多个影响因素之间的关系, 则需建立多元回归模型, 求解该模型时用聚类算法先将庞大的数据进行处理显得尤为重要.

8.6 随机反问题

第 4 章和第 5 章中的线性代数方程组、积分方程、微分方程反问题若在随机数据框架下提出来, 相应的反问题称为随机反问题. 本节举例随机反问题模型, 并介绍相关求解方法.

8.6.1 模型举例

模型 1 导数估计模型.

给定某光滑函数 $F(x)$ 在区间 $[0,1]$ 上 l 个点的测量值 $\{(x_1,y_1),\cdots,(x_l,y_l)\}$, 且这些点 $x_i(i=1,\cdots,l)$ 依均匀分布律随机分布在区间 $[0,1]$ 上, 试估计 $F(x)$ 在 $[0,1]$ 上的导数 $f(x)$.

思路 由牛顿–莱布尼茨公式, 对任意 $x\in[0,1]$ 成立着

$$\int_0^x f(t)\mathrm{d}t = F(x) - F(0). \tag{8.6.1}$$

这是第一类 Volterra 型积分方程, 可化为第一类 Fredholm 型积分方程:

$$\int_0^1 \theta(x-t)f(t)\mathrm{d}t = F(x) - F(0), \tag{8.6.2}$$

其中

$$\theta(u) = \begin{cases} 1, & u > 0, \\ 0, & u \leqslant 0. \end{cases}$$

下一步, 若给定 $F(x)$ 为单调函数, $F(0)=0, F(1)=1$, 试确定 $f(x)$.

注 1　与确定性反问题相比, 随机性反问题关注测定点 $x_i(i=1,2,\cdots)$ 的随机性. $F(x)$ 是随机变量, 故求解 $f(x)$ 也应是在随机分布密度函数意义下的解.

注 2　$F(x)$ 的概率分布未知, 如何计算 $f(x)$? 若给定了 $F(x)$ 抽取的随机独立样本 $x_1, x_2, \cdots, x_l$, 则可采取经验分布函数

$$F_l(x) = \frac{1}{l}\sum_{i=1}^{l} \theta(x - x_i) \tag{8.6.3}$$

来构造 $F(x)$ 的逼近.

可证明经验分布函数 $F_l(x)$ 很好地逼近分布函数 $F(x)$. 如何由经验分布函数 $F_l(x)$ 反求近似解 $f_l(x)$, 使其尽可能逼近 $f(x)$? 这是本节重点关注并要解决的问题.

模型 2　线性动力系统中特征辨识模型.

在线性动力系统中, 只有一个输出 $y(t)$ 的线性齐次系统动力特征可完全由脉冲响应函数来描述.

记 $f(\tau)$ 是 $\tau=0$ 时供给该系统的一个单位脉冲 $\theta(t)$ 所产生的系统响应. 已知脉冲响应函数 $f(\tau)$, 可由公式

$$y(t) = \int_0^t x(t-\tau)f(\tau)\mathrm{d}\tau$$

计算出系统对扰动 $x(t)$ 的响应. 故确定系统的动力特征可转化为确定 $f(\tau)$.

另外, 对于线性齐次方程, Wiener-Hopf 方程成立:

$$\int_0^\infty R_{xx}(t-\tau)f(\tau)\mathrm{d}\tau = R_{yx}(t), \tag{8.6.4}$$

其中 $R_{xx}(u)$ 是该输入信息平稳随机过程的自相关系数, $R_{yx}(t)$ 是输入信号与输出信号的互相关系数, 他们两者通过权函数 $f(\tau)$ 联系起来.

归纳之, 线性系统的辩证问题根据上述自相关系数和互相关系数来确定权函数, 即依据经验数据来求解积分方程(8.6.4).

8.6.2 算子方程描述

设 E_1, E_2 为 Hilbert 空间. $\mathcal{A}$ 是 $E_1 \to E_2$ 连续且一对一的算子. 考虑算子方程

$$\mathcal{A}f = F. \tag{8.6.5}$$

假设(8.6.5)的解 $f \in \mathcal{F} \subset E_1$ 存在且唯一, 但不稳定, 即 F 的微小误差导致解 f 的巨大误差. 此时我们关注的问题是, 如何求解(8.6.5)?

Case 1 算子 $\mathcal{A}$ 精确给出, 但右端 F 近似给出.

右端 F 由随机函数序列 $F_1, F_2, \cdots, F_l$ 给出, 它们依概率收敛于函数 F. 随机函数列由概率空间 $(\Omega_l, \mathcal{F}_l, P_l), l = 1, 2, \cdots$ 决定. 换言之, 对任意给定的 l, 存在随机事件 $\omega \in \Omega_l$ 的隶属集合 Ω_l, 使得对任意的 $\omega^* \in \Omega_l$, 可确定一随机函数 $F_l = F(x, \omega^*)$.

E_2 中 F_l 依概率收敛于 $F \Leftrightarrow \forall \varepsilon > 0, \lim\limits_{l\to\infty} P\{||F_l - F||_{E_2} > \varepsilon\} = 0$.

故求解(8.6.5)意味着: 确定函数序列 $f_1, f_2, \cdots, f_l, \cdots$, 使得 $\forall \varepsilon > 0$,

$$\lim_{l\to\infty} P\{||f_l - f||_{E_1} > \varepsilon\} = 0.$$

Case 2 算子 $\mathcal{A}$ 和右端函数 F 均近似给出.

算子 $\mathcal{A}$ 由随机算子序列 $\mathcal{A}_1, \mathcal{A}_2, \cdots, \mathcal{A}_l, \cdots$ 给出, 它们由概率空间 $(\overline{\Omega}_l, \overline{\mathcal{F}}_l, \overline{P}_l), l = 1, 2, \cdots$ 决定. 换言之, 对任意给定的 l, 存在随机事件的集合 $\overline{\Omega}_l$, 使得对任意的 $\overline{\omega}^* \in \overline{\Omega}_l$, 可确定一个算子 $\mathcal{A}_l = A(\overline{\omega}^*)$.

故求解(8.6.5)意味着: 当 $\forall \varepsilon > 0$,

$$\lim_{l\to\infty} P\{||F_l - F||_{E_2} > \varepsilon\} = 0$$

和

$$\lim_{l\to\infty} P\{||\mathcal{A}_l - F|| > \varepsilon\} = 0$$

时, 确定一个函数序列 $f_1, f_2, \cdots, f_l, \cdots$, 使得 $\forall \varepsilon > 0$,

$$\lim_{l\to\infty} P\{||f_l - f||_{E_1} > \varepsilon\} = 0.$$

注 1 Case 1 之例 求解方程

$$\int_{-\infty}^{x} f(t)\mathrm{d}t = F(x),$$

其中已知数据 $\{F_1(x), F_2(x), \cdots, F_l(x)\}$, 但 $f(t)$ 未知待求.

设随机空间 $\Omega_l = \{\omega | \omega = x_1, x_2, \cdots, x_l\}$,

$$\theta(u) = \begin{cases} 1, & u > 0, \\ 0, & u \leqslant 0. \end{cases}$$

随机函数 $F_l(x, \omega) = \dfrac{1}{l}\sum_{i=1}^{l} \theta(x - x_i)$. 则由 Glivenko-Cantelli 定理, 成立着对任意的 $\varepsilon > 0$,

$$\lim_{l \to \infty} P\{||F_l - F||_{E_2} > \varepsilon\} = 0,$$

其中 $||F_l - F||_{E_2} = \sup\limits_x |F_l(x) - F(x)|$.

注 2　Case 2 之例　模式识别问题中, 最优 Bayes 决策规则具有下列形式

$$r(x) = \theta\left\{\frac{p_1(x)}{p_2(x)} - \frac{p_1}{1 - p_1}\right\},$$

其中 $p_1(x), p_2(x)$ 为 X 空间中的两类向量的概率密度函数, p_1 为第一类向量出现的概率.

为了从训练数据转化出最优决策规则, 需从数据中估计 p_1 的值, 再确定密度比函数

$$T(x) = \frac{p_1(x)}{p_2(x)}.$$

由此观之, 从训练集估计函数 $T(x)$ 意味着求解积分方程

$$\int_{-\infty}^{x} T(u) \mathrm{d}F^{(2)}(u) = F^{(1)}(x). \tag{8.6.6}$$

此时已知样本 $x_1, x_2, \cdots, x_l$, 其中 a 个样本 $\{x_1, x_2, \cdots, x_a\}$ 属于第一类; b 个样本 $\{\overline{x}_1, \overline{x}_2, \cdots, \overline{x}_b\}$ 属于第二类.

随机事件空间 Ω_l 由 $l = a + b$ 个样本 $\omega = x_1, x_2, \cdots, x_a, \overline{x}_1, \cdots, \overline{x}_b$ 的空间所确定.

$$F_l^{(1)}(x, \omega) = \frac{1}{a}\sum_{i=1}^{a} \theta(x - x_i), \tag{8.6.7}$$

$$F_l^{(2)}(x, \omega) = \frac{1}{a}\sum_{i=1}^{b} \theta(x - \overline{x}_i). \tag{8.6.8}$$

由此, 给出(8.6.7), 代替方程(8.6.6)的右端. 给出(8.6.8)确定的近似算子, 代替方程(8.6.6)中的精确算子.

8.6.3 正则化方法

分两种情形介绍.

Case 1 仅右端有误差.

构造泛函

$$J_{\alpha_l}(f) = ||Af - F_l||_{E_2}^2 + \alpha_l ||f||_{E_1}^2,$$

$$||f||_{E_1} = \left(\int f^2(t)\mathrm{d}t \right)^{\frac{1}{2}},$$

其中 $\alpha_l > 0$ 为一正则化参数.

求正则化解

$$f_l = \arg\min J_{\alpha_l}(f).$$

下面考虑当 $\alpha_l \to 0(l \to \infty)$ 时近似解的收敛性.

定理 8.6.1 对任意 $\varepsilon > 0$, 存在 $n = n(\varepsilon) > 0$, 当 $l > n(\varepsilon)$ 时, 成立着

$$P\{||f_l - f||^2 > \varepsilon\} < 2P\left\{||F_l - F||_{E_2}^2 > \frac{\varepsilon}{2}\alpha_l\right\}.$$

证明见文献 [154].

推论 8.6.1 对方程(8.6.6), 若右端 F_l 按 E_2 范数以速度 $r(l)$ 收敛于 $F(x)$, 且当 $l \to \infty$ 时, 若有

$$\frac{r(l)}{\sqrt{\alpha_l}} \to 0,$$

$$\alpha_l \to 0,$$

则 f_l 依概率收敛于 f.

Case 2 算子 $\mathcal{A}_l$ 和右端 F_l 均有误差.

定义泛函

$$J_{\alpha_l}^*(f) = ||\mathcal{A}_l f - F_l||_{E_2}^2 + \alpha_l ||f||_{E_1}^2$$

和算子范数

$$||\mathcal{A}_l - \mathcal{A}|| = \sup_f \frac{||\mathcal{A}_l f - \mathcal{A}f||_{E_2}}{||f||_{E_1}},$$

$$||f||_{E_1} = \left(\int f^2(t)\mathrm{d}t \right)^{\frac{1}{2}}.$$

容易推知如下结论, 证明略去.

定理 8.6.2　对任意的 $\varepsilon > 0, c_1, c_2 > 0$, 存在 $\alpha_0 > 0$, 使得当任意的 $\alpha_l \leqslant \alpha_0$ 时, 成立着

$$P\{||f_l - f|| > \varepsilon\} \leqslant P\{||F_l - F||_{E_2} > c_1\sqrt{\alpha_l}\} + P\{||\mathcal{A}_l - \mathcal{A}|| > c_2\sqrt{\alpha_l}\}.$$

推论 8.6.2　由定理 8.6.1, 若 F_l 按 E_2 范数以速度 $r(l)$ 收敛于 $F(x)$, $\mathcal{A}_l$ 按算子范数以速度 $r_A(l)$ 收敛于 $\mathcal{A}$; 且当 $r_0(l) = \max\{r(l), r_A(l)\} \to 0(l \to \infty)$ 时, 成立着

$$\frac{r_0(l)}{\sqrt{\alpha_l}} \to 0 \quad (l \to \infty),$$

$$\alpha_l \to 0 \quad (l \to \infty),$$

则必有 f_l 依概率收敛于 f.

8.7　评注与进一步阅读

1. 数据建模领域近年来有了迅猛的发展

信息化、智能化时代, 一切事物都在数据化、在线化; 数据的采集、存储和计算能力持续加强, 成本剧降.

数据科学与大数据技术是一个多学科深度交叉学科, 它融合了计算机、数学、统计学等学科专业, 并在行业数据领域发展迅速, 如通信数据 (资费优化、栅格定位)、金融数据 (股市分析、量化投资)、交通数据 (流量分析、设计与控制)、互联网数据 (广告投放、投资策略)、科研数据 (生物大数据、AlphaGo、AlphaGo Zero) 等.

大数据研究催生大数据产业 (从数据到价值的产业链), 涉及众多学科专业. 数据整体蕴含事件的相关性、发展的规律性与趋势, 揭示这样的相关性、规律性与趋势为科学探索、解决广泛的社会发展与国家安全问题提供了依据与可能. 数据研究具有高的社会价值和解决社会学问题的方法论, 涉及如下专业: ① 数据管理对应的物理、材料、电子等学科; ② 数据存储、传输、查询对应的计算机学科; ③ 数据建模与计算对应的数学、统计学等学科; ④ 数据应用对应的数据工程应用学科等.

2. 数据建模中, 数据的数学结构化研究是不可缺少的基础

数据具有高多样性和高复杂性, 如文本、图像、地理数据、基因与蛋白质数据、视频、程序、有限规则集等. 数据包括传统的结构化数据, 如行数据 (二维表),

也包括非结构化数据, 如网页、文本、图像、视频、语音等. 表格是最为经典的数据类型; 点云是将数据看成某空间中点的集合; 文本、通话和 DNA 序列属于时间序列; 图像可看成两个变量的函数; 视频是时间和空间坐标的函数; 网页和报纸中的每篇文章可看成时间序列, 整个网页或报纸又具有空间结构; 网络数据方面, 网络本质上是图, 由节点和联系节点的边构成.

数据集上的基本数学结构包括: ① 度量结构. 在数据集上引进度量 (距离), 使之成为一个度量空间. 文本处理中的余弦距离函数就是一个典型的例子. ② 网络结构. 有些数据本身就具有网络结构, 如社交网络; 有些数据本身没有网络结构, 但可附加上一个网络结构, 例如, 度量空间的点集, 可以根据点与点之间的距离来决定是否把两个点连接起来, 这样就得到一个网络结构. 网页排名 (pagerank) 算法是利用网络结构的一个典型例子. ③ 代数结构. 把数据看成向量、矩阵或更高阶的张量. 有些数据集具有隐含的对称性, 也可以用代数的方法表达出来. ④ 拓扑结构. 从不同的尺度看数据集, 得到的拓扑结构可能是不一样的. 最著名的例子是 3×3 的自然图像数据集里面隐含着一个二维的克莱因瓶. ⑤ 函数结构. 对点集而言, 寻找其中的函数结构是统计学的基本问题. 这里的函数结构包括线性函数 (用于线性回归)、分片常数 (用于聚类或分类)、分片多项式 (如样条函数)、其他函数 (如小波展开) 等. 数据的数学结构给应用数学研究带来了新的课题.

3. 数据建模中, 机理模型与数据模型融合发展是可行的、必要的

数据分析的基本假设: 观察到的数据都是由某个模型产生的, 故数据分析的基本问题是找出这个模型. 由于数据采集过程中不可避免会引入噪声, 因此这些模型都是随机模型. 例如, 点集对应的数据模型是概率分布, 时间序列对应的数据模型是随机过程, 图像对应的数据模型是随机场, 网络对应的数据模型是图模型和 Bayes 模型.

通常人们对整个模型并不感兴趣, 而只是希望找到模型的一部分内容. 例如, 利用相关性来判断两组数据是否相关, 利用排序来对数据的重要性进行排名, 利用分类和聚类将数据进行分组等. 又例如, 图像处理和统计学习中都用到的正则化方法, 也是处理反问题的数学模型中最常用的一种.

很多情况下, 还需要对随机模型作近似. 常见的方法有: 将随机模型近似为确定型模型, 所有的回归模型和基于变分原理的图像处理模型都采用了这种近似; 对其分布作近似, 例如, 假设概率分布是正态分布或假设时间序列是 Markov 链等, 需要随机模型、Markov 链等方面的知识. 又例如, 自然语言处理和生物大分子模型都用到隐 Markov 过程和动态规划方法, 其最根本的原因是它们处理的都是一维随机信号.

对数据的研究有很多共性, 机理模型与数据模型融合、互为论证, 是基本策略. 机理建模 (以连续性模型为主导), 如函数极值问题、常微分方程、偏微分方程、反问题、随机反问题等; 数据驱动建模 (以离散、随机模型为主导), 如统计模型中的回归算法、学习算法、分类算法、聚类算法等.

4. 数据建模及计算方法具有强挑战性

数据处理的困难包括: ① 数据量大. 数据量大给计算带来挑战, 需要一些随机方法或分布式计算来解决问题. ② 数据类型复杂. 网页、报纸、图像、视频等多种类型的数据给数据融合带来困难, 给数值算法带来困难. ③ 数据维数高. 例如, SNP 数据是 64 万维的. ④ 噪声大. 数据在生成、采集、传输和处理等流程中, 均可能引入噪声, 这给数据清洗和分析带来挑战, 需要有一定修正功能的模型来进行降噪处理 (如图像中的正则化和机器学习中的去噪自编码器).

在数据量很大的情况下, 算法极其重要. 从算法的角度来看, 处理大数据主要是: ① 降低算法的复杂度, 通常要求算法的计算量是线性标度的, 即计算量与数据量呈线性关系. 但很多关键的算法, 尤其是优化方法, 还达不到这个要求. 对于特别大的数据集, 如万维网上的数据或社交网络数据, 希望能有次线性标度的算法, 也就是说计算量远小于数据量. 这就要求采用抽样的方法, 其中最典型的例子是随机梯度下降法. ② 分布式计算. 原有的并行算法需要重新设计. 算法的研究以前分散在计算数学和计算机科学这两个领域. 计算数学研究的算法主要针对像函数这样的连续结构, 其主要应用对象是微分方程等; 计算机科学主要处理离散结构, 如网络. 现实数据的特点介于两者之间, 即数据本身是离散的, 而数据背后有一个连续模型. 要发展针对数据的算法, 就必须把计算数学和计算机科学研究的算法有效地结合起来.

5. 数据建模需要学习更多的知识、更有效的训练

数据无处不在、无时不在, 需要数据建模与计算, 读者可参阅 [18] 获得数据建模的应用背景和数学理论与方法.

机器学习方面的书籍和论文很多, 读者可查阅文献 [123,125–127,144–153], 做系统深入的学习. 关于统计学习, 读者可查阅文献 [10,154–156] 进一步阅读.

数据分析本质上可理解为在解反问题, 而且通常是随机模型的反问题. 这方面的文献很多, 感兴趣的读者可查阅文献 [96,157–163]. 关于数据工程, 建议大家理解相关行业数据背景和学科知识. 关于数据分析与算法训练, 则需要读者多编程、多实践.

8.8 训 练 题

习题 1 在 8.1.1 节中, 解空间基函数可取小波基、径向基函数, 从而可获得满足不用数据逼近要求的 $f(x)$ 的近似. 请读者撰写专题报告.

习题 2 在 8.1.3 节中, 给定数据集 (读者自行获取), 求出 β^*. 请读者撰写专题报告.

习题 3 在 8.2.1 节中, 对模型 1, 请给出其正则化算法, 并进行数值求解, 写出研究报告.

习题 4 在 8.3.2 节中, 分别应用多项式支持向量机方法、径向基函数支持向量机方法求解模式识别问题, 写出研究报告.

习题 5 给定数据集 (读者自行获取), 请分别利用逻辑回归、决策树方法、支持向量机方法进行分类, 给出算法描述和分类结果, 并进行结果分析, 写出研究报告.

第 9 章　图像处理与压缩感知建模与计算

我国国务院 2017 年 7 月印发的《新一代人工智能发展规划》(国发〔2017〕35 号) 明确指出: “在移动互联网、大数据、超级计算、传感网、脑科学等新理论新技术以及经济社会发展强烈需求的共同驱动下, 人工智能加速发展, 呈现出深度学习、跨界融合、人机协同、群智开放、自主操控等新特征 …… 人工智能发展进入新阶段.”

当前, 在大数据智能理论方面, 急需深入研究数据驱动与知识引导相结合的人工智能新方法、以自然语言理解和图像图形为核心的认知计算理论和方法、数据驱动的通用人工智能数学模型与理论等.

本章介绍图像去噪、图像识别、压缩感知的数学建模方法, 给出模型计算方法, 进行数值计算与模拟, 作为大学生进一步学习人工智能相关领域知识、开展相关研究领域的预备知识和技术储备.

9.1　图 像 去 噪

图像处理技术内涵丰富, 应用广泛, 包括超声波、红外热成像、X 射线断层摄影术、核磁共振成像、雷达和声呐成像、数字照片、计算机图像、图像对比和增强、图像去噪、图像去模糊、图像分割和图像识别等等. 该学科具有强大的吸引力, 出现了众多不同种类的数学处理方法, 如 Fourier 分析方法、小波变换方法、滤波法、随机模型方法、偏微分方程及散度方法等等.

本节主要针对基于偏微分方程计算的图像去噪的操作过程进行简单介绍, 权当抛砖引玉. 感兴趣的读者可阅读相关教材 [164, 165].

9.1.1　准备知识——图像的载入和存储

图像去噪是图像处理的重要环节和步骤. 图像信号在产生、传输过程中都可能会受到噪声的污染, 因而去噪效果的好坏会直接影响到后续的图像处理工作, 如图像分割、图像识别、图像描述、图像分类、边缘检测等工作. 数字图像系统中常见的噪声包括高斯噪声、椒盐噪声和量化噪声.

本节内容将简单介绍基于偏微分方程计算的高斯去噪. 为此, 先介绍几个常用的与图像操作相关的准备知识.

1. 图像载入

数字灰度图可以表示为一个离散的二元函数 $f(x,y) \in \mathbb{R}^{m\times n}$, 函数的值表示灰度的黑白程度. 彩色图像则是三幅灰度图的组合. 因而我们简单理解: 二维矩阵代表灰度图, 三维矩阵代表彩色图像. 命令 imread 用于读取图片文件中的数据. 具体操作如下:

```
I = imread('apple.jpg');
subplot(2,2,1), imshow(I);
subplot(2,2,2), imshow(I(:,:,1));
subplot(2,2,3), imshow(I(:,:,2));
subplot(2,2,4), imshow(I(:,:,3));
```

通过图 9.1.1 可以看到灰度图 'apple.jpg' 是一个 $2448 \times 3264 \times 3$ 三维矩阵. 图像上的小灰点显示: 当前的坐标是 1135 行, 178 列, 该像素点的灰度值为 165.

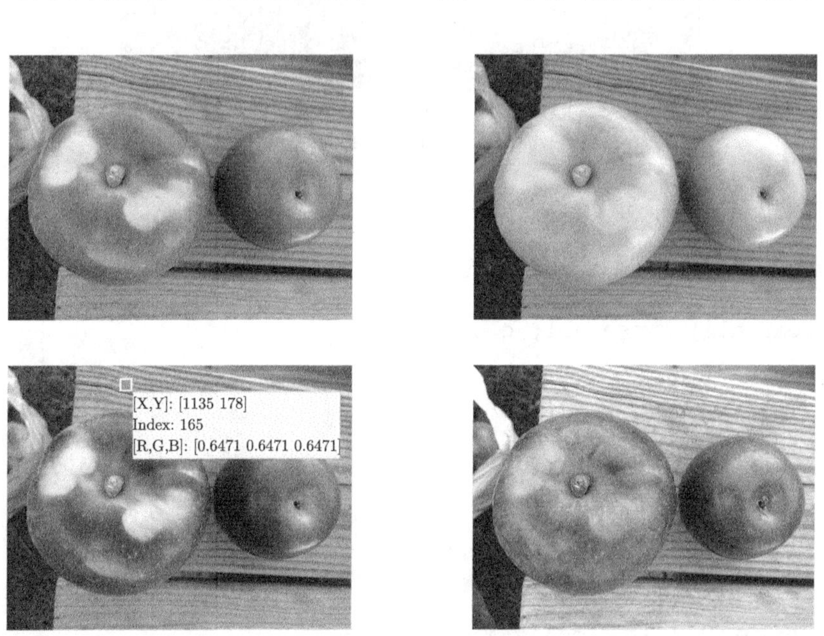

图 9.1.1 读取图像和显示图像

2. 图像存储

命令 imwrite 可用于将矩阵作为图像数据写入到图像文件中并存储在当前目录下. 图 9.1.2 显示了下列程序产生的结果.

```
A=255*ones(9,6); B=220*ones(6,9); C=185*ones(12,12);
D=zeros(32,32);D(4:12,5:10)=A;D(4:9,20:28)=B;
D(15:26,15:26)=C;D=uint8(D);
subplot(121); imshow(D);imwrite(D,'imagegray1.png');
E=zeros(32,32,3);E(2:10,6:11,1)=A;E(12:17,12:20,2)=B;
E(19:30,21:32,3)=C;   E=uint8(E);
subplot(122); imshow(E);
imwrite(E,'imagecolor1.png');
```

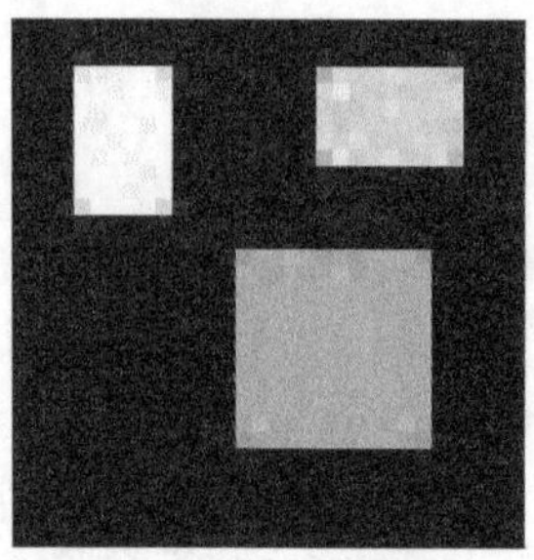
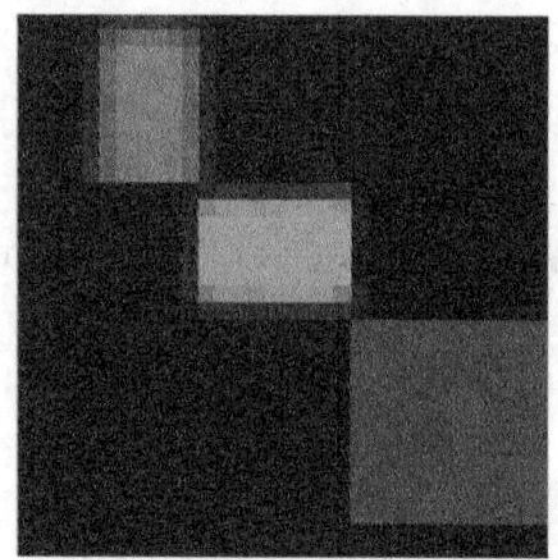

图 9.1.2　图片的生成和存储

3. 图像添加噪声及其格式转化

图 9.1.3 显示了下列程序产生的结果.

```
clear all; close all; clc;
A=imread('apple','tif');
m=707; n=988;
Abw=rgb2gray(A);
subplot(2,2,1), image(A);
et(gca,'Xtick',[],'Ytick',[]);
title('原始图像');
subplot(2,2,3), imshow(Abw);
set(gca,'Xtick',[],'Ytick',[]);
title('原始图像的黑白图像');
A2=double(A);
Abw=double(Abw);
noise=randn(m,n,3);
```

```
noise2=randn(m,n);
u=uint8(A2+50*noise);
u2=uint8(Abw+50*noise2);
subplot(2,2,2), image(u);
set(gca,'Xtick',[],'Ytick',[]);
title('彩色图像添加高斯白噪声');
subplot(2,2,4), image(u2);
set(gca,'Xtick',[],'Ytick',[]);
title('黑白图像添加高斯白噪声');
```

原始图像

彩色图像添加高斯白噪声

原始图像的黑白图像

黑白图像添加高斯白噪声

图 9.1.3 图像添加噪声

9.1.2 基于偏微分方程的图像去噪

基于偏微分方程 (PDEs) 的扩散计算可用于图像的质量强化. 如二维抛物型方程

$$u_t = D\nabla^2 u, \tag{9.1.1}$$

其中 $u(x,y)$ 表示给定的图像, $\nabla^2 = \dfrac{\partial^2}{\partial x^2}+\dfrac{\partial^2}{\partial y^2}$, D 为扩散系数, 初始条件为 $u(x,y,0) = u_0(x,y)$. 假设其边界为周期的, 则对上式 (9.1.1) 做 Fourier 变换可得

$$\widehat{u}_t = -D(k_x^2 + k_y^2)\widehat{u},$$

于是

$$\widehat{u}=\widehat{u}_0\mathrm{e}^{D(k_x^2+k_y^2)t},$$

其中 $\widehat{u}$ 表示 $u(x,y,t)$ 的 Fourier 变换, 且 $\widehat{u}_0$ 为初始条件的 Fourier 变换, 表示原始噪声的图像, k_x 和 k_y 分别表示沿 x 和 y 方向的频率. 从该方程的解可以观察到空间频率按照高斯函数指数衰减, 使用高斯线性滤波等同于带周期边界条件图像的线性散度计算.

从上面的计算可知滤波和散度计算具有等价性. 然而散度计算更具有一般性, 因为它可以处理变系数的扩散方程

$$u_t=\nabla\cdot(D(x,y)\nabla u),$$

其中 $D(x,y)$ 为扩散系数, 该系数可以修复目标图像的污点, 生成更为匹配的无噪声图像. 有关热方程的求解, 可参考第 3 章抛物型方程求解的过程. 下面对算法的执行步骤阐述如下:

(1) 图像载入及其噪声加载;

(2) 偏微分方程的计算;

(a) 构建稀疏矩阵 A,

(b) 生成初始向量 $u=u_0$,

(c) 常微分方程的求解 (利用求解器 ode45, ode113 等),

(d) 绘制函数图像;

(3) 基于 PDEs 的计算, 优化图像质量.

具体的程序如下, 图像载入可参看准备知识, 基于 PDEs 计算可参看第 3 章抛物型方程的数值解, 由结果优化后的图像参看图 9.1.4, 由该图像可知对于 $t=0.02$ 的计算产生的图像质量较高, 过度的计算反而会降低图像的质量.

```
clear all; close all; clc;
B=imread('apple','JPEG');
A=B(1:8:2448,1:8:3264,:);
Abw=rgb2gray(A); Abw=double(Abw);
[nx,ny]=size(Abw);
u2=uint8(Abw+20*randn(nx,ny));
subplot(2,2,1), imshow(A)
subplot(2,2,2), imshow(u2)
x=linspace(0,1,nx); y=linspace(0,1,ny);
```

```
dx=x(2)-x(1); dy=y(2)-y(1);
onex=ones(nx,1); oney=ones(ny,1);
Dx=(spdiags([onex -2*onex onex],[-1 0 1],nx,nx))/dx/dx;
Ix=eye(nx);
Dy=(spdiags([oney -2*oney oney],[-1 0 1],ny,ny))/dy/dy;
Iy=eye(ny);
L=kron(Iy,Dx)+kron(Dy,Ix);
tspan=[0 0.005 0.02 0.04];
D=0.0005; noise2 = randn(nx,ny);
u3=Abw+20*noise2;
u32=reshape(u3,nx*ny,1);
[t,usol]=ode113('image_rhs',tspan,u32,[],L,D);
for j=1:length(t)
Abwclean=uint8(reshape(usol(j,:),nx,ny));
subplot(2,2,j), imshow(Abwclean);
end
function rhs=imagerhs(t,u,dummy,L,D)
rhs=D*L*u;
```

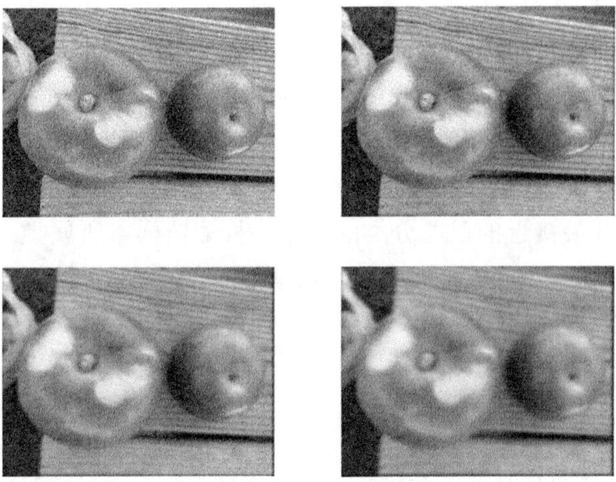

图 9.1.4 扩散系数取 $D = 0.0005$, 时间步长分别取 $\Delta t = 0$, $\Delta t = 0.005$, $\Delta t = 0.02$, $\Delta t = 0.04$ 的图像去噪

9.2　图像识别

图像识别, 是指利用计算机对图像进行处理、分析和理解, 以识别各种不同模式的目标和对象的技术. 图像识别是人工智能的一个重要领域, 是许多新兴技术的基础, 比如智能手机上常见的手写字识别系统, 无人驾驶系统识别车辆、行人与障碍物, 监控系统能通过城市的交通摄像头识别嫌疑犯, 商场的停车场能够自动提取驶入车辆的车牌号等.

数字图像在数学上可以看成一个高维的向量, 图像识别的数学本质是高维数据分类的问题. 建模上要求我们通过数据建立模式空间到类别空间的映射. 传统的图像识别方法包神经网络、支持向量机、Boosting、最近邻等分类器. 深度学习在计算机视觉领域最具影响力的突破发生在 2012 年 ImageNet ILSVRC 挑战中的图像分类任务中, Hinton 的研究小组采用深度学习赢得了 ImageNet 图像分类比赛的冠军[166]. 另外一个突破是在人脸识别中, 在 2014 年的 IEEE 国际计算机视觉与模式识别会议 (IEEE Conference on Computer Vision and Pattern Recognition, CVPR) 上, DeepID[167] 和 DeepFace[168] 都采用人脸辨识作为监督信号, 在 LFW(labeled faces in the wild) 上分别取得了 97.45% 和 97.35% 的识别率.

我们可将图像识别看成分类问题. 假设要处理的数据被分解成合理大小的“样本”, 每一个样本都可能属于某一类. 比如, 在手写数字识别问题中, 每一个样本都是一张数字图片, 而类是系统能识别出这些数字, 对于该问题, 刚好有 10 个类: 0, 1, 2, 3, 4, 5, 6, 7, 8 和 9. 计算机的任务就是把手写数字样本分到其所属的 10 个类中. 计算机解决分类任务的基本方式是, 根据已经分类的样本, 采用多种分析方式提取每个类的特征, 当计算机遇到一个待识别的新样本时, 通过分析新样本, 找出与其最接近的已经分类的样本来推测新样本所属类. 概括来说, 图形识别分为两个阶段: 首先是训练阶段, 训练数据样本; 然后是分类阶段, 计算机对待识别的数据样本进行分类.

9.2.1　最近邻法

最近邻法用于衡量数字图像之间的区分度. 区分度是以百分比形式衡量的, 区别度只有 1% 的图像是非常相近的邻, 而区别度在 99% 的图像则相差很远. 区分度被看作原始图像之间的“距离”.

在图形识别任务中, 首先会对输入图片进行一些预处理, 比如把每个图片都调整为相同大小, 并保证数字位于图像中心. 在图 9.2.1 中, 我们看到两张不同的手写数字 2 和数字 3 的图像, 通过分别将相同数字的两张图像进行某种“减法”, 得到两张最右边的图像. 这两张图像的大部分地方为白色, 只有少数地方为黑色. 计算结果显示, 手写数字 2 图像的区分度为 6.8%, 手写数字 3 图像的区分度为 5.6%. 因此两个手写 2 图像是相近邻, 两个手写 3 图像也是相近邻.

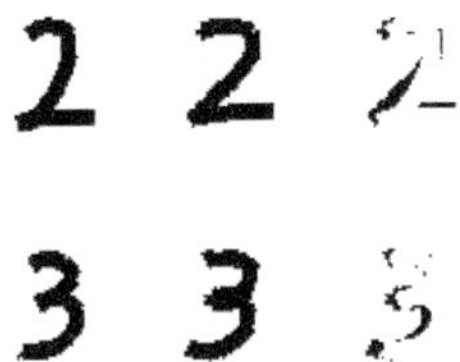

图 9.2.1 小波分解得到的矩阵

最近邻法需要大量的训练样本, 比如十万个. 当输入一个待识别的图片时, 系统会在十万个训练样本中搜索, 以找到一个和待识别图片最接近的邻, 待识别图片和其最接近的邻属于相同的类.

9.2.2 小波分解

小波是表示图像多尺度信息的一种理想化方法. 在手写数字 2 和 3 的图像识别中, 用小波来表示数字 2 和数字 3 的图片信息. 小波变换对图像边缘检测十分有效. 在数字 2 和数字 3 的手写体图像识别中, 边缘检测在识别过程中起主要作用, 识别过程包括以下几个步骤:

Step 1 将数字 2 和数字 3 的手写体图片分解成小波基函数, 小波变换的主要目的是用来做边缘检测. 训练样本为 10 幅手写体数字 2 和 3 的图片, 每个数字各有 5 幅图片, 见图 9.2.2 和图 9.2.3;

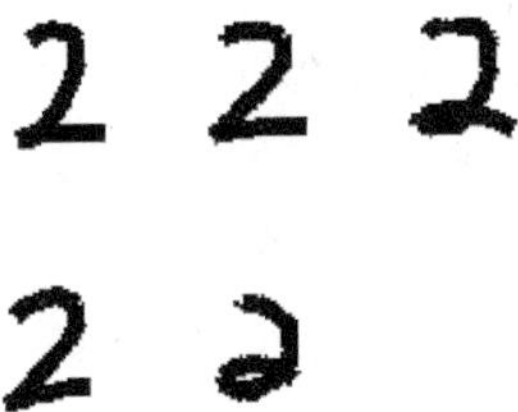

图 9.2.2 数字 2 的 5 个训练样本

Step 2 根据小波分析, 分别提取手写体数字 2 和 3 图片的主成分特征;

Step 3 使用线性识别分析设计辨别数字 2 和 3 的阈值;

Step 4 使用待识别的数字 2 和 3 的手写体图片来测试算法的有效性.

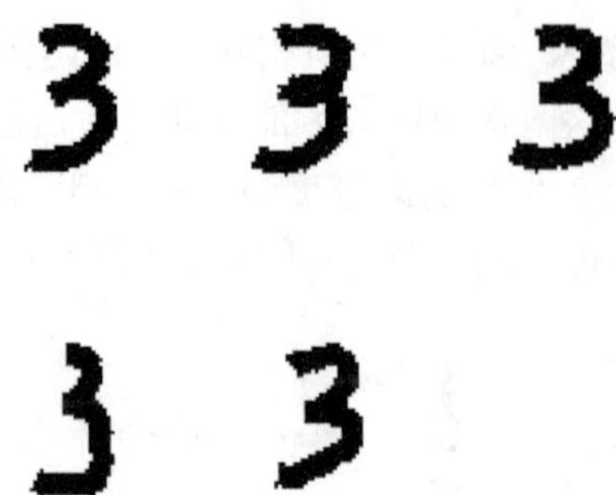

图 9.2.3 数字 3 的 5 个训练样本

首先给出数字 2 和 3 的手写体图像. 使用 MATLAB 中的 DWT2 命令, 可将这些图像做小波分解. 命令

```
[cA cH cV cD]=DWT2(X,'wname');
```

可计算图像矩阵 X 的小波分解系数矩阵 cA, cH, cV 和 cD, 其中 cA 包含大尺度特征, cH, cV 和 cD 分别为水平方向、垂直方向和对角方向的精细尺度特征. 下面的命令对数字 2 的第一张手写图片做 Haar 小波变换产生 4 个 25×25 的矩阵.

```
figure
X=double(reshape(Abw1,50,50));
[cA,cH,cV,cD]=dwt2(X,'haar');subplot(2,2,1), imshow(uint8(cA));
subplot(2,2,2), imshow(uint8(cH));
subplot(2,2,3), imshow(uint8(cV));
subplot(2,2,4), imshow(uint8(cD)).
```

数字 2 第一幅手写体图像对应的小波分解矩阵见图 9.2.4. 该图比较黑的部分原因是图片没有调整为合适的伪彩色图像.

下面的 MATLAB 命令不仅可以调整图像尺度, 还能将边缘检测中小波分解对应的水平和垂直方向的矩阵放入同一个矩阵.

```
nbcol=size(colormap(gray),1);
codcH1=wcodemat(cH,nbcol);
codcV1=wcodemat(cV,nbcol);
codedge=codcH1+codcV1;figure
subplot(2,2,1), imshow(uint8(codcH1))
subplot(2,2,2), imshow(uint8(codcV1))
```

```
subplot(2,2,3), imshow(uint8(codedge))
subplot(2,2,4), imshow(reshape(Abw1,50,50))
```

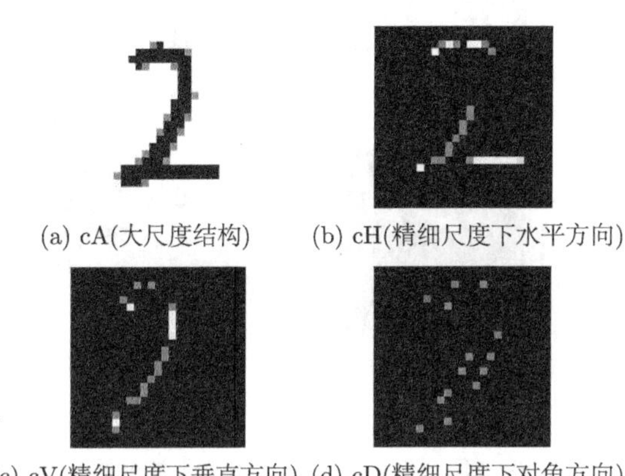

(a) cA(大尺度结构) (b) cH(精细尺度下水平方向)

(c) cV(精细尺度下垂直方向) (d) cD(精细尺度下对角方向)

图 9.2.4 第一张手写数字 2 图片小波分解矩阵图

得到的新矩阵将图像亮度调节到合适尺度, 从而使图像变得清晰和明亮, 见图 9.2.5. 该图底端的两张图片是通过对水平和垂直方向的小波基加权来呈现第一张手写数字 2 图片的理想形式.

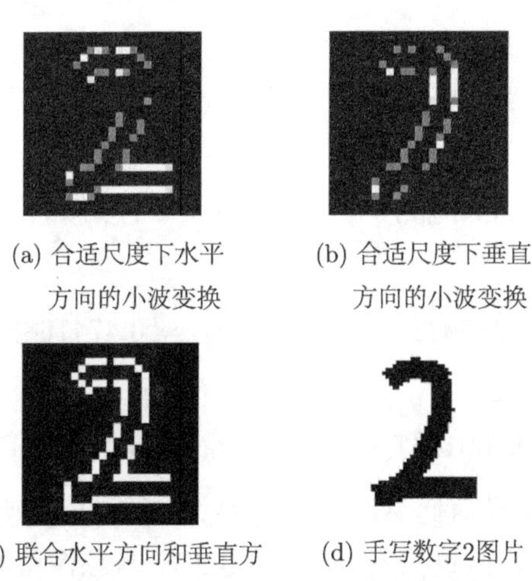

(a) 合适尺度下水平方向的小波变换 (b) 合适尺度下垂直方向的小波变换

(c) 联合水平方向和垂直方向边缘检测的小波变换过程 (d) 手写数字2图片的理想形式

图 9.2.5 第一张手写数字 2 图片小波分解矩阵图

对手写数字 3 的第一张图片我们也可做同样的处理, 得到图 9.2.6.

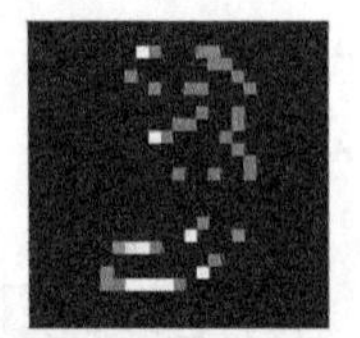

(a) 合适尺度下水平方向的小波变换

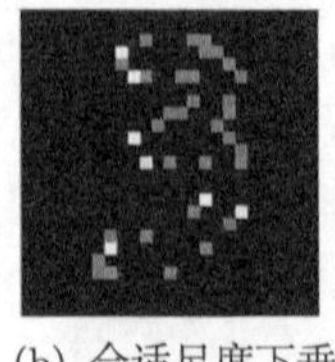

(b) 合适尺度下垂直方向的小波变换

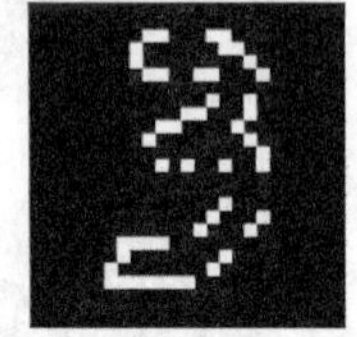

(c) 联合水平方向和垂直方向边缘检测的小波变换过程

(d) 第一张手写数字3图片的理想形式

图 9.2.6 第一张手写数字 3 图片小波分解矩阵图

9.2.3 图像奇异值分解

奇异值分解 (SVD) 将图像对应矩阵分解成三个矩阵 $U, \Sigma, V^{\mathrm{T}}$, 其中 U, V 为正交矩阵, Σ 是对角元素为奇异值的对角矩阵. 通常来讲, 大的奇异值往往包含着更多的信息. 比如, 图 9.2.7 手写体数字 2 的第一张图片, 对其图像矩阵做奇异值分解得到

$$
\begin{aligned}
&\sigma_1 = 42.324838722820800, && \sigma_2 = 8.618459286855947,\\
&\sigma_3 = 7.328721754741684, && \sigma_4 = 5.632351210446059,\\
&\qquad\vdots && \qquad\vdots\\
&\sigma_{11} = 1.412960133999265, && \sigma_{12} = 1.278717175524728,\\
&\qquad\vdots && \qquad\vdots\\
&\sigma_{21} = 0.602466182850385, && \sigma_{22} = 0.474168398571028,\\
&\qquad\vdots && \qquad\vdots\\
&\sigma_{49} = 3.778845785601047 \times 10^{-15}, && \sigma_{50} = 3.416491118158896 \times 10^{-15}.
\end{aligned}
$$

很明显, 前面 20 个奇异值比后面奇异值要大, 我们分别使用前 5 个、10 个、15 个、20 个和 25 个奇异值重构图像, 见图 9.2.7. 从该图可看出, 用前 25 个奇异值重构的图片已经包含原始图绝大部分信息.

下面对手写数字 2 和数字 3 的图片进行奇异值分解. 以下 MATLAB 命令将手写数字 2 的 5 张图片对应的图像矩阵放入同一个矩阵, 进行手写字母 2 的小波分解见图 9.2.8.

```
nw=25*25;
nbcol=size(colormap(gray),1);
for i=1:5
X=double(reshape(data2(:,i),50,50));
[cA,cH,cV,cD]=dwt2(X,'haar');
codcH1=wcodemat(cH,nbcol);
codcV1=wcodemat(cV,nbcol);
codedge1=codcH1+codcV1;
dcData2(:,i)=reshape(codedge1,nw,1);
end
```

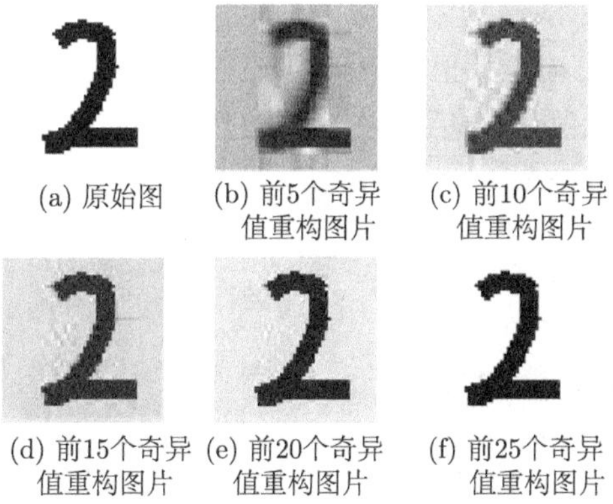

(a) 原始图 (b) 前5个奇异值重构图片 (c) 前10个奇异值重构图片

(d) 前15个奇异值重构图片 (e) 前20个奇异值重构图片 (f) 前25个奇异值重构图片

图 9.2.7 第一张手写数字 2 图片

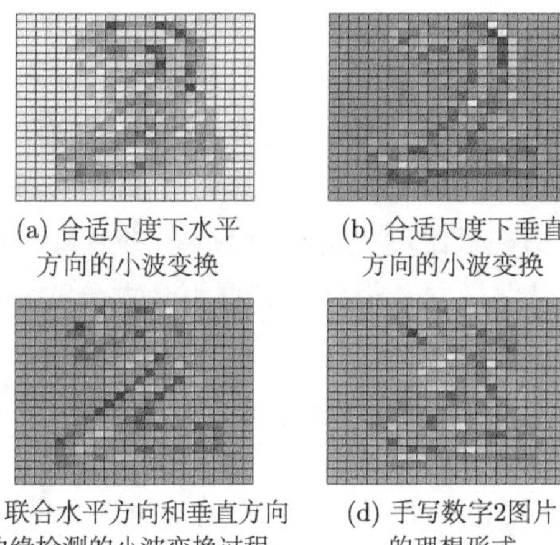

(a) 合适尺度下水平方向的小波变换 (b) 合适尺度下垂直方向的小波变换

(c) 联合水平方向和垂直方向边缘检测的小波变换过程 (d) 手写数字2图片的理想形式

图 9.2.8 第一张手写数字 2 图片小波分解矩阵图

对手写数字 3 的 5 张图片可使用 MATLAB 程序做类似的处理. 把手写数字 2 和 3 图片的小波分解矩阵组合在一起, 进行奇异值分解. 下面的 MATLAB 命令将进行约化的奇异值分解以提取图像关键信息.

```
feature=8; %辨别手写数字2和3的主成分个数
n2=length(dcData2(1,:)); n3=length(dcData3(1,:));
[U,S,V]=svd([dcData2,dcData3],0); % 约化奇异值分解
digits=S*V';
U=U(:,1:feature);
numb2=digits(1:feature,1:n2);
numb3=digits(1:feature,n2+1:n2+n3);
```

为了更好地理解上述奇异值分解到底发生了什么, 我们将分解可视化, 便于读者理解. 从数字 2 和 3 的样本图片中, 利用 PCA(principal component analysis) 特征. 下面 MATLAB 命令可实现重构.

```
for j=1:4
subplot(2,2,j)
ut1=reshape(U(:,j),25,25);
ut2=ut1(25:-1:1,:);
pcolor(ut2)
set(gca,'Xtick',[ ],'Ytick',[ ])
end
```

9.2.4 线性判别分析

线性判别分析 (LDA) 是模式识别的经典算法, 主要用来数据降维, 其主要思想是“找到一个合适的投影, 使投影后同一类数据距离最小, 不同类数据距离最大”. 也就是说将数据在低维度上进行投影, 投影后每一种类别数据的投影点尽可能地接近, 这样可以保证同一类别的数据不会太分散, 而不同类别的数据的类别中心之间的距离尽可能大, 这样可以保证不同类数据间的分离程度.

假设有两类数据, 分别是实心的和空心的, 如图 9.2.9 所示. 这些数据特征是二维的, 我们希望将这些数据投影到一维的一条直线上, 让每一种类别数据的投影点尽可能地接近, 而实心和空心数据中心之间的距离尽可能大. 从图 9.2.9 中可以看出, (b) 比 (a) 投影效果要好.

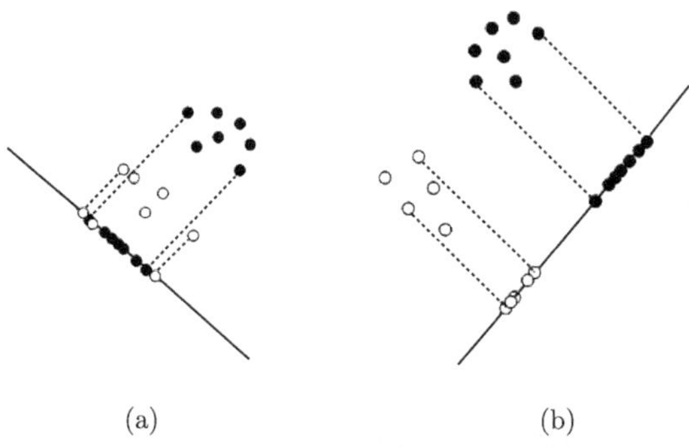

图 9.2.9 两个类的 LDA 投影举例

下面以两个类的数据为例说明 LDA 的原理. 假设数据集为

$$D=\{(x_1,y_1),(x_2,y_2),\cdots,(x_m,y_m)\}.$$

任意样本 x_i 为 n 维向量, $y_i\in\{0,1\}$. 定义 $X_j(j=1,2)$ 为第 j 类样本的集合, N_j 和 $\mu_j(j=1,2)$ 分别为第 j 类样本的个数和均值向量. 对于两个类的数据, LDA 就是要求投影 w, 使得

$$w=\arg\max_{w}\frac{w^{\mathrm{T}}S_Bw}{w^{\mathrm{T}}S_Ww}, \tag{9.2.1}$$

其中 S_B 为类间矩阵, S_W 为类内矩阵, 且

$$\begin{aligned}S_B&=(\mu_2-\mu_1)(\mu_2-\mu_1)^{\mathrm{T}},\\ S_W&=\sum_{j=1}^{2}\sum_{x\in X_j}(x-\mu_j)(x-\mu_j)^{\mathrm{T}}.\end{aligned}$$

由广义 Rayleigh 商的性质可知, (9.2.1) 的最大值等于广义特征值问题

$$S_Bw=\lambda S_Ww \tag{9.2.2}$$

的最大绝对值特征值, w 为该特征值对应的特征向量.

我们可用如下 MATLAB 命令进行线性判别分析.

```
m2=mean(numb2,2);
m3=mean(numb3,2);Sw=0;
for i=1:n2
Sw=Sw+(numb2(:,i)-m2)*(numb2(:,i)-m2)';
end
```

```
for i=1:n3
Sw=Sw+(numb3(:,i)-m3)*(numb3(:,i)-m3)';
end
Sb=(m2-m3)*(m2-m3)';
[V2,D]=eig(Sb,Sw);
[lambda,ind]=max(abs(diag(D)));
w=V2(:,ind); w=w/norm(w,2);
vnum2=w'*numb2; vnum3=w'*numb3;
result=[vnum2,vnum3];
if mean(vnum2)>mean(vnum3)
w=-w;
vnum2=-vnum2;
vnum3=-vnum3;
end
sortnum2=sort(vnum2);
sortnum3=sort(vnum3);
t1=length(sortnum2);
t2=1;
while sortnum2(t1)>sortnum3(t2)
t1=t1-1;
t2=t2+1;
end
threshold=(sortnum2(t1)+sortnum3(t2))/2;
figure(7)
subplot(2,2,1)
hist(sortnum2,30); hold on, plot([18.22 18.22],[0 10],'r')
set(gca,'Xlim',[-200 200],'Ylim',[0 10],'Fontsize',[14])
title('number2')
subplot(2,2,2)
hist(sortnum3,30,'r'); hold on, plot([18.22 18.22],[0 1],'r')
set(gca,'Xlim',[-200 200],'Ylim',[0 10],'Fontsize',[14])
title('number3')
hold on
```

将待识别图像, 按照前面的过程进行小波分解和奇异值分解, 根据线性判别算法的阈值判断其所属类别.

9.3 压缩感知

一个压缩感知应用的真实故事: 在美国斯坦福大学附属儿童医院, 两岁小男孩布莱斯刚做完肝脏移植手术. 布莱斯前期恢复得不错, 然而不幸的是, 一次检查中发现他的胆管有问题, 却不知道是哪根胆管堵住了, 贸然手术凶多吉少. 放射科医生说需要接受高精度的核磁共振检查才能确诊, 可是幼小的躯体, 很难分辨哪条胆管, 因为哪怕一次微小的呼吸都会使肝脏图像变得模糊, 此时需要足够剂量的麻醉让他停止呼吸. 一次标准的磁共振成像检测需要 2 分钟时间, 但若麻醉师真的让布莱斯在这么长时间里停止呼吸, 那么带来的问题将远远超过他肝脏的毛病. 最后医生不得不向斯坦福大学的计算机科学家寻求帮助, 试图利用他们刚刚研究出的“压缩感知”方法来挽救这条年轻的小生命. 在科学家和工程师的共同帮助下, 经过技术改进后核磁共振扫描时间缩短为 40 秒, 然后借助最小 L_1 范数算法, 精确重建出了布莱斯肝脏图像所需的数据, 小男孩手术成功.

压缩感知已成为一个快速发展的研究领域. 在 2006 年, 由 Donoho, Candes 和 Tao[169,170] 提出了一种新的信号获取理论, 即压缩感知 (compressive sensing, CS). 目前, 它成功应用于压缩成像、医疗成像、核磁共振成像、无线传感网络、雷达、通信、遥测、天文学等许多领域, 受到许多研究人员的广泛关注[171]. 从目前应用领域的发展前景来看, 压缩感知应用于图像重建领域在未来发展上具有重要的应用价值, 其中压缩感知的图像重建算法便是该领域的研究热点问题.

9.3.1 什么是压缩感知

压缩感知的主要思想是在已知信号具有稀疏性或可压缩性的前提下, 突破传统 Nyquist 采样定律, 对信号数据进行采集、编码和解码的过程. 其基本思路是假设长度为 N 的离散时空信号在某变换域的系数是稀疏的或可压缩的, 再随机生成 M 个与原始信号长度相同的测量矩阵, 与原始信号做内积运算得到相应的 M 个观测数据, 其中 M 远远小于信号长度 N.

由于在测量过程显然违反离散信号的频域采样定理, 故无法从这些观测值中无失真地恢复原始信号. 而 CS 理论表明, 利用信号本身的稀疏或可压缩的性质, 在测量向量满足一定条件时, 仍可以欠 Nyquist 速率无失真复原信号[169,173].

信号的稀疏表示是压缩感知理论的基础, 在图像压缩、图像复原和特征提取等领域均有重要贡献. 常用的稀疏变换方法有 Fourier 变换、小波变换、正余弦变换、离散余弦变换和多尺度几何分析等. 常见的稀疏基是离散余弦变换 (discrete consine transform, DCT) 基和离散小波变换 (discrete wavelet transform, DWT) 基.

9.3.2 压缩感知的反问题模型

压缩感知的三个关键环节: 信号的稀疏表示、测量矩阵的设计和重建算法的设计, 具体步骤如下.

Step 1 信号的稀疏表示: 选择稀疏基底, 对信号进行稀疏化.

假设原始信号具有稀疏性或可压缩性. 设离散信号 $x \in \mathbb{R}^N$ 在标准正交基 $\Psi = [\Psi_1, \Psi_2, \cdots, \Psi_N]$ 下表示为

$$x = \Psi\alpha, \tag{9.3.1}$$

其中 $\alpha \in \mathbb{R}^N$ 称为信号 x 的表示向量, 其稀疏度为 K, 表示 α 仅有 $K(K \ll N)$ 个非零值, Ψ 为 x 的稀疏基.

Step 2 测量矩阵的设计: 构建合适的测量矩阵, 对信号进行压缩观测.

选择测量矩阵 $\Phi \in \mathbb{R}^{M\times N}(M < N)$ 与信号 x 相乘, 表示对信号 x 执行一个压缩观测, 得到

$$y = \Phi x, \tag{9.3.2}$$

其中 $y \in \mathbb{R}^M$ 表示观测数据.

Step 3 重建算法的设计: 选择合适的重建算法, 对原始信号 x 进行重建或感知.

基于 L_p 范数的压缩感知信号重建反问题模型: 已知测量矩阵 Φ 和观测向量 y, 重建原始信号 x. 具体步骤见图 9.3.1.

定义目标泛函:

$$J(\alpha) = ||y - \Phi\Psi\alpha||^2 + \lambda||\alpha||_p^p, \tag{9.3.3}$$

其中 λ 为正则化参数, $\lambda > 0$, 用来平衡目标函数加号前后两项对全局的影响. $||\alpha||_p$ 表示 $\mathbb{R}^N$ 上的 L_p 范数, 定义为

$$||\alpha||_p = \left(\sum_{i=1}^N |\alpha_i|^p\right)^{1/p},$$

其中 $0 < p \leqslant 1$. 当 $p = 0$ 时, 向量范数取零范数 $||\alpha||_0$.

基于 L_p 范数的压缩感知信号重建反问题转化为求解目标泛函 (9.3.3) 的最优化问题:

$$\alpha_{\text{opt}} = \arg\min_{\alpha} J(\alpha). \tag{9.3.4}$$

从而原始信号为

$$x_{\text{opt}} = \Psi\alpha_{\text{opt}}. \tag{9.3.5}$$

当 $p=0$ 时, (9.3.4) 为重建算法中的最小 L_0 范数算法; 当 $p=1$ 时, (9.3.4) 为最小 L_1 范数算法; 当 $p=1/2$ 时, (9.3.4) 为 $L_{1/2}$ 正则化算法. 徐宗本等[174] 提出了一种处理稀疏问题的 $L_{1/2}$ 正则化理论, 结果表明 $L_{1/2}$ 正则化能产生比 L_1 正则化更稀疏的解, 为压缩感知、图像处理、机器学习等领域提供了重要基础[175,176].

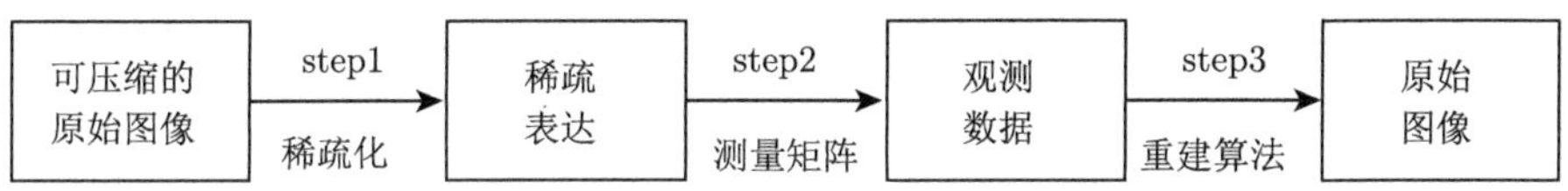

图 9.3.1 压缩感知的图像重建流程图

9.3.3 压缩感知的图像重建算法

在求解压缩感知的图像重建问题时, 应把信号本身具有的稀疏性或者可压缩性作为先验已知条件. 下面简要介绍几种常用的图像重建算法及其思想, 分别是最小 L_0 范数算法、贪婪算法、最小 L_1 范数算法、$L_{1/2}$ 正则化算法、Bayes 学习算法和最小全变差算法.

1. 最小 L_0 范数算法

定义目标泛函:

$$J(\alpha) = ||y - \Phi\Psi\alpha||^2 + \lambda||\alpha||_0. \tag{9.3.6}$$

求解目标泛函 (9.3.6) 的最优化问题等价于求解问题 (9.3.7),

$$\alpha_{\text{opt}} = \arg\min_{\alpha} ||\alpha||_0, \quad \text{s.t.} \quad ||y - \Phi\Psi\alpha||_2 \leqslant \varepsilon. \tag{9.3.7}$$

这里考虑数据含有噪声, 采用不等式约束, ε 为较小的常数, 用来度量噪声水平.

最小 L_0 范数算法是求解压缩感知图像重建的最直接算法, 但由于 L_0 范数的非凸性, 导致无法直接求解. 可以选择其他的替代算法, 常用处理此类问题的方法是化为最小 L_1 范数模型问题求解. 从数学上可以论证把最小 L_0 范数模型问题转化为最小 L_1 范数模型问题的可行性和合理性[177], 当然也可以选择其他替代算法求解, 如贪婪算法和迭代硬阈值算法.

2. 贪婪算法

此类方法可以采用 (9.3.7) 的求解模型, 或采用 (9.3.8) 的求解模型

$$\alpha_{\text{opt}} = \arg\min_{\alpha} ||y - \Phi\Psi\alpha||_2, \quad \text{s.t.} \quad ||\alpha||_0 \leqslant K, \tag{9.3.8}$$

其中 K 为 α 的稀疏度.

贪婪算法的策略是尽最大可能以最少的表示系数来减少 y 与 $\Phi\Psi\alpha$ 之间的残差能量. 目前流行的贪婪算法有匹配追踪算法、正交匹配追踪算法以及正规化的正交匹配追踪算法等[178,179]. 这类算法由于计算速度快使得实际应用比较广泛, 但通常效率比较低且在目标比稀疏的时候会失效, 为了克服这些缺点, 可以采用最小 L_1 范数算法.

3. 最小 L_1 范数算法

$$\alpha_{\text{opt}} = \arg\min_{\alpha} ||\alpha||_1, \quad \text{s.t.} \quad ||y - \Phi\Psi\alpha||_2 \leqslant \varepsilon. \tag{9.3.9}$$

该模型 (9.3.9) 为著名的基追踪去噪 (basis pursuit denoising, BPDN) 模型[180], 可化为二次规划问题, 采用 l_1-magic 工具箱[181] 直接求解. 最小 L_1 范数算法是目前解决稀疏问题的一个流行且有效的方法.

4. $L_{1/2}$ 正则化算法

尽管最小 L_1 范数算法可以得到有效的求解, 且其解能够较好地逼近最小 L_0 范数算法, 然而该方法的缺点是不能产生最稀疏的解. 为了产生比 L_1 正则化问题更稀疏的解, 许多学者做了稀疏意义下构造满足如下条件的正则子.

如徐宗本等[174] 提出了如下的 $L_{1/2}$ 正则化问题, 目标泛函为

$$J(\alpha) = ||y - \Phi\Psi\alpha||^2 + \lambda||\alpha||_{1/2}^{1/2}, \tag{9.3.10}$$

其中 λ 为正则化参数.

徐宗本等论证了在 $L_p(0 < p \leqslant 1)$ 正则子中, $L_{1/2}$ 正则子最稀疏且最鲁棒. 鉴于正则化问题非凸、非光滑和非 Lipschitz 连续等问题给求解带来的困难, 徐宗本等提出了一种重赋权迭代方法求解 $L_{1/2}$ 正则化问题, 主要思想是将 $L_{1/2}$ 正则化问题转化为一系列 L_1 正则化问题来求解.

5. Bayes 学习算法

通过构造出一种高斯概率密度模型来解释表示向量 α 的稀疏性, 将观测向量 y 的各分量看作学习样本, 通过相关向量机学习算法[182] 训练出概率模型的相关参数, 从而确定出 α 的概率分布, 最后取其期望值作为最优解 α_{opt}.

6. 最小全变差算法

用全变差 (total variation, TV) 范数定义梯度域的稀疏性:

$$||g||_{\mathrm{TV}} = \sum_{t_1,t_2} \sqrt{|D_1 g(t_1,t_2)|^2 + |D_2 g(t_1,t_2)|^2},$$

其中 (t_1,t_2) 是图像 g 的像素坐标, D_1 为垂直方向上的差分 $D_1 = g(t_1,t_2) - g(t_1 - 1,t_2)$, D_2 为水平方向上的差分 $D_2 = g(t_1,t_2) - g(t_1,t_2-1)$.

压缩感知图像重建问题转化为最小 TV 模型求解:

$$x_{\mathrm{opt}} = \arg\min_{\alpha} ||x||_{\mathrm{TV}}, \quad \text{s.t.} \quad ||y - \Phi x||_2 \leqslant \varepsilon, \tag{9.3.11}$$

其中 K 为 α 的稀疏度, ε 为较小的常数.

最小 TV 模型只考虑图像的局部特性, 未结合图像本身良好的结构信息, 从而导致图像边缘和纹理细节重构效果不理想. 为了克服最小 TV 模型对图像纹理细节产生过度平滑等问题, 可以选择非局部全变差模型和块稀疏全变差模型[183].

9.3.4 压缩感知图像和信号重建举例

在压缩感知的图像和信号重建中, 常用离散余弦变换 (DCT) 进行压缩, 其核函数是余弦函数, 优点是对图像和信号的压缩性较好且计算速度比较快. 基于离散余弦变换的图像压缩算法的主要思想是在频域对信号进行分解, 去除信号之间的相关性, 提取关键系数, 滤掉次要系数, 以达到压缩的效果.

1. 基于 DCT 的图像压缩

下面的 MATLAB 命令[184] 实现对“红肉苹果”的数据进行压缩和解压处理.

```
RGB=imread('redapple.png'); %读入红肉苹果图像
I=rgb2gray(RGB); %把彩色图转化为灰度图
J=dct2(I); %离散余弦变换
subplot(221);imshow(RGB); %显示彩色图像
subplot(222);imshow(I); %显示灰度图像
subplot(223);imshow(log(abs(J)),[]);
% 显示离散余弦变换的变换系数
colormap(jet(64)),colorbar
J(abs(J)<10)=0;
K=idct2(J); %离散余弦逆变换
subplot(224);imshow(K,[0,255]) %显示离散余弦逆变换还原的图像
```

运行结果如图 9.3.2 所示. 图 (a) 为原始照片的彩色图像显示; 图 (b) 为转换为灰度图的图像; 图 (c) 是使用离散余弦变换后得到的变换系数的对数显示图; 图 (d) 对变换系数的对数进行阈值截断处理后的压缩数据, 经过离散余弦逆变换重建处理得到的原始图.

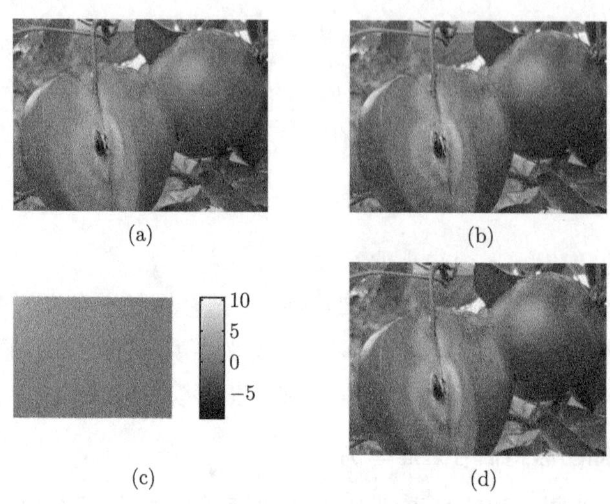

图 9.3.2　离散余弦变换进行数据压缩和解压

下面的 MATLAB 命令表示用离散余弦变换求信号的离散余弦谱值, 首先, 对谱值向量进行压缩, 然后, 用压缩后的向量重建原始信号. 用离散余弦变换系数压缩处理后的重建信号与原始信号对比见图 9.3.3.

```
x=(1:126).'+60*cos(1:126).'*2*pi/40;
X=dct(x); %信号进行离散余弦变换
[XX,ind]=sort(abs(X),1,'descend'); ii=1;
% 小于1%能量系数归零, 并重建信号
while(norm([XX(1:ii);zeros(128-ii,1)])<=0.99*norm(XX))
    ii=ii+1;
end
disp(['系数和占总能量99%的系数个数为:',num2str(ii)]);
XXt=zeros(126,1);XXt(ind(1:ii))=X(ind(1:ii));
xt=idct(XXt); %用压缩后的向量重建原始信号
plot(1:126,x,'r-.');hold on; plot(1:126,xt,'b');
```

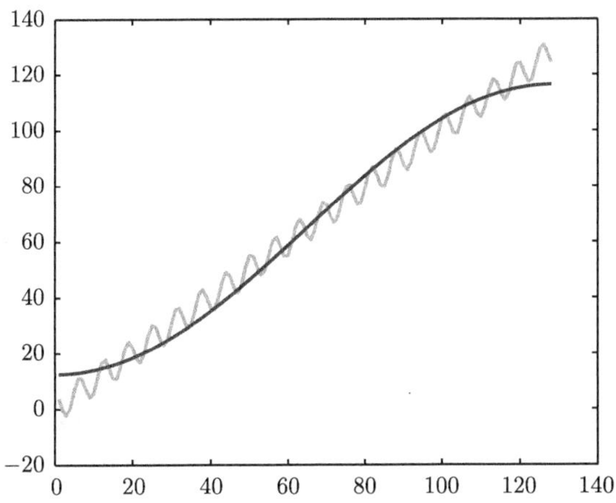

图 9.3.3 离散余弦变换压缩处理后的重建信号与原始信号对比图

浅色为原始信号, 深色为重建信号.

2. 基于小波变换的图像局部压缩

基于离散余弦变换的图像压缩算法在处理过程中不能提供时域的信息, 而小波变换在这方面相对优越. 小波变换可以在时域和频域两个方向对系数进行处理, 从而可以对感兴趣的部分提供不同的压缩精度要求.

```
load tire; %图像载入
[coa1,coh1,cov1,cod1]=dwt2(X,'sym4');
%用sym4小波对信号进行一层小波分解
coddca1=wcodemat(coa1,192);
coddch1=wcodemat(coh1,192);
coddcv1=wcodemat(cov1,192);
coddcd1=wcodemat(cod1,192);
codx=[coddca1,coddch1,coddcv1,coddcd1]; %4个系数组合成一个图像
rca1=coa1;rch1=coh1;rcv1=cov1;rcd1=cod1;
rch1(33:97,33:97)=zeros(65,65); %中部置为零
rcv1(33:97,33:97)=zeros(65,65);
rcd1(33:97,33:97)=zeros(65,65);
codrca1=wcodemat(rca1,192);
codrch1=wcodemat(rch1,192);
codrcv1=wcodemat(rcv1,192);
```

```
codrcd1=wcodemat(rcd1,192);
codrx=[coddrca1,coddrch1,coddrcv1,coddrcd1];
%处理后的系数组合成一个图像
rx=idwt2(rca1,rch1,rcv1,rcd1,'sym4');
subplot(221);image(wcodemat(X,192)),colormap(map);
title(' 原始图像');
subplot(222);image(codx),colormap(map);
title(' 一层分解后各层系数图像');
subplot(223);image(wcodemat(rx,192)),colormap(map);
title(' 压缩图像');
subplot(224);image(codrx),colormap(map);
title(' 处理后各层系数图像');
err=norm(rx-X); %求压缩信号与原始信号的标准差
```

图 9.3.4 显示了小波变换对轮胎图像进行局部压缩的结果. 从压缩图像中可以看出只有中间部分变得模糊, 其他部分的信息仍然可以分辨清楚. 另外小波变换可以通过对局部细节系数处理来达到局部压缩的效果.

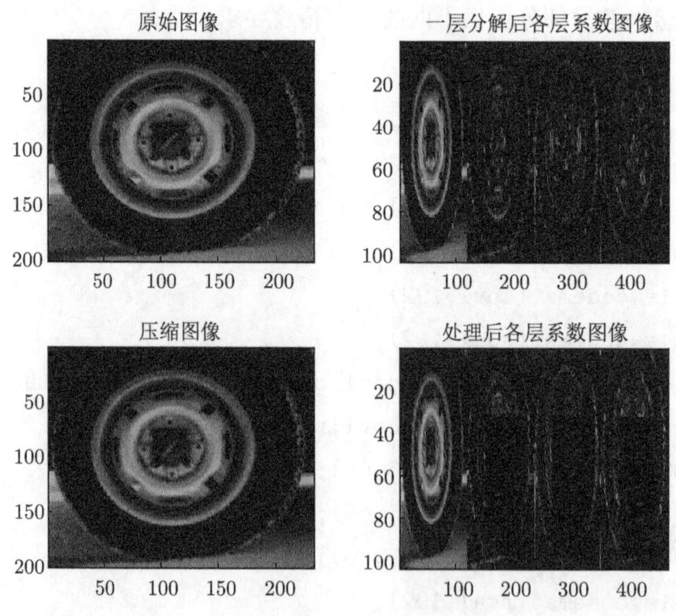

图 9.3.4　利用小波变换对图像进行局部压缩

9.4 评注与进一步阅读

21 世纪是一个充满海量信息的智能时代, 图像作为人类感知世界的视觉基础, 是人类获取信息、表达信息和传递信息的重要手段和工具. 图像处理是指对图像信息进行某种目的的加工修正, 用来满足人们的视觉心理和应用需求.

广义上来说, 图像处理分为图像的模拟处理 (光学方法) 和图像的数字处理 (数字方法). 图像处理的光学方法发展历史较长, 光学处理速度快、信息量大、经济实惠, 但缺点是精度不够高、稳定性差且操作不便. 数字图像处理是指借助计算机技术, 运用有效的数学方法对图像进行处理, 其精度高、易操作的优点广泛应用于军事、光学、电子学、数学、医学诊断、机器视觉、商业和艺术等学科和领域.

在图像处理近 30 年的发展历史中, 图像处理领域已经发展成为应用数学的一个重要研究分支. 可参阅文献 [164, 165]. 图像处理涉及的内容比较多, 主要有图像预处理、边缘检测、图像分割、图像匹配、特征提取、目标识别与跟踪、压缩感知以及图像可视化等, 具体参阅文献 [166, 167, 169, 172–174].

图像处理研究领域, 按照图像用途可以分为四类.

第一类是图像压缩编码技术. 以正确重现图像景物为目标尽可能对图像进行压缩, 便于存储与传输.

第二类是图像增强技术. 利用技术手段消除图像构成和传输带来的失真和干扰, 让图像尽可能恢复原图景物.

第三类是图像描述、分类和识别. 按照一定的原则从图像中提取图像的特征, 以便于对图像进行描述、分类和识别. 图像识别一般包含三步: 预处理、特征提取和识别.

第四类是图像重建. 图像重建是指通过外部测量数据, 通过数字处理获得目标物体的图像形状信息，其中基于压缩感知的图像重建研究是图像重建领域的研究热点.

由于图像处理发挥的巨大作用, 近年来提出了图像去噪的多种数学处理方法, 如 Fourier 分析方法、小波变换方法、滤波法、随机模型方法、偏微分方程 (PDE) 等方法, 本章 9.1 节中主要介绍了基于 PDE 的图像去噪方法. PDE 方法在图像处理中主要集中在两个方面: 图像的复原 (如去噪滤波) 和分割 (如边缘检测), 该方法的优点是脱离了滤波技术的限制. 由于继承了数学物理方程和反问题领域的大量研究成果, 基于 PDE 方法的图像处理研究逐渐变得丰富和成熟, 并发展成为一种理论分析严谨、应用效果有效的方法. 有兴趣的读者还可以参阅文献 [185–187].

附录　各章 MATLAB 程序代码

J.1　第 1 章程序代码

1.4.2 程序

```
clc; clear;  t1=0:0.5:5;
y1=[0 3.56 5.35 6.25 6.70 6.93 7.05 7.10 7.12 7.15 7.16];
beta0=1;
[betafit,R1,J]=nlinfit(t1,y1,'ballute',beta0)
y=ballute(betafit,t1);
plot(t1,y1,'ro',t1,y,'b-')

xlabel('时间t(s)','FontName','Times New Roman','FontSize',16)

ylabel('速度v(m/s)','FontName','Times New Roman','FontSize',16)


set(findobj(get(gca,'Children'),'LineWidth',0.5),'LineWidth',1.8);
set(gca,'FontName','Times New Roman','FontSize',16)

legend('原始数据','拟合曲线');grid on
%R 越趋近于 1 表明拟合效果越好.
$R2=1-sum((y1-y).^2)/sum((y1-mean(y1)).^2)$
v1=ballute(betafit,2.4)%在2.4s时降落伞的速度
v2=ballute(betafit,5.8)%在5.8s时降落伞的速度
```

J.2　第 2 章程序代码

2.1.3　Lorenz 系统解的轨道

```
sigma=10;
beta=8/3;
rho=28;
```

```
f=@(t,a)[-sigma*a(1)+sigma*a(2); rho*a(1)-a(2)-a(1)*...a(3); -beta*
    a(3)+a(1)*a(2)];
[t,a]=ode45(f,[0 100],[1 1 1]);
plot3(a(:,1),a(:,2),a(:,3))
```

2.3.1 钟摆问题的求解

1. 显式欧拉方法

```
function Euler_Pend(xa,xb,N)
% Euler_Pend(0,20,2000)
close all;
h=(xb-xa)/N;
x=xa:h:xb;
y=zeros(2,N+1);
y(:,1)=[pi/2; 0];
for i=1:N
 y(:,i+1)=y(:,i)+h*rfun(x(i),y(:,i));
end
plot(x,y(1,:),'b')
hold on
plot(x,y(2,:),'r')
hold on
legend('弧度y关于时间的函数','瞬时角速度')
```

2. 改进欧拉方法

```
function Improvd_Euler_Pend(xa,xb,N)
%  Improvd_Euler_Pend(0,20,2000)
close all;
h=(xb-xa)/N;
x=xa:h:xb;
y=zeros(2,N+1);
y(:,1)=[pi/2; 0];
for i=1:N
 y(:,i+1)=y(:,i)+h/2*(rfun(x(i),y(:,i))+ rfun(x(i+1),y(:,i)+h*rfun(x
     (i),y(:,i)))); % Improved Euler Method
end
plot(x,y(1,:),'b')
```

```
hold on
plot(x,y(2,:),'r')
hold on
legend('弧度y关于时间的函数','瞬时角速度')
```

3. 经典 Runge-Kutta 方法

```
function Runge_Kutta_Pend(xa,xb,N)
% Runge_Kutta_Pend(0,20,2000)
close all;
h=(xb-xa)/N;
x=xa:h:xb;
y=zeros(2,N+1);
y(:,1)=[pi/2; 0];
for i=1:N
    K1=rfun(x(i),y(:,i));
    K2=rfun(x(i)+h/2,y(:,i)+h/2*K1);
    K3=rfun(x(i)+h/2,y(:,i)+h/2*K2);
    K4=rfun(x(i)+h,y(:,i)+h*K3);
 y(:,i+1)=y(:,i)+h/6*(K1+2*K2+2*K3+K4);
end
plot(x,y(1,:),'b')
hold on
plot(x,y(2,:),'r')
hold on
legend('弧度y关于时间的函数','瞬时角速度')
```

2.3.4 双钟摆问题及其求解

```
function Runge_Kutta_Double_Pend(xa,xb,N)
% xa=0; xb=200; N=1000;
clear all
close all;
h=(xb-xa)/N;
x=xa:h:xb;
y=zeros(4,N+1);
y(:,1)=[pi/2; 0; pi/2; 0];
for i=1:N
```

```
    K1=rfun_double_pend(x(i),y(:,i));
    K2=rfun_double_pend(x(i)+h/2,y(:,i)+h/2*K1);
    K3=rfun_double_pend(x(i)+h/2,y(:,i)+h/2*K2);
    K4=rfun_double_pend(x(i)+h,y(:,i)+h*K3);
    y(:,i+1)=y(:,i)+h/6*(K1+2*K2+2*K3+K4);
end
figure(1)
plot(x,y(1,:),'b')
hold on
plot(x,y(3,:),'r')
hold on
figure(2)
plot(y(1,:),y(3,:),'k')
```

J.3　第 3 章程序代码

3.5.1　冷却散热片的设计

```
function w=Elliptic_Test_Neumann(xl,xr,yb,yt,M,N)
f=@(x,y) 0;
m=M+1; n=N+1; mn=m*n;
h=(xr-xl)/M; h2=h^2;
k=(yt-yb)/N; k2=k^2;
x=xl+(0:M)*h;
y=yb+(0:N)*k;
A=zeros(mn,mn); b=zeros(mn,1);
H=5; K=2.37;  delta=0.1; P=5; L=2;
%% 内点
for i=2:m-1
    for j=2:n-1
        A(i+(j-1)*m,i-1+(j-1)*m)=1/h2; A(i+(j-1)*m,i+1+(j-1)*m)=1/h2
            ;
        A(i+(j-1)*m,i+(j-1)*m)=-2/h2-2/k2-2*H/(K*delta);
        A(i+(j-1)*m,i+(j-2)*m)=1/k2; A(i+(j-1)*m,i+j*m)=1/k2;
        b(i+(j-1)*m)=f(x(i),y(j));
    end
end
%% 边界点
```

```
for i=1:m
    j=1; %底层
    A(i+(j-1)*m,i+(j-1)*m)=-3+2*H*k/K;
    A(i+(j-1)*m,i+j*m)=4;
    A(i+(j-1)*m,i+(j+1)*m)=-1;
    b(i+(j-1)*m)=0;
    j=n; %顶层
    A(i+(j-1)*m,i+(j-1)*m)=-3-2*H*k/K;
    A(i+(j-1)*m,i+(j-2)*m)=4;
    A(i+(j-1)*m,i+(j-3)*m)=-1;
    b(i+(j-1)*m)=0;
end
for j=2:n-1
    i=1; %左边
    A(i+(j-1)*m,i+(j-1)*m)=-3;
    A(i+(j-1)*m,i+1+(j-1)*m)=4;
    A(i+(j-1)*m,i+2+(j-1)*m)=-1;
    b(i+(j-1)*m)=-P/(L*delta*K);
    i=m; %右边
    A(i+(j-1)*m,i+(j-1)*m)=-3-2*H*h/K;
    A(i+(j-1)*m,i-1+(j-1)*m)=4;
    A(i+(j-1)*m,i-2+(j-1)*m)=-1;
    b(i+(j-1)*m)=0;
end
v=A\b;
w=reshape(v(1:mn),m,n);
mesh(x,y,w');
```

3.5.3 水污染问题

```
xa=0; xb=10; T=1;
M=200; N=10000;
h=(xb-xa)/M;
dt=T/N;
t=0:dt:T;
x=xa:h:xb;
C=5000/3600;
D=2000/3600;
K1=15/3600;
```

```
x=x';
u=zeros(M+1,N+1);
u(:,1)=sin(pi/xb*x).^2;
u(1,:)=0;
u(M+1,:)=0;
A=zeros(M-1,M-1);
r1=zeros(M-1,1);
r1(1,1)=-2;
r1(2,1)=1;
A=toeplitz(r1);
B=zeros(M-1,M-1);
r2=zeros(M-1,1);
r2(1,1)=0; r2(2,1)=1;
c2=zeros(M-1,1);
c2(1,1)=0; c2(2,1)=-1;
B=toeplitz(r2,c2);
alpha=C*dt/(4*h);
beta=D*dt/(2*h^2);
for n=1:N
    H1=zeros(M-1,1);
    H1(1)=-alpha*u(1,n+1);
    H1(M-1,1)=alpha*u(M+1,n+1);
    H2=zeros(M-1,1);
    H2(1)=-beta*u(1,n+1);
    H2(M-1,1)=beta*u(M+1,n+1);
    H3=zeros(M-1,1);
    H3(1)=alpha*u(1,n);
    H3(M-1,1)=alpha*u(M+1,n);
    H4=zeros(M-1,1);
    H4(1)=-beta*u(1,n);
    H4(M-1,1)=beta*u(M+1,n);
    u(2:M,n+1)=((1+dt*K1/2)*eye(M-1)+alpha*B-beta*A)\((eye(M-1)-dt*K1
        /2)...
        *u(2:M,n)-alpha*B*u(2:M,n)+beta*A*u(2:M,n)-H1-H2+H3+H4);
end
figure(1)
mesh(t,x,abs(u))
ylabel('x')
```

```
xlabel('t')
zlabel('u_i^n')
view(30,60)
```

3.5.4 草原犬生长率模型

1. 显式欧拉格式

```
clear all; close all
xa=0; xb=1; T=2;
M=15; N=200;
h=(xb-xa)/M;
dt=T/N;
t=0:dt:T;
x=xa:h:xb;
C=9; D=1;x=x';
u=zeros(M+1,N+1);
u(:,1)=(sin(pi/xb*x)).^2;
u(1,:)=0; u(M+1,:)=0;
r=D*dt/(h*h);
r1=zeros(M-1,1);
r1(1,1)=1+C*dt-2*r; r1(2,1)=r;
A=toeplitz(r1);
for n=1:N
    H1=zeros(M-1,1);
    H1(1,1)=r*u(1,n+1);
    H1(M-1,1)=r*u(M+1,n+1);
    u(2:M,n+1)=A*u(2:M,n)+H1;
end
figure(1)
mesh(t,x,u)
ylabel('x')
xlabel('t')
zlabel('u_i^n')
```

2. CN 格式

```
xa=0; xb=1; T=100;
M=100; N=1000;
```

```
h=(xb-xa)/M;
dt=T/N;
t=0:dt:T;
x=xa:h:xb;
C=pi^2;
D=1;
x=x';
u=zeros(M+1,N+1);
u(:,1)=(sin(pi/xb*x)).^2;
u(1,:)=0;
u(M+1,:)=0;
r1=zeros(M-1,1);
r1(1,1)=-2;
r1(2,1)=1;
A=toeplitz(r1);
r=D*dt/(h*h);
for n=1:N
    H1=zeros(M-1,1);
    H1(1,1)=-1/2*r*u(1,n+1);
    H1(M-1,1)=-1/2*r*u(M+1,n+1);
    H2=zeros(M-1,1);
    H2(1,1)=1/2*r*u(1,n);
    H2(M-1,1)=1/2*r*u(M+1,n);
    u(2:M,n+1)=((1-C/2*dt)*eye(M-1)-1/2*r*A)\((1+C/2*dt)*eye(M-1)*u
        (2:M,n)+1/2*r*A*u(2:M,n)-H1+H2);
end
figure(1)
mesh(t,x,u)
ylabel('x')
xlabel('t')
zlabel('u_i^n')
```

3.5.5　单孤子模型

```
clear all;close all;
x=-10:0.1:10;
t=0:0.001:10;
alpha=0.3;
beta=1;
```

```
c=0.25;
lambda=sqrt(alpha/(alpha^2-c^2));
for i=1:length(x)
    for j=1:length(t)
        u(i,j)=sqrt(2*alpha/beta)*sech(lambda*(x(i)-c*t(j)));
    end
end
mesh(t,x,u)
ylabel('x')
xlabel('t')
zlabel('u')
view(45,45)
```

J.4 第 4 章程序代码

例 4.2.4 程序

```
clc;clear;close all
t=0:0.06:2*pi;n=4;
g=sin(t);
delta=0.1;
gd=g+delta*sin(n*t);
figure(1)
plot(t,g,'r',t,gd,'b:')

legend('g(t)','g^{\verb|\|delta}(t)')
set(gca,'FontName','Times New Roman','FontSize',16)
set(findobj(get(gca,'Children'),'LineWidth',0.5),'LineWidth',2.5);
xlabel('t');ylabel('g(t)');grid on
figure(2)
fai=cos(t);
faid=fai+n*delta*cos(n*t);
plot(t,fai,'r',t,faid,'b:')
xlabel('t');ylabel('\verb|\|phi(t)');grid on
legend('\verb|\|phi (t)','\phi^{\verb|\|delta}(t)')
set(gca,'FontName','Times New Roman','FontSize',16)
set(findobj(get(gca,'Children'),'LineWidth',0.5),'LineWidth',2.5);
```

例 4.3.2 程序

```
Clc;Close All;Clear All;
M=301;N=31;
Hs=1/(N-1);
Ht=1/(M-1);
S=[0:Hs:1];
T=[0:Ht:1];
X=0.8*Ones(M,1);
Delta=1E-8;
Alpha=1E-2;
Epss=1E-8;
Xt=Zeros(N,1);
For J=1:M
    Xt(J)=Exp(T(J));
End
For I=1:N
    For J=1:M
        A(I,J)=Ht*Exp(S(I)*T(J));      %% 利用矩形数值求积公式
    End
End

For I=1:N
    B(I)=(Exp(S(I)+1)-1)./(S(I)+1);
End

B=B'+Delta*Norm(B')*Randn(N,1)/Sqrt(N);
F0=1.0;
Iter=0;
Maxiter=1000;
Ata=A'*A;
Atb=A'*B;
While (Abs(F0)>=Epss)\&(Iter<Maxiter)
 C=Ata+Alpha*Eye(Size(Ata));
 U=Chol(C);
 L=U';
 Y=L \verb|\| Atb;
X=U\verb|\| Y;
Y=L\verb|\|(-1.0*X);
```

```
Dx=U\verb|\|Y;
Z=X'*Dx;
F0=(Norm(A*X-B))^2-Delta^2;
F1=-2.0*Z*Alpha;
If (Abs(F1)<1.0D-15)
   Disp('Problem Occuring')
Return
Else
   Alpha=Abs(Alpha-F0/F1);
End
   Iter=Iter+1;
End

Figure(1)
Plot(T,Xt,'R',T,X,'B');
Legend('真解','数值解')
Set(Findobj(Get(Gca,'Children'),'Linewidth',0.5),'Linewidth',3);
Xlabel('X','Fontname','Times New Roman','Fontsize',20)
Ylabel('\verb|\| Phi(X)','Fontname','Times Newroman','Fontsize',20)
Set(Gca,'Fontname','Times New Roman','Fontsize',18);Grid On
Figure(2)
Plot(T,Abs(Xt-X),'R');
Set(Findobj(Get(Gca,'Children'),'Linewidth',0.5),'Linewidth',2);
Xlabel('X','Fontname','Times New Roman','Fontsize',20)
Ylabel('绝对误差','Fontname','Times New Roman','Fontsize',20)
Set(Gca,'Fontname','Times New Roman','Fontsize',18);
Grid On
```

例 4.3.3 程序

```
Close All;Clear All;
M=41;N=11;Hs=10/(N-1);Ht=10/(M-1);
S=[0:Hs:10];T=[0:Ht:10];
X=0.5*Ones(M,1);Xt=Zeros(N,1);
Delta=1.0E-3;Alpha=1.0E-4;Epss=1.0E-6;
For J=1:M
    Xt(J)=T(J)*Exp(-T(J));
End
For I=1:N
```

```
  For J=1:M
     A(I,J)=Ht*Exp(-S(I)*T(J));
  End
   B(I)=1./((S(I)+1).^2);
End
B=B'+Delta*Norm(B')*Randn(N,1)/Sqrt(N);
F0=1.0;
Iter=0;
Maxiter=500;
Ata=A'*A;
Atb=A'*B;
While (Abs(F0)>=Epss)\&(Iter<Maxiter)
C=Ata+Alpha*Eye(Size(Ata));
U=Chol(C);
L=U';
Y=L\verb|\|Atb;
X=U\verb|\|Y;
Y=L\verb|\|(-1.0*X);
Dx=U\verb|\|Y;
Z=X'*Dx;

F0=(Norm(A*X-B))^2-Delta^2;
F1=-2.0*Z*Alpha;
If (Abs(F1)<1.0D-15)
   Disp('Problem Occuring')
Return
Else
  Alpha=Abs(Alpha-F0/F1);
End
Iter=Iter+1;
End
T=1:M;
Figure(1)
Plot(T,Xt,'R',T,X,'B:');
Xlabel('T','Fontname','Times New Roman','Fontsize',16)
Ylabel('F(T)','Fontname','Times New Roman','Fontsize',16)

Legend('精确解','数值解',2)
```

```
Axis([0 10 0 0.5]);Grid On
Set(Findobj(Get(Gca,'Children'),'Linewidth',0.5),'Linewidth',1.8);
Set(Gca,'Fontname','Times New Roman','Fontsize',16)

Figure(2)
Plot(T,Abs(Xt-X),'R');
Xlabel('T','Fontname','Times New Roman','Fontsize',16)
Ylabel('绝对误差','Fontname','Times New Roman','Fontsize',16)
Axis([0 10 0 0.05])
Grid On

Set(Findobj(Get(Gca,'Children'),'Linewidth',0.5),'Linewidth',1.8);
Set(Gca,'Fontname','Times New Roman','Fontsize',16)
```

J.5　第 5 章程序代码

5.2.1 程序

```
clc;clear;close all
n=32; % 必须是偶数
[A,b,x]=shaw(n);
randn('seed',41997);
e=1e-3*randn(size(b)); b1=b+e;
[U,s,V]=svd(A); s=diag(s);
subplot(1,2,1), picard(U,s,b);  % 不含噪声
subplot(1,2,2), picard(U,s,b1); % 加噪声

function [A,b,x]=shaw(n)
% Reference: C. B. Shaw, Jr., "Improvements of the resolution of
% an instrument by numerical solution of an integral equation",
% J. Math. Anal. Appl. 37 (1972), 83-112.
% Per Christian Hansen, IMM, 08/20/91.
if (rem(n,2)~=0), error('The order n must be even'), end
% Initialization.
h=pi/n; A=zeros(n,n);
% Compute the matrix A.
co=cos(-pi/2+(.5:n-.5)*h);
```

```
psi=pi*sin(-pi/2+(.5:n-.5)*h);
for i=1:n/2
  for j=i:n-i
    ss=psi(i)+psi(j);
    A(i,j)=((co(i)+co(j))*sin(ss)/ss)^2;
    A(n-j+1,n-i+1)=A(i,j);
  end
     A(i,n-i+1)=(2*co(i))^2;
end

A=A+triu(A,1)'; A=A*h;
% Compute the vectors x and b.
a1=2; c1=6; t1=.8;
a2=1; c2=2; t2=-.5;
if (nargout>1)
  x=a1*exp(-c1*(-pi/2+(.5:n-.5)'*h-t1).^2) ...
      +a2*exp(-c2*(-pi/2+(.5:n-.5)'*h-t2).^2);
  b=A*x;
end
function eta=picard(U,s,b,d)
% Reference: P. C. Hansen, "The discrete Picard condition for discrete
% ill-posed problems", BIT 30 (1990), 658-672.
% Per Christian Hansen, DTU Compute, July 20, 2012.
% Initialization.
[n,ps]=size(s); beta=abs(U(:,1:n)'*b); eta=zeros(n,1);
if (nargin==3), d=0; end;
if (ps==2), s=s(:,1)./s(:,2); end
d21=2*d+1; keta=1+d:n-d;
if~all(s), warning('Division by zero singular values'), end
w=warning('off');
for i=keta
  eta(i)=(prod(beta(i-d:i+d))^(1/d21))/s(i);
end
warning(w);
% Plot the data.
semilogy(1:n,s,'.-',1:n,beta,'x-',keta,eta(keta),'o-')
xlabel('i')
title('Picard plot')
```

```
if (ps==1)
  legend('\sigma_i','|u_i^Tb|','|u_i^Tb|/\sigma_i')
else
 legend('\sigma_i/\mu_i','|u_i^Tb|','|u_i^Tb| /
 (\sigma_i/\mu_i)','Location','NorthWest')
end
```

5.3.1 程序

```
clc;close all;clear all;
delta=1e-5;
alpha=1e-13;
M=21;
tini=0;          tter=1;
sini=0;          ster=1;
a=1; bb=-1;
syms n;
tlen=tter-tini;                    % 时间间隔
slen=ster-sini;                    % 空间间隔
h=slen/(M-1);                      % 空间步长
x=sini:h:ster;y=x;
epss=1e-8;
xT=zeros(M,1);
xT=(exp(0.015+0.1*pi^2)*sin(pi*x))';
ss=zeros(M,M);
for i=1:M
     for j=1:M
          for n=-8:1:8
           ss(i,j)=ss(i,j)+exp(-(x(i)-y(j)-2*n*slen)^2/(4*a*tlen))-
                exp(-(x(i)+y(j)-2*n*slen)^2/(4*a*tlen));
         end
         A(i,j)=exp(bb)*(h/(2*sqrt(a*pi*tlen)))*ss(i,j);
     end
end

b1=yTrue(a,tter,x,M,bb);
b=b1'.*(1+delta*rand(M,1))
f0=1.0;iter=0;
maxIter=1000;
```

```
x11=pinv(A)*b;
ATA=A'*A;
ATb=A'*b;
x12=pinv(ATA)*ATb;

while (abs(f0)>=epss)\&(iter<maxIter)
C=ATA+alpha*eye(size(ATA));
U=chol(C);
L=U';
y1=L\verb|\|ATb;
x1=U\verb|\|y1;
y1=L\verb|\|(-1.0*x1);
dx=U\verb|\|y1;
z=x1'*dx;

f0=(norm(A*x1-b))^2-delta^2;
f1=-2.0*z*alpha;
if (abs(f1)<1.0e-15)
 disp('problem occuring')
 return
else
 alpha=abs(alpha-f0/f1);
end
 iter=iter+1
end

err=norm(x1-xT);
figure(1)
plot(x,xT,'k-',x,x1,'ko');
xlabel('x')
ylabel('v(x,0)')
title('数值解与精确解比较')
legend('v(x,0)','v_{app}(x,0)')
set(findobj(get(gca,'Children'),'LineWidth',0.5),'LineWidth',2);
figure(2)
plot(x,abs(x1-xT),'k-')
xlabel('x')
ylabel('绝对误差')
```

```
title('数值解与精确解的绝对误差')
set(findobj(get(gca,'Children'),'LineWidth',0.5),'LineWidth',2);
function yT=yTrue(a,t,x,M,bb)
syms u;
t0=0;
sini=0;            ster=1;
syms n;
slen=ster-sini;                    % 空间间隔
h=slen/(M-1);                      % 空间步长
y=x;
fai1=xTrue(x)';
G=[];
ss=zeros(M,M);
for i=1:M
  for j=1:M
        for n=-8:1:8
          $ss(i,j)=ss(i,j)+exp(-(x(i)-y(j)-2*n*slen)^2/(4*a*(t-t0)))
               -exp(-(x(i)+y(j)-2*n*slen)^2/(4*a*(t-t0)));$
        end
        G(i,j)=exp(bb)*(h/(2*sqrt(a*pi*(t-t0))))*ss(i,j);
    end
end
yT=(G*fai1)';    %正问题的精确解, 取 n=[-8, 8]
```

5.3.2 程序

```
clc;close all;clear all;
tini=0;            tter=1;
sini=0;            ster=1;
a=1;    M=41;
tlen=tter-tini;                    % 时间间隔
slen=ster-sini;                    % 空间间隔
h=slen/(M-1);                      % 空间步长
x=sini:h:ster;
xT=zeros(M,1);
xT=sin(pi*x)';

alpha=[1e-1 1e-2 1e-6];
delta=1*1e-3;
```

```

for i=1:length(alpha)
  x1a(i,:)=vibration_fun(alpha(i),delta);
  err(i)=norm(x1a(i,:)-xT(1,:)');
end

figure(1)
plot(x,xT,'k-',x,x1a(1,:),'ko',x,x1a(2,:),'k*',x,x1a(3,:),'k+');
xlabel('x')
ylabel('u(x,0)')
title('数值解与精确解比较')
set(findobj(get(gca,'Children'),'LineWidth',0.5),'LineWidth',2);
figure(2)
plot(x,abs(x1a(1,:)-xT')./xT','ko-',x,abs(x1a(2,:)-xT')./xT','k*-',x,
    abs(x1a(3,:)-xT')./xT','k.-');
xlabel('x')
ylabel('相对误差')
title('数值解与精确解的相对误差')
legend('\verb|\|alpha=10^{-1}','\verb|\|alpha=10^{-3}','\verb|\|
    alpha=10^{-6}')
set(findobj(get(gca,'Children'),'LineWidth',0.5),'LineWidth',2);
axis([0 1 0 0.2])
function x1=vibration_fun(alpha,delta)
M=41;
tini=0;          tter=1;
sini=0;          ster=1;
a=1;
tlen=tter-tini;                    % 时间间隔
slen=ster-sini;                    % 空间间隔
h=slen/(M-1);                      % 空间步长
x=sini:h:ster;
y=x;
xT=zeros(M,1);
xT=sin(pi*x)';
for i=1:M
    for j=1:M
        ss=zeros(M,M);
        for n=1:20
```

```
                ss(i,j)=ss(i,j)+sin(n*pi*x(i)/ster)*sin(n*pi*y(j)/ster)*
                    cos((n*pi*a*tter)/ster);
            end
            A(i,j)=2*ss(i,j)*h;
        end
end

b=A*xT;
b1=b.*(1+delta*rand(M,1));
f0=1.0;
iter=0;
A1=A'*A+alpha*eye(M);
B1=A'*b1;
x1=pinv(A1)*B1;
disp(norm(x1-xT));
```

5.3.3 程序

```
clc;close all;clear all;
M=31;N=31;
xsini=0;            xster=1;
ysini=0;            yster=0.5;
xslen=xster-xsini;                        % 时间间隔
yslen=yster-ysini;                        % 空间间隔
xh=xslen/(M-1);                           % 空间步长
yh=yslen/(N-1);
x=xsini:xh:xster;
y=ysini:yh:yster;
fai=0;
pesai=exp(x);
xT=sin(x);
alpha=[1e-3 1e-4 1e-5];
delta=1e-3;
for i=1:length(alpha)
  x1a(i,:)=vibration_fun(alpha(i),delta);
  err(i)=norm(x1a(i,:)-xT(1,:));
end

figure(1)
```

```
plot(x,xT,'r-',x,x1a(1,:),'ko',x,x1a(2,:),'b*',x,x1a(3,:),'m+');
xlabel('x')
ylabel('u(x,d)')
title('数值解与精确解比较')
set(findobj(get(gca,'Children'),'LineWidth',0.5),'LineWidth',2);
figure(2)
plot(x,abs(x1a(1,:)-xT)./xT,'ko',x,abs(x1a(2,:)-xT)./xT,'b*-',x,abs(
    x1a(3,:)-xT)./xT,'m+');
xlabel('x')
ylabel('相对误差')
title('数值解与精确解的相对误差')
set(findobj(get(gca,'Children'),'LineWidth',0.5),'LineWidth',2);
axis([0 1 0 0.5])
function x1=vibration\_fun(alpha,delta)
M=31;N=31;
xsini=0;           xster=1;
ysini=0;           yster=0.5;
xslen=xster-xsini;                  % 时间间隔
yslen=yster-ysini;                  % 空间间隔
xh=xslen/(M-1);                     % 空间步长
yh=yslen/(N-1);
x=xsini:xh:xster;
y=ysini:yh:yster;
fai=0;
pesai=exp(x);
hfun=sin(x); %unknown
for i=1:M
    for j=1:N
        ss=zeros(M,N);
        for n=1:20
            ss(i,j)=ss(i,j)+n*sin(n*pi*x(i)/xster)*sin(n*pi*y(j)/xster
                )*(sinh(n*pi*yster/xster))^(-1);
        end
        A(i,j)=ss(i,j)*xh;
    end
end

b=A*hfun';
```

```
b1=b.*(1+delta*rand(M,1));
A1=A'*A+alpha*eye(M);
B1=A'*b1;
x1=pinv(A1)*B1;
```

J.6 第 6 章程序代码

例 6.5.1 程序

```
load proj1data.mat
F0=imread('lena.png');
F1=rgb2gray(F0);
F2=double(F1);
G=B*F2*A'+0.001*rand(256,256);
imagesc(G)
colormap(gray)
figure(2)
[m,n]=size(G);
[Ua,Sa,Va]=svd(A);
[Ub,Sb,Vb]=svd(B);
Ghat=Ub'*G*Ua;
S=diag(Sb)*(diag(Sa))';
lamtest=[.05 .01 .005 .0025 .0015 .001 .00095 .00016681 .00005];
for lam=lamtest
  Fhat=(S.*Ghat)./(S.*S+lam^2);
  F=Vb*Fhat*Va';
  imagesc(F)
  colormap(gray)
  disp(sprintf('Tikhonov lambda=%f',lam))
  disp('Strike any key to continue.')
  drawnow
  pause
end
```

J.7 第 7 章程序代码

7.2.1 黄金分割法程序

```
function []=gold(a,b)%a,b 为求解区间的左右端点
epsilon=0.00001;
tau=0.381967;
alpha1=a*(1-tau)+b*tau;
alpha2=a*tau+b*(1-tau);
falpha1=func(alpha1);
falpha2=func(alpha2);
fprintf(' a b \n')
fprintf('______________________________\n')
for i=1:100
fprintf(' %7.3f %8.3f \n',a,b)
if falpha1 > falpha2
a=alpha1;
alpha1=alpha2;
falpha1=falpha2;
alpha2=tau*a+(1-tau)*b;
falpha2=func(alpha2);
else
b=alpha2;
alpha2=alpha1;
falpha2=falpha1;
alpha1=tau*b+(1-tau)*a;
falpha1=func(alpha1);
end
if abs(func(alpha1)-func(alpha2)) < epsilon
break;
end
end
fprintf('______________________________\n')
fprintf('x*=%7.3f Minimum=%8.3f\n',alpha1,func(alpha1))
fprintf('Number of function calls=%3d\n',2+i)

function fx=func(x)
fx=3*(x)^2+12/(x^3)-5;
```

7.4.1 粒子群算法程序

```

clear all;
clc;
format long;

%给定初始化条件
c1=1.4962;                %学习因子 1
c2=1.4962;                %学习因子 2
w=0.7298;                 %惯性权重
MaxDT=1000;               %最大迭代次数
D=10;                     %搜索空间维数（未知数个数）
N=40;                     %初始化群体个体数目
eps=10^(-6);              %设置精度（在已知最小值时候用）

%初始化种群的个体（可以在这里限定位置和速度的范围）
for i=1:N
    for j=1:D
        x(i,j)=randn; %随机初始化位置
        v(i,j)=randn; %随机初始化速度
    end
end

%先计算各个粒子的适应度，并初始化 Pi 和 Pg
for i=1:N
    p(i)=fitness(x(i,:),D);
    y(i,:)=x(i,:);
end
pg=x(1,:);                %Pg 为全局最优
for i=2:N
    if fitness(x(i,:),D)<FITNESS(PG,D)
        pg=x(i,:);
    end
end

% 进入主要循环，按照公式依次迭代，直到满足精度要求
for t=1:MaxDT
    for i=1:N
```

```
        v(i,:)=w*v(i,:)+c1*rand*(y(i,:)-x(i,:))+c2*rand*(pg-x(i,:));
        x(i,:)=x(i,:)+v(i,:);
        if fitness(x(i,:),D)<P(i)
            p(i)=fitness(x(i,:),D);
            y(i,:)=x(i,:);
        end

        if p(i)<FITNESS(PG,D)
            pg=y(i,:);
        end
    end
    Pbest(t)=fitness(pg,D);
end

%最后给出计算结果
disp('*************************************************************')
disp('函数的全局最优位置为：')
Solution=pg
disp('最后得到的优化极值为：')
Result=fitness(pg,D)

disp('*************************************************************')

%适应度函数源程序 (fitness.m)
function result=fitness(x,D)
sum=0;
for i=1:D
    sum=sum+x(i)^4;
end
result=sum;
```

J.8　第 8 章程序代码

8.5.2 程序

```
clc;clear;
load data
po1=data(:,[3,1,2]);
po2=po1';
b=zscore(po1);
r=corrcoef(b);
d=pdist(b);
z=linkage(d,'average');

%h=dendrogram(z,835)
T=cluster(z,10);

tm1=find(T==1);
tm2=find(T==2);
tm3=find(T==3);
tm4=find(T==4);
tm5=find(T==5);
tm6=find(T==6);
tm7=find(T==7);
tm8=find(T==8);
tm9=find(T==9);
tm10=find(T==10);

p1=zeros(length(tm1),3);
for i=1:length(tm1)
      k=tm1(i)';
      p1(i,:)=po2(:,k)';
end

p2=zeros(length(tm2),3);
for i=1:length(tm2)
      k=tm2(i)';
      p2(i,:)=po2(:,k)';
end
```

```
p3=zeros(length(tm3),3);
for i=1:length(tm3)
      k=tm3(i)';
      p3(i,:)=po2(:,k)';
end

p4=zeros(length(tm4),3);
for i=1:length(tm4)
      k=tm4(i)';
      p4(i,:)=po2(:,k)';
end

p5=zeros(length(tm5),3);
for i=1:length(tm5)
      k=tm5(i)';
      p5(i,:)=po2(:,k)';
end

p6=zeros(length(tm6),3);
for  i=1:length(tm6)
      k=tm6(i)';
      p6(i,:)=po2(:,k)';
end

p7=zeros(length(tm7),3);
for i=1:length(tm7)
      k=tm7(i)';
      p7(i,:)=po2(:,k)';
end

p8=zeros(length(tm8),3);
for i=1:length(tm8)
      k=tm8(i)';
      p8(i,:)=po2(:,k)';
end

p9=zeros(length(tm9),3);
```

```
for i=1:length(tm9)
     k=tm9(i)';
     p9(i,:)=po2(:,k)';
end

p10=zeros(length(tm10),3);
for i=1:length(tm10)
     k=tm10(i)';
     p10(i,:)=po2(:,k)';
end

figure (1)
scatter(p1(:,2),p1(:,3),12)
hold on
scatter(p2(:,2),p2(:,3),12)
hold on
scatter(p3(:,2),p3(:,3),12)
hold on
scatter(p4(:,2),p4(:,3),12)
hold on
scatter(p5(:,2),p5(:,3),12)
hold on
scatter(p6(:,2),p6(:,3),12)
hold on
scatter(p7(:,2),p7(:,3),12)
hold on
scatter(p8(:,2),p8(:,3),12)
hold on
scatter(p9(:,2),p9(:,3),12)
hold on
scatter(p10(:,2),p10(:,3),12)
hold on

save renwu p1 p2 p4 p5 p6 p7 p9
save renwu1 tm1 tm2 tm4 tm5 tm6 tm7 tm9
```

J.9　第 9 章程序代码

9.3.4 程序

```
clc;clear;close all
RGB=imread('redapple.png');
I=rgb2gray(RGB);
J=dct2(I);
subplot(221);imshow(RGB);
subplot(222);imshow(I);
subplot(223);imshow(log(abs(J)),[]);
colormap(jet(64)),colorbar
J(abs(J)<10)=0;
K=idct2(J);
subplot(224);imshow(K,[0,255])

clc;clear;close all
x=(1:128).'+50*cos(1:128).'*2*pi/60;
X=dct(x);
 [XX,ind]=sort(abs(X),1,'descend');
 ii=1;
 while(norm([XX(1:ii);zeros(128-ii,1)])<=0.99*norm(XX))
     ii=ii+1;
 end
 disp(['ci:',num2str(ii)]);

 XXt=zeros(128,1);
 XXt(ind(1:ii))=X(ind(1:ii));
 xt=idct(XXt);
 plot(1:128,x,'r-.');hold on
 plot(1:128,xt,'b');
 legend('原始信号','重建信号','location','best')

 clc;clear; close all
 load tire
 [ca1,ch1,cv1,cd1]=dwt2(X,'sym4');
 codca1=wcodemat(ca1,192);
 codch1=wcodemat(ch1,192);
```

```
codcv1=wcodemat(cv1,192);
codcd1=wcodemat(cd1,192);
codx=[codca1,codch1,codcv1,codcd1];
rca1=ca1;rch1=ch1;rcv1=cv1;rcd1=cd1;
rch1(33:97,33:97)=zeros(65,65);
rcv1(33:97,33:97)=zeros(65,65);
rcd1(33:97,33:97)=zeros(65,65);
codrca1=wcodemat(rca1,192); codrch1=wcodemat(rch1,192);
codrcv1=wcodemat(rcv1,192);
codrcd1=wcodemat(rcd1,192);
codrx=[codrca1,codrch1,codrcv1,codrcd1];
rx=idwt2(rca1,rch1,rcv1,rcd1,'sym4');

subplot(221);image(wcodemat(X,192)),colormap(map);title('原始图像');
subplot(222);image(codx),colormap(map);title('一层分解后各层系数图像');
subplot(223);image(wcodemat(rx,192)),colormap(map);title('压缩图像');
subplot(224);image(codrx),colormap(map);title('处理后各层系数图像');

per=norm(rx)/norm(X)
err=norm(rx-X)
```

参 考 文 献

[1] 美国科学院国家研究理事会. 2025 年的数学科学[M]. 刘小平、李泽霞, 译. 北京: 科学出版社, 2014.

[2] 汲培文, 江松, 张平文. 可计算建模[J]. 中国科学: 数学, 2012, 42(6): 545-562.

[3] Tikhonov A N, Arsenin V Y. Solutions of Ill-Posed Problems[M]. New York: John Wiley Sons, 1977.

[4] Engl H W, Hanke M, Neubauer A. Regularization of Inverse Problems[M]. Dordrecht: Springer Nether Lands Academic Publishers, 1996.

[5] Cheng J, Lu S, Yamamoto M. Reconstruction of the Stefan-Boltzmann coefficients in a heat-transfer process[J]. Inverse Problems, 2012, doi:10.1088/0266-5611/28/4/045007.

[6] Bao G, Xu X. An inverse diffusivity problem for the helium production-diffusion equation[J]. Inverse Problems, 2012, doi:10.1088/0266-5611/28/8/085002.

[7] 刘继军. 不适定问题的正则化方法及其应用[M]. 北京: 科学出版社, 2005.

[8] 王彦飞. 反演问题的计算方法及其应用[M]. 北京: 高等教育出版社, 2007.

[9] 徐定华. 纺织材料热湿传递数学模型及设计反问题[M]. 北京: 科学出版社, 2014.

[10] Kaipio J, Somersalo E. 统计与计算反问题[M]. 刘逸侃, 徐定华, 程晋, 译. 北京: 科学出版社, 2018.

[11] 姜启源, 谢金星, 叶俊. 数学模型[M]. 5 版. 北京: 高等教育出版社, 2018.

[12] 姜启源, 谢金星. 实用数学建模: 基础篇[M]. 北京: 高等教育出版社, 2014.

[13] 姜启源, 谢金星. 实用数学建模: 提高篇[M]. 北京: 高等教育出版社, 2014.

[14] 王玉英, 史加荣, 王建国, 鲁萍. 数学建模及其软件实现[M]. 北京: 清华大学出版社, 2015.

[15] 陈华友, 周礼刚, 刘金培. 数学模型与数学建模[M]. 北京: 科学出版社, 2014.

[16] 刘保东, 宿洁, 陈建良. 数学建模基础教程[M]. 北京: 高等教育出版社, 2015.

[17] Giordano F, Fox W, Horton S. 数学建模[M]. 5 版. 叶其孝, 姜启源, 译. 北京: 机械工业出版社, 2014.

[18] National Research Council. The Mathematical Sciences in 2025[M]. Washington, DC: The National Academies Press, 2013.

[19] SIAM Working Group on CSE Education (Linda Petzold, Chair). Graduate education in computational science and engineering[J]. SIAM Rev., 2001, 43(1): 163-177.

[20] Osman Y, Landau R H. Elements of computational science and engineering education[J]. SIAM Rev., 2003, 45(4): 787-805.

[21] SIAM Working Group on Undergraduate CSE Education (Peter Turner, Chair). Undergraduate computational science and engineering education[J]. SIAM Rev., 2011, 53(3): 561-574.

[22] 徐定华, 黄安民, 刘乐平. 计算科学与工程本科及研究生教育的思考与实践[J]. 工科数学, 2002, 18(6): 67-70.

[23] 余德浩. 计算数学与科学工程计算及其在中国的若干发展[J]. 数学进展, 2002, 31(1):1-6.

[24] 陈瑞林, 徐定华. 计算科学与工程学科视角下的计算方法课程教学改革[J]. 浙江理工大学学报, 2012, 26(6): 933-937.

[25] 姜健飞, 吴笑千, 胡良剑. 数值分析及其 MATLAB 实验[M]. 2 版. 北京: 清华大学出版社, 2015.

[26] Moler C B. Numerical Computing with MATLAB[M]. 北京: 机械工业出版社, 2006.

[27] 李庆扬, 王能超, 易大义. 数值分析[M]. 5 版. 北京: 清华大学出版社, 2008.

[28] 李大潜. 将数学建模思想融入数学类主干课程[J]. 中国大学教学, 2006(1): 9-11.

[29] 李大潜. 中国大学生数学建模竞赛[M]. 北京: 高等教育出版社, 2001.

[30] 谢金星. 科学组织大学生数学建模竞赛促进创新人才培养和数学教育改革[J]. 中国大学教学, 2009,(2): 8-11.

[31] 韩中庚. 浅谈数学建模与人才的培养[J]. 工程数学学报, 2003, 20(8): 119-123.

[32] Sauer T. 数值分析[M]. 2 版. 裴玉茹, 马赛宇, 译. 北京: 机械工业出版社, 2014.

[33] 张诚坚, 覃婷婷. 科学计算引论[M]. 北京: 科学出版社, 2011.

[34] Hairer E, Nrsett S P, Wanner G. 常微分方程的解法 I: 非刚性问题 [M]. 2 版. 北京: 科学出版社, 2006.

[35] Hairer E, Wanner G. 常微分方程的解法 II: 刚性与微分代数问题[M]. 2 版. 北京: 科学出版社, 2006.

[36] Dormand J R, Prince P J. A family of embedded Runge-Kutta formulae[J]. J. Comp. Appl. Math., 1980, 6: 19-26.

[37] Shampine L F, Reichelt M W. The MATLAB ODE Suite[J]. SIAM Journal on Scientific Computing, 1997, 18: 1-22.

[38] Bogacki P, Shampine L F. A 3(2) pair of Runge-Kutta formulas[J]. Appl. Math. Letters, 1989, 2: 321-325.

[39] Shampine L F, Gordon M K. Computer Solution of Ordinary Differential Equations: The Initial Value Problem[M]. San Francisco: W. H. Freeman, 1975.

[40] Henrici P. Discrete Variable Methods in Ordinary Differential Equations[M]. New York: Hohn Wiley & Sons, 1962.

[41] Gear C W. Numerical Initial Value Problems in Ordinary Differential Equations[M]. Englewood Cliffs: Prentice-Hall, 1971.

[42] Shampine L F, Gladwell I, Thompson S. Solving ODEs with MATLAB[M]. Cambridge: Cambridge University Press, 2003.

[43] Butcher J C. Numerical Analysis of Ordinary Differential Equations[M]. London: Wiley, 1989.

[44] Lambert J D. Numerical Methods for Ordinary Differential Systems[M]. New York: John Wiley & Sons, 1991.

[45] Dormand J R. Numerical Methods for Differential Equations: A Computational Approach(Engineering Mathematics)[M]. Boca Raton: CRC Press, 1996.

[46] 严阅, 陈瑜, 刘可伋, 罗心悦, 许伯熹, 江渝, 程晋. 基于一类时滞动力学系统对新型冠状病毒肺炎疫情的建模和预测[J]. 中国科学: 数学, 2020, 50(3):1-8.

[47] Chen Y, Cheng J, Jiang Y, Liu K. A time delay dynamic system with external source for the local outbreak of 2019-nCoV[J]. Applicable Analysis, 2020, DOI: 10.1080/00036811.2020.1732357.

[48] 李红. 数值分析[M]. 2 版. 武汉: 华中科技大学出版社, 2010.

[49] 顾樵. 数学物理方法[M]. 北京: 科学出版社, 2012.

[50] 孙志忠, 袁慰平, 闻震初. 数值分析[M]. 3 版. 南京: 东南大学出版社, 2011.

[51] Bergé P, Pomeau Y, Vidal C. Order within Chaos: Towards a Deterministic Approach to Turbulence[M]. New York: John Wiley & Sons, 1987.

[52] Zhang Q, Zhang C. A new linearized compact multisplitting scheme for the nonlinear convection-reaction-diffusion equations with delay[J]. Communications in Nonlinear Science and Numerical Simulation, 2013, 18: 3278-3288.

[53] Saad Y. Iterative Methods for Sparse Linear Systems[M]. 2nd ed. Philadelphia: SIAM, 2003.

[54] Johnson C. Numerical Solutions of Partial Differential Equations by the Finite Element Method[M]. Cambridge: Cambridge University Press, 1994.

[55] Brenner S C, Scott L R. The Mathematical Theory of Finite Element Methods[M]. 3rd ed. New York: Springer, 2008.

[56] Versteeg H K, Malalasekera W. An Introduction to Computational Fliud Dynamics: The Finite Volume Method[M]. London: Pearson Prentice Hall, 1995.

[57] Hesthaven J S, Gottlieb S, Gottlieb D. Spectral Methods for Time-Dependent Problems[M]. Cambridge: Cambridge Univicersity Press, 2007.

[58] Vassilevski P S. Multilevel Block Factrorization preconditioners: Matrix-based Analysis and Algorithms for Solving Finite Element Equations[M]. New York: Springer, 2008.

[59] Briggs W L. A Multigrid Tutorial[M]. Philadelphia: SIAM, 1987.

[60] Tarek P A Mathew. Domain Decomposition Methods for the Numerical Solution of Partial Differential Equations[M]. Berlin, Heidelberg: Springer-Verlag, 2008.

[61] Sun H, Sun Z Z. On two linearized difference schemes for Burgers' equation[J]. Int. J. Comput. Math., 2015, 92: 1160-1179.

[62] Temam R. Navier-Stokes Equations: Theory and Numerical Analysis[M]. New York: North-Holland, 1979.

[63] 张鲁明, 常谦顺. 正则长波方程的一个新的差分方法 [J]. 数值计算与计算机应用, 2000, 21(4): 247-254.

[64] Miles J W. The Korteweg-De Vries equation: A historical essay[J]. Journal of Fluid Mechanics, 1981, 106: 131-147.

[65] Abdelgadir A A, Yao Y X, Fu Y P, Huang P. A difference scheme for the Camassa-Holm equation[J]. Lect. Notes Comput. Sci., 2007, 4682: 1287-1295.

[66] 王廷春, 郭伯灵. 一维非线性 Schrödinger 方程的两个无条件收敛的守恒紧致差分格式[J]. 中国科学: 数学, 2011, 41(3): 207-233.

[67] Hu X L, Chen S Z, Chang Q S. Fourth-order compact difference schemes for 1D nonlinear Kuramoto-Tsuzuki equation[J]. Numer. Methods Partial Differential Equations, 2015, 31(6): 2080-2109.

[68] 郭伯灵. Захаров 方程周期边界条件一类有限差分格式的收敛性和稳定性[J]. 计算数学, 1982(4): 365-372.

[69] Zhang Y N, Sun Z Z, Wang T C. Convergence analysis of a linearized Crank-Nicolson scheme for the two-dimensional complex Ginzburg-Landau equation[J]. Numer. Methods Partial Differential Equations, 2013, 29: 1487-1503.

[70] Sun Z Z. A second-order accurate linearized difference scheme for the two-dimensional Cahn-Hilliard equation[J]. Math. Comp., 1995, 64: 1463-1471.

[71] Stig L, Vidar T. 偏微分方程与数值方法[M]. 北京: 科学出版社, 2006.

[72] 李荣华, 刘播. 微分方程数值解法[M]. 4 版. 北京: 高等教育出版社, 2009.

[73] 徐定华. 数学物理方程[M]. 大学工程数学核心课程系列教材. 北京: 高等教育出版社, 2013.

[74] 孙志忠. 偏微分方程数值解法[M]. 2 版. 北京: 科学出版社, 2016.

[75] 孙志忠. 非线性发展方程的有限差分方法[M]. 北京: 科学出版社, 2018.

[76] Kythe P K, Puri P. Computational Methods for Linear Integral Equations[M]. New York: Springer, 2002.

[77] 陈传璋, 等. 积分方程论及其应用[M]. 上海: 上海科学技术出版社, 1987.

[78] 张石生. 积分方程[M]. 重庆: 重庆出版社, 1988.

[79] 吕涛, 黄晋. 积分方程的高精度算法[M]. 北京: 科学出版社, 2013.

[80] Groetsch C W. The theory of Tikhonov regularation for Fredholm equations of the first kind[M]. Program, Longman Higher Education: Pitman Advanced Pub., 1984.

[81] Rudin L, Osher S, Fatemi E. Nonlinear total variation based noise removal algorithms[J]. Physica D, 1922, 60: 259-268.

[82] Chen Z, Cheng S, Yang H. Fast Multilevel Augmentation Methods with Compression Technique for Solving Ill-posed Integral Equations[J]. Journal of Integral Equations and Applications, 2011, 23(1): 39-70.

[83] Tikhonov A N. On solving incorrectly posed problems and method of regularization[J]. Dold. Acad. Nauk USSR, 1963(151): 501-504.

[84] Jiang D J, Feng H, Zou J. Convergence rates of Tikhonov regularizations for parameter identification in a parabolic-elliptic system[J]. Inverse Problems, 2012, 28(10): 104002.

[85] Tang T, Xu X, Cheng J. On spectral methods for Volterra integral equations and the convergence analysis[J]. J. Comput. Math. 2008, 26(6): 825-837.

[86] 罗兴钧, 陈仲英. 第一类算子方程的一种新的正则化方法[J]. 高校应用数学学报 A 辑, 2006, 21(2): 223-230.

[87] 李功胜, 刘岩. 求解第一类 Fredholm 积分方程的一种新的正则化算法[J]. 数学研究与评论, 2005, 25(2): 204-210.

[88] 张文志，黄培彦. 病态代数方程求解的一种改进精细积分法[J]. 应用数学和力学, 2013, 34(3): 235-239.

[89] Aziz I, Siraj-ul-Islam. New algorithms for the numerical solution of nonlinear Fredholm and Volterra integral equations using Haar wavelets[J]. Journal Computational and Applied Mathematics, 2013, 239: 333-345.

[90] Babolian E, Bazm S, Lima P. Numerical solution of nonlinear two-dimensional integral equations using rationalized Haar functions[J]. Commun. Nonlinear Sci. Numer. Simulat. 2011, 16: 1164-1175.

[91] Saberi N J, Mehrabinezhad M, Akbari H. Solving Volterra integral equations of the second kind by wavelet: Galerkin scheme[J]. Computers and Mathematics with Applications, 2012, 63:1536-1547.

[92] 李博, 王丽洁, 王辉, 张欣, 任寒景. L1 空间中第二类 Fredholm 积分方程的投影数值解法[J]. 数学的实践与认识. 2018, 48(14): 272-278.

[93] Eshkuvatov Z K, Zulkarnain F S, Niklong N. Modified homotopy pertubation method for solving hypersingular integral equations of the first kind[J]. Springer Plus. 2016, 5(1):1473.

[94] Hadamard J. Lectures on Cauchy's Problem in Linear Partial Differential Equations[M]. New Haven: Yale Univ. Press; London: Humphrey Milford, Oxford University Press, 1923.

[95] Kirsch A. An Introduction to the Mathematical Theory of Inverse Problems[M]. New York: Springer-Verlag, 1996.

[96] Engl H W, Hanke M, Neubauer A. Regularization of Inverse Problems[M]. Boston: Kluwer Acedamic Publishers, 1996.

[97] Isakov V. Inverse Problems for Partial Differential Equations[M]. New York: Spring-Verlag, 1998.

[98] Yamamoto M. Carleman estimates for parabolic equations and applications[J]. Inverse Problems, 2009, 25:123013.

[99] Wang Y B, Jia X Z, Cheng J .A numerical differentiation method and its application to reconstruction of discontinuity[J]. Inverse Problems, 2002, 18: 1461-1476.

[100] Xu D H, Ge M B. Thickness determination in textile material design: Dynamic modeling and numerical algorithms[J]. Inverse Problems, 2012, 28:035011.

[101] 姚姚. 蒙特卡洛非线性反演方法及其应用[M]. 北京: 北京冶金工业出版社, 1997.

[102] 冯康. 数学物理中的反演问题[R]. 第二届全国计算数学年会报告, 1982.12.

[103] 苏超伟. 偏微分方程逆问题的数值方法及其应用[M]. 西安: 西北工业大学出版社, 1995.

[104] 宋海斌, 张关泉. 层状横向各向同性介质反问题初探[J]. 地球物理学报, 1997, 40(1):105-119.

[105] 刘家琦. 数学物理反问题的分类及不适定问题的求解[J]. 应用数学与计算数学, 1983, 4: 43-65.

[106] Groetsh C W. 反问题: 大学生的科技活动[M]. 程晋, 谭永基, 刘继军, 译. 北京: 清华大学出版社, 2006.

[107] 闵涛, 马晓伟, 冯民权, 高宗强. 多污染源对流-扩散方程的参数识别反问题[J]. 太原理工大学学报, 2008, 39(6): 564-567.

[108] 强玲娟, 常安定, 陈玉雪. 机器学习算法反求水文地质参数[J]. 煤田地质与勘探, 2017, 45(3): 87-90, 95.

[109] 俞元杰. 偏微分方程参数反演问题的算法与分析[D]. 杭州: 浙江大学, 2015.

[110] Xu D H, Inverse problems of textile material design based on clothing heat-moisture comfort[J]. Appl. Anal: Int. J., 2014, 93: 2426-2439.

[111] Yu Y, Xu D H. On the inverse problem of thermal conductivity determination in non-linear heat and moisture transfer model within textiles[J]. Appl.Math.Comput., 2015, 264: 284-299.

[112] Wang Z W, Zhang W, Wu B. Regularized optimization method for determining the space-dependent source in a parabolic equation without iteration[J]. J.Comput. Anal. Appl., 2016, 20:1107-1126.

[113] Jiang X Y, Xu D H, Zhang Q F. A modified regularized algorithm for a semilinear space-fractional backward diffusion problem[J]. Mathematical Methods in the Applied Sciences, 2017, 40: 5996-6006.

[114] Xu D H, He Y G, Yu Y, Zhang Q F. Multiple Parameter Determination in Textile Material Design: A Bayesian Inference approach based on simulation[J]. Mathematics and Computers in Simulation, 2018, DOI information: 10.1016/j.matcom.2018.04.001.

[115] Li T Y, Kabanikhin S, Nakamura Gen, Wang F, Xu D H. An inverse problem of triple-thickness parameters determination for thermal protective clothing with Stephan-Boltzmann interface conditions[J]. J. Inverse Ill-posed Probl., 2020, DOI information: https://doi.org/10.1515/jiip-2019-0060.

[116] 黄思训, 韩威, 伍荣生. 结合反问题技巧对一维海温模式变分资料同化的理论分析及数值试验[J]. 中国科学 (D 辑), 2003, 33(9): 903-911.

[117] 徐宗本, 杨燕, 孙剑. 求解反问题的一个新方法: 模型求解与范例学习结合[J]. 中国科学: 数学, 2017, 47(10): 1345-1354.

[118] Hon Y C, Wei T. A fundamental solution method for inverse heat conduction problem[J]. Eng. Anal. Bound Elem., 2004, 28: 489-495.

[119] Hansen P C. Regularization tools: A Matlab package for analysis and solution of discrete ill-posed problems[J]. Numerical Algorithms, 1994, 6(1): 1-35.

[120] Keller J B. Inverse problems[J]. Amer. Math. Monthly, 1976, 83: 107-118.

[121] Groetsch C W. Inverse Problems in The Mathematical Sciences[M]. Braunschweig/Wiesbaden: Vieweg, 1993.

[122] Beilina L. Applied Inverse Problems[M]. Berlin: Springer Science & Business Media, 2013.

[123] Poggio T, Smale S. The mathematics of learning: Dealing with data[J]. Notices Amer. Math. Soc., 2003, 50: 537-544.

[124] Zhao Q, Meng D Y, Jiang L, et al. Self-paced learning for matrix factorization[C]//Proceedings of the Twenty-Ninth AAAI Conference on Artificial Intelligence, USA, 2015.

[125] 周志华. 机器学习[M]. 北京: 清华大学出版社, 2016.

[126] 欧高炎, 朱占星, 董彬, 鄂维南. 数据科学导引[M]. 北京: 高等教育出版社, 2017.

[127] 吕晓玲, 宋捷. 大数据挖掘与统计机器学习[M]. 北京: 中国人民大学出版社, 2016.

[128] 乐经良. 数学实验[M]. 北京: 高等教育出版社, 1999.

[129] Solomon J. Numerical Algorithms: Methods for Computer Vision, Machine Learning and Graphics[M]. Boca Raton: CRC Press, 2015.

[130] 袁慰平, 孙志忠, 吴宏伟, 闻震初. 计算方法与实习[M]. 4 版. 南京: 东南大学出版社, 2005.

[131] Golub G H, Van Loan C F. Matrix Computation[M]. 3rd ed. Baltimore: The Johns Hopkins University Press, 1996.

[132] William F. Numerical Linear Algebra with Applications Using Matlab[M]. 3rd ed. Cambridge: Academic Press, 2015.

[133] 蒋尔雄. 矩阵计算[M]. 北京: 科学出版社, 2008.

[134] Saad Y. Iterative Methods for Sparse Linear Systems[M]. 2nd ed. 北京: 科学出版社, 2009.

[135] Olshanskii M A, Tyrtyshnikov E E. Iterative Methods for Linear Systems Theory and Applications[M]. 2nd ed. Philadelphia: Society for Industrial and Applied Mathematics, 2014.

[136] Allaire G. Numerical analysis and Optimization[M]. Oxford: Oxford University Press, 2007.

[137] 袁亚湘, 孙文瑜. 最优化理论与方法[M]. 北京: 科学出版社, 1997.

[138] 陈宝林. 最优化理论与算法[M]. 2 版. 北京: 清华大学出版社, 2005.

[139] 汪定伟, 王俊伟, 王洪峰. 等. 智能优化方法[M]. 北京: 高等教育出版社, 2007.

[140] O'Leary D P. Scientific computing with case studies[M]. Society for Industrial and Applied Mathematics Philadelphia, 2009.

[141] Kelly C T. Iterative Methods for Optimization[M]. Philadelphia: Society for Industrial and Applied Mathematics, 1999.

[142] Nocedal J, Wright S J. Numerical Optimization[M]. 2nd ed. Cambridge: Academic Press, 2006.

[143] Bonnans J F, Gilbert J C, Lemaréchal C, Sagastizabál C A. Numerical Optimization: Theoretical and Practical Aspects[M]. 2nd ed. Berlin, Heidelberg: Springer, 2006.

[144] Chen D R, Wu Q, Ying Y M, Zhou D X. Support vector machine soft margin classifiers: Error analysis[J]. Journal of Machine Learning Research, 2014, 5:1143–1175.

[145] Brazdil P, Giraud-Carrier C, Soares C, Vilalta R. Metalearning: Applications to Data Mining[M]. Berlin, Heidelberg: Springer-Verlag, 2009.

[146] Chapelle O, Vapnik V, Bousquet O, Mukherjee S. Choosing multiple parameters for support vector machines[J]. Machine Learning, 2002, 46: 131–159.

[147] Cucker F, Zhou D X. Learning Theory: An Approximation Theory Viewpoint, Cambridge Monographs on Applied and Computational Mathematics[M]. Cambridge: Cambridge University Press, 2007.

[148] Gomes T, Prudencio R, Soares C, Rossi A, Carvalho A. Combining meta-learning and search techniques to select parameters for support vector machines[J]. Neurocomputing, 2012, 75: 3-13.

[149] Soares C, Brazdil P B, Kuba P. A meta-learning method to select the kernel width in support vector regression[J]. Machine Learning, 2004, 54: 195–209.

[150] Steinwart I,Christmann A. Support Vector Machines, Information Sciences and Statistics[M]. Berlin: Springer, 2008.

[151] Scholkopf B, Smola A J. Learning with Kernels: Support Vector Machines, Regularization, Optimization and Beyond[M]. Cambridge: The MIT Press, 2002.

[152] Kecman V. Learning and Soft Computing[M]. Cambridge: The MIT Press, 2001.

[153] Naumova V, Pereverzyev S V, Sivananthan S. A meta-learning approach to the regularized learning——Case study: Blood glucose prediction[J]. Neural Networks 2012, 33: 181-193.

[154] Vapnik V N. 统计学习理论[M]. 许建华, 张学工, 译. 北京: 电子工业出版社, 2015.

[155] Hastie T, Tibshirani R, Friedman J. The Elements of Statistical Learning[M]. New York: Springer, 2001.

[156] Barry D. Nonparametric Bayesian regression[J]. Ann. Statist., 1986, 14: 934-953.

[157] Kůrková V. Learning from data as an inverse problem[J]. In J. Antoch., 2004: 1377-1384.

[158] Bakushinsky A, Smirnova A, Liu H, Beilina L.Applied Inverse Problems: Select Contributions from the First Annual Workshop on Inverse Problems[M]. New York: Springer, 2013.

[159] Lu S, Pereverzev S V. Regularization Theory for Ill-posed Problems[M]. Berlin: De Gruyter, 2013.

[160] Hofmann B. Regularization for Applied Inverse and Ill-posed Problems[M]. Leipzig: Teubner, 1986.

[161] Vito E D, Rosasco L. Learning from examples as an invese problem[J]. Journal of Machione Learning Research, 2005, 6:883-904.

[162] Micchelli C, Pontil M. Learning the kernel function via regularization[J]. J. Mach. Learn. Res., 2005, 6: 1099-1125.

[163] Pereverzev S V, Sivananthan S. Regularized learning algorithm for prediction of blood glucose concentration in “no action period” [C]. The 1st International Conference on Mathematical and Computational Biomedical Engineering-CMBE 2009, pp. 395-398, Swansea, UK, 2009.

[164] 冈萨雷斯. 数字图像处理[M]. 2 版. 北京: 电子工业出版社, 2007.

[165] Kenneth R. 数字图像处理[M]. 北京: 电子工业出版社, 2002.

[166] Krizhevsky A, Hinton G E. Imagenet classification with deep convolutional neural networks[J]. Advances in Neural Information Processing Systems, 2012: 1097-1105.

[167] Sun Y, Wang X,Tang X. Deep learning face representation from predicting 10,000 classes[C]. IEEE Int'l Conf. Computer Vision and Pattern Recognition, 2014.

[168] Taigman Y, Yang M, Ranzato M, Wolf L. Deepface: Closing the gap to human-level performance in face verification[C]. IEEE Intel Conf. Computer Vision and Pattern Recognition, 2014.

[169] Donoho D L. Compressed sensing[J]. IEEE Transactions on Information Theory, 2006, 52(4): 1289-1306.

[170] Candes E J, Tao T. Near-optimal signal recovery from random projections: Universal encoding strategies[J]. IEEE Transactions on Information Theory, 2006, 52(12): 5406-5425.

[171] Candes E, Wakin M. An introduction to compressive sampling[J]. IEEE Signal Processing Magazine, 2008, 25(2): 21-30.

[172] 张永平, 赵荣椿, 郑南宁. 基于变分的图像分割算法[J]. 中国科学 E 辑, 2002, 32(1): 133-144.

[173] 李然, 干宗良, 崔子冠, 等. 压缩感知图像重建算法的研究现状及其展望[J]. 电视技术, 2013, 37(19): 7-14.

[174] 张海, 王尧, 常象宇, 徐宗本. $L_{1/2}$ 正则化[J]. 中国科学: 信息科学. 2010, 40(3): 412-422.

[175] Cao X, Xu L, Meng D, et al. Integration of 3-dimensional discrete wavelet transform and Markov random field for hyperspectral image classification[J]. Neurocomputing, 2017, 226(C): 90-100.

[176] Cao W, Yao W, Jian S, et al. Total Variation Regularized Tensor RPCA for background subtraction from compressive measurements[J]. IEEE Transactions on Image Processing A Publication of the IEEE Signal Processing Society, 2016, 25(9): 4075-4090.

[177] Elad M. Sparse and Redundant Representations[M]. New York: Springer Science and Business Media, LLC, 2010.

[178] Fang H, Yang H. A new compressed sensing-based matching pursuit algorithm for image reconstruction[J]. Image and Signal Processing, 2012, 5th International Congress on IEEE, 2012: 338-342.

[179] Needell D, Vershynin R. Signal recovery from incomplete and inaccurate measurements via regularized orthogonal matching pursuit[J]. Selected Topics in Signal Processing, IEEE, 2010, 4(2): 310-316.

[180] Chen S, Donoho D, Saunders M. Atomic decomposition by basis pursuit[J]. SIAM Journal on Scientific Computing, 1998(20): 33-61.

[181] Cande E, Romberg J. L1-magic: Recovery of sparse signals via convex programming. https://www.academia.edu/1029613/l1_magic_Recovery_of_sparse_signals_via_convex_programming, 2005.

[182] Tipping M. Sparse bayesian learning and the relevance vector machine[J]. The Journal of Machine Learning research, 2001(1): 211-244.

[183] Huang J, Yang F. Compressed magnetic resonance imaging based on wavelet sparsity and nonlocal total varition[C]. Proc. of the 9th IEEE International Symposium on Biomedical Imaging. Barcelona: IEEE, 2012: 968-971.

[184] 刘浩, 韩晶. MATLAB 完全自学一本通 R2016a[M]. 北京: 电子工业出版社, 2016.

[185] 高鑫, 刘来福, 黄海洋. 基于 PDE 和几何曲率流驱动扩散的图像分析与处理[J]. 数学进展, 2003, 32(3): 285-294.

[186] You Y, Kaven M. Fourth-order partial differential equation for noise removal[J]. IEEE Transactions on Image Processing, 2000, 9(10): 1721-1728.

[187] 王俊, 杨成龙. 改进的小波域耦合偏微分方程图像去噪模型[J]. 计算技术与自动化, 2018, 37(1): 95-98.